开鲁草原20年

郭福纯　王海斌　孟根其木格　周景忠　等◎编著

U0398046

中国农业出版社

北京

序一

　　本书的编著者们长期在草原和畜牧业部门工作，经历了我国1995—2022年草原事业的巨变，从实践中积累了丰富的基层管理经验和技术推广经验，是我国草原事业发展的见证者和贡献者。

　　本书的编著者们在繁忙的工作中，注重专业文笔历练，善于撰写和总结工作经验，悉心收集和保存有关专业文献和工作报告，《开鲁草原20年》就是本书的编著者们多年辛勤劳动的集大成。本书论述了开鲁草原的基本概况，草原生态建设取得的成效，草地监测与草原普查，草原鼠害、虫害及毒害草防控，人工种草，草原管理各项政策，特别介绍了近年开展的刺萼龙葵和长刺蒺藜草（少花蒺藜草）防控试验、中科羊草良种繁育基地建设等新的工作。难能可贵的是，本书的编著者们虽在基层工作，但对草原事业发展中的科技问题有自己的思考，并参与或指导多个项目的实施。

　　本书的面世对从事草原事业的同仁及相关工作人员具有重要借鉴意义。令人赞赏的是，编著者们还将所有资料整理保存为电子版，方便读者查找和引用。总而言之，《开鲁草原20年》是一部难得的草原基层工作的参考书。

　　是为序。

中国科学院植物研究所研究员　刘公社

2022.10北京

序二

在《开鲁草原 20 年》即将付梓之际，提前略阅，甚幸甚幸！

阅后受益良多，感觉此书编纂地很有意义，不仅明晰了开鲁草原工作 20 年的历史脉络，而且总结了近 40 年的工作经验。此书有两大亮点，一是资料性强：不仅介绍了开鲁草原概况，而且从草原生态建设、人工种草、秸秆转化和常规工作等多角度，全面、完整、详细地阐述了开鲁县草原工作的方方面面；二是专业性强：此书中包括草原普查报告、专项工作报告、实施方案、简报、监测报告、作业设计、操作规程等百余篇专业技术文献。

阅后感触颇深，本书编著者们念兹在兹，勤勤恳恳、兢兢业业耕耘在开鲁县草原一线工作 20 余年，用青春和热血书写开鲁草原的美丽华章；更为难得的是他们对草原工作一丝不苟的精神和用心、用情、用功的付出，此书将几十年的资料收集得如此全面完整，既给后来人留下了宝贵财富，同时也是对数十年工作经验与成果全面客观的总结。我很荣幸地提前阅读到此书，也借此机会把此书推荐给大家。

通辽市农牧局农业技术推广研究员　戴广宇

前　言

　　《开鲁草原 20 年》不是某个特定的、具体的 20 年，而是涵盖了 20 世纪 80 年代，特别是进入 21 世纪以来对开鲁草原工作的一个回顾和总结，是对开鲁草原工作各个方面材料和有关文献资料的梳理编纂、整理总结，同时建立了电子档案。

　　《开鲁草原 20 年》之"开鲁草原"，也并不局限于狭义的开鲁县域内的草原，而是与开鲁县相类似的地区、相类似的草原，以及相类似的草原工作，都可以引用和借鉴我们在开鲁县域内的草原上所获得的工作经验和工作成果。譬如，草原鼠虫害防控、草原毒害草防控、秸秆饲料调制与利用方面等，我们与所有从事草原工作的同仁及相关工作人员都可以共享。也正因如此，我们合力编纂了《开鲁草原 20 年》一书，以求与同仁相互交流、相互学习借鉴，为我国的草原事业作出共同的努力和奉献。

　　本书的编著者们，从事草原相关工作已近 40 年。坚守科技推广一线，积累了宝贵的经验，也取得了诸多的成绩，为开鲁县草原建设、保护与利用作出了积极的贡献。编写人员中，硕士 8 人，均参加工作实践 5 年以上，他们助力提高草原管理的科技水平，加快草原管理向精细化、数字化和科学化转变。本书在保留原文献资料原貌的基础上，加以整理并转录为电子版本，为工作提供便利的同时，也为保存和承续各种资料提供了保障，同时加以校订和修正，使得原有文献资料的精准性与科学性得到了一定程度的提升，更加符合新时代草原发展的需要。

　　本书的主旨是介绍开鲁草原和开鲁草原工作的过去和现在，回顾和总结各项工作所取得成效和经验，整理保存过去的一些文献资料，使其规范化、系统化、实用化，方便各位同仁及相关工作人员借鉴学习和应用实践。同时，《开鲁草原20年》也将是我们今后工作最为实用的工具书，提高工作效率的蓝本、范本。总之，我们的初衷就是希望通过《开鲁草原20年》这本书，为热爱草原事业、投身草原事业的各位同仁及相关人员，提供力所能及的帮助，让他们能从中受益，为新时代的草原工作贡献自己的微薄之力。

编著者

2022 年 10 月

目　录

第一章
关于草原

世界上草原面积仅次于森林面积，约占陆地面积的 24％。

我国是一个草原大国，拥有各类天然草原近 4 亿公顷，约占全球草原面积的 12％，世界第二。

从我国各类土地资源来看，草原资源面积最大，占国土面积的 40.9％，是耕地面积的 2.91 倍，是森林面积的 1.89 倍，是耕地与森林面积之和的 1.15 倍。草原是我国面积最大的陆地生态系统。

一说到草原，人们就会想到：天苍苍，野茫茫，风吹草低见牛羊……

提到草原，我们总会联想到蓝天、白云、碧草、牛羊，那是狂放不羁的自由驰骋、坦荡开阔的诗意浪漫……

对于草原，我们通常的理解是：长着草的地方几乎都是草原。

从专业角度说：草原是草本植物、灌木为主的植被覆盖的土地。

《中华人民共和国草原法》（简称《草原法》）规定：草原是指天然草原和人工草地。

草原的范畴比较广泛，几乎涵盖所有长草的土地。

第一节　草原对国民经济发展和环境保护的重要作用

一、草原是生态环境的天然绿色屏障

我国天然草原主要集中分布在北方干旱、半干旱地区和青藏高原。大面积的天然草原覆盖了辽阔的中国北疆，是我国乃至许多亚洲国家重要的生态屏障，是我国生态环境稳定的重要保障。

二、草原可以调节气候，改善环境质量

草原对大气候和局部气候都具有调节功能。草原通过对温度、降水的影响，可以缓冲极端气候对环境和人类的不利影响。

调节气候方面，草原植物通过叶面蒸腾，能提高环境的湿度、云量和降水，减缓地表温度的变幅，增加水循环的速度，从而起到调节小气候的作用。在水草丰美地区的周围，环境湿度较大；在植被茂密的草原上空，很易形成降雨，改善环境，调节气候。大面积的草地湿度一般较裸地高 20％左右。

净化空气方面，草原不仅可以改善大气质量，还具有减缓噪声、释放负氧离子、吸附

1

粉尘和去除空气中的污染物等作用。草原还是一个良好的"大气过滤器",能吸收、固定大气中的某些有害、有毒气体。

三、草原是一个生物多样性宝库

草地资源分布于多种不同的自然地理区域,由于其自然条件的复杂性和多样性,形成和维系了草地生态系统高度丰富的生物多样性。

四、草原生态功能影响全球气候

草原不仅是风光秀丽的旅游打卡地,更是隐藏的"碳汇强者",抵御着未知的气候威胁。

草原是"碳汇者联盟"的骨干型存在,与森林、海洋并称为地球的三大碳库。每平方米草地可以吸收 50 克二氧化碳,每公顷就可以吸收 0.5 吨左右的二氧化碳。

草原的碳汇功能非常强大,地球上草原储存碳的能力为 4 120 亿～8 200 亿吨,略低于森林(4 879 亿～9 560 亿吨),但高于农田(2 630 亿～4 870 亿吨)及其他生态系统(510 亿～1 700 亿吨)。草原作为我国最大的陆地生态系统,在我国占据着特殊的生态地理位置,对气候和环境变化具有非常重要的影响。健康的草原生态系统可起到维持大气化学平衡与稳定,抑制温室效应的作用。人类对草原不合理的开发利用(开垦、过度放牧等)会加速草原土壤中的碳向大气中的排放,对全球气温的升高产生促进作用,进而加剧生态环境的恶化。

综上所述,草原生态系统具有特殊的生态环境意义,尤其是在干旱、高寒和其他生态环境严酷地区起到关键性作用,对社会、经济、生态及人类社会的可持续发展具有极其重要的影响。

第二节 草原的功能和特点

草原早已不仅仅是用于放牧,而是有着独特的生态、经济、社会功能,是不可替代的重要战略资源。

草原对生态保护有很大作用,它不仅是重要的地被类型,而且也是阻止沙漠曼延的天然防线,起着生态屏障作用。

另外,草原是人类发展畜牧业的重要基地,是野生动物的栖息地、动植物基因库,也是草原旅游和狩猎的娱乐基地。

一、草原是地球的"皮肤"

如果把森林比作立体生态屏障,那草原就是水平生态屏障。防风固沙、保持水土、涵养水源、调节气候、维护生物多样性等都是草原的作用。

我国草原面积约占国土面积的 40.9%。草原是我国黄河、长江等 7 大水系的发源地，是中华民族的水源和"水塔"。黄河 80% 的水量，长江 30% 的水量，东北河流 50% 以上的水量，直接源自草原。

当植被盖度为 30%～50% 时，近地面风速可降低 50%，地面输沙量仅相当于流沙地段的 1%；盖度 60% 的草原，每年断面上通过的沙量，平均只有裸露沙地的 4.5%。

相同条件下，草地土壤含水量高出裸地含水量 90% 以上。草坡地与裸坡地相比，地表径流量可减少 47%，冲刷量减少 77%。

草原的这些重要生态功能是独一无二、无法替代的。

二、草原是重要的生产资料

草原畜牧业是草原地区的传统产业和优势产业，在全国草食家畜生产中发挥着极其重要的作用。

三、草原是牧区社会发展的基础

草原具有"四区叠加"的特点：重要的生态屏障区；大多位于边疆地区；众多少数民族的主要聚集区；贫困人口的集中分布区。

我国 1.1 亿少数民族人口中，70% 以上集中生活在草原区。草原是牧区人民赖以生存和发展的最基本生产资料，实现其经济社会发展从根本上说还是要紧紧依靠草原。

此外，草原也是民族文化生存、传承、发展的土壤。没有健康美丽的草原，牧区人民就会丧失可持续发展的根基。因此，要实现边疆和谐稳定、民族共同发展，实现脱贫致富奔小康的目标，就必须把草原保护好、建设好、发展好。

草原生态系统的生态价值体现在调节大气中二氧化碳与氧气的比率，调节气候，调节水源，土壤形成和维持土壤功能，养分获取和循环，废物处理，传花授粉，传播种子，提供特殊性状的基因和物种，为植物提供生态环境，为动物提供栖息地、育幼地和避难所，通过营养动力学控制与调节草原生态系统各营养级的动植物种群数量等。

草原生态系统的经济价值体现在植物性与动物性原材料生产；为重要的牲畜放牧场，能生产肉、奶、皮、毛，能提供大量的畜产品，能生产饲料及食物，有特有的经济功能；提供户外休闲，旅游和娱乐的草原风景和绿色环境条件。

草原生态系统的社会价值体现在游牧民族的文化、民族和特种文化传统、艺术和科学等的载体，即以游牧文明为主要内容的"草原生态文明"。

中国农业大学国家农业科技战略研究院常务副院长杨富裕教授在"树立'饲草就是粮食'的理念，加快发展饲草产业"一文中指出：

一是充分认识发展饲草产业的重要作用。我国是畜牧业生产大国，饲养着占全世界 1/5 的羊、1/11 的牛。60 亿亩*草原覆盖 2/5 的国土面积、62% 的边境线，55 个少数民

---

* 亩为非法定计量单位，1 亩≈0.0667 公顷。——编者注

族人口近 4 亿农牧民生活在草原地区。饲草产业和草原肩负着生态保护与高质量协同发展的重任,在推进我国农业农村现代化、确保国家粮食安全、山水林田湖草沙系统治理、推进乡村全面振兴方面起着重要作用。

二是树立"饲草就是粮食"的大粮食理念。根据研究测算,同样的水土资源,如果生产优质饲草,可收获能量比谷物多 3~5 倍,蛋白质比谷物多 4~8 倍。1 亩优质高产苜蓿提供的蛋白质相当于 2 亩大豆。根据有关研究表明,一般草田轮作一个周期(3~5 年),种植豆科牧草可以使土壤有机质含量提高 20% 左右,固氮增加 100~150 千克/公顷,化肥用量减少 1/3 以上,节水 10%~15%,减少水土流失 70%~80% 以上,粮食产量提高 10%~18%。

三是加大饲草产业科技攻关支持力度。中央 1 号文件中提出了要"大力推进种源等农业关键核心技术攻关"。我国饲草产业发展还存在诸多技术短板,还存在瓶颈制约。草种、草产品添加剂、草业机械等关键技术和装备对外依存度高,国外公司在中国市场占有率高达 90% 以上。

我国草种质资源有 2 600 余种、56 000 多份,但开发利用严重不足。优良牧草草种 70% 以上依赖进口,草种进口量近 10 年增加了 3 倍以上。苜蓿干草近 10 年进口量增加了 6 倍以上。

未来,要进一步强化饲草种质创新,培育超高产、抗逆、耐盐碱饲草新品种,开发无人牧场、数字草原、智能放牧、草原精准修复等新技术,变革草业与草原生产方式,大幅提升饲草生产水平和草原生产效率。

中国农业大学草业科学与技术学院院长、教授、博士生导师,中国草学会副理事长、秘书长张英俊,现为国家牧草产业技术体系首席科学家,他在"草原资源现状与面临挑战"一文中指出:

草原生长的土壤通常是较肥沃土壤,因而适合农作物的耕种,从而造成在气候适宜的情况下,很多草原被开垦为农田。

尽管我国草原保护工作取得了一定的成绩,但与新时代生态文明建设的要求还有很大的差距,主要体现在以下几个方面:

第一,草原违法征占用、过度开发、无序开发,或被翻耕为农田。草原被不断"蚕食",面积逐渐萎缩。

第二,草原退化、沙化等问题依然存在。

第三,优良畜产品的需求导致家畜超载过牧。

第四,草原监督管理薄弱、支撑发展体系不健全等状况仍制约着草原的保护与发展。

四、当前草原存在的主要问题

由于受自然条件和经济发展等因素影响,我国草原生态环境仍呈整体恶化的趋势,建设速度赶不上退化速度,草原生态"局部治理,总体恶化"的局面未能得到有效遏制。草原综合生产能力急剧下降,草畜矛盾十分突出,草原进一步退化,草原生产率继续下降,以至形成恶性循环,从而引发了一系列生态问题,影响了社会经济发展。主要原因有以下几点。

第一，人们思想认识不够。长期以来，人们认为草原是取之不尽、用之不竭的自然资源，只看到草原是一种经济资源，没有看到草原的生态功能。草原建设严重滞后，只求索取不思投入，只求多产不管草原的承受能力。

第二，自然灾害影响。由于旱灾、水灾、风灾等自然因素的影响，使草原遭到不同程度的破坏。草原上鼠害类的天敌越来越少，鼠类的发展加速，草原生态失去平衡。

第三，草原经营管理不善。有的草原没有承包到户，"管、建、用"的责权利关系尚未得到协调和统一，利用草地吃"大锅饭"，建设无人管。部分地方草原权属不够明晰，草原家庭承包制落实不完善，引发大量草原权属纠纷。

第四，草原利用不科学。划区轮牧等先进生产技术推广缓慢，掠夺性经营和超载过牧严重。

第五，人为破坏草原现象严重。企业发展基础设施建设征占用草原的面积和范围逐步扩大。大规模地开发石油、天然气等地下资源，造成草原资源的破坏。同时还存在着占用草原植树、部门争草等现象。尤其是近年来，受种粮利益驱动，拱地头、扩地边乱垦草原现象增多，大肆开垦采草场和"生态草"现象频繁发生，私开滥垦草原案件呈高发趋势。

第六，草原建设投入资金不足。国家对草原生态环境建设投资逐年增加，但由于草原面积大，历史欠账多，投资仍显不足，草原建设速度赶不上减少和"三化"（退化、沙化、盐碱化）速度。

第七，草原管理机构不健全。草原监理机构设置、经费来源、队伍建设、管护措施等远不能适应草原监理工作的需要。由于经费不足，有些案件不能及时到达现场，失去了查处案件的有利时机，致使有些恶性案件不能及时得到调查处理。

第八，草原案件执法难。实际执法工作中存在着调查取证难、执行难问题，查处工作阻力大，不能及时、有效地制止违法行为。地方保护严重，查处重大违法行为时，执法部门经常受到地方保护的干扰，达不到打击、惩治的效果。

第三节　天然草原生态系统、草原生物多样性的重要性

生物多样性是指各种生命形式的资源，它包括数百万种的植物、动物、微生物，包括各物种所拥有的基因和各种生物与环境相互作用形成的生态系统。由于草地资源分布于多种不同的自然地理区域，其自然条件的复杂性和多样性，形成和维系了草地生态系统高度丰富的生物多样性。

生物多样性分为3个层次：物种多样性、基因多样性、生态系统多样性。通常在没有设定条件的情况下，生物多样性指的是物种多样性。

草原植被被开垦以后，从表面上看，无论是种庄稼、种牧草，还是建植人工草地、建植饲料地，都比天然草原的产出和收入高很多，但这是一个错误的观念。因为这些举措不但破坏了整个看得见的草原生态系统，实际上也破坏了草原的生物多样性。在土壤表面部分的草本植物、木本植物、各种各样的动物，这是我们看得见的草原生态系统。而地上、

地下的微生物（与动植物相伴生或者共生的庞大的微生物群落），这是我们看不到的，这是草原生态系统的重要组成部分，也是草原生物多样性的组成部分。

俗话说"一方水土养一方人"，正是这个道理，一个成熟、稳定、完整的微生物群落，会形成一个与之相应的动植物的群体或者是植物群落。反之，一个动植物的群体或者是植物群落的存在，必然也会存在着一个与之相应的，成熟、稳定且完整的微生物群体或者说是微生物群落。

当人类破坏了草原的生态系统，不仅破坏了动植物的生态平衡，也破坏了与之相适应的微生物群落的平衡关系。人类以非常粗暴的、漫不经心的、随心所欲的方式破坏了动植物的群落、动植物的生态平衡、草原的生态系统；不但破坏了一片草牧场、一片草原，还非常心安理得地种植饲料作物、青贮饲料，或者各种牧草、树木，好像又重新建立了生态系统，称之为人工重建的生态系统。看上去成绩斐然、成就很大，却不知被破坏的草原生态系统不仅仅是肉眼可见的动植物的生态平衡，还有庞大的微生物群落的平衡，这是大自然几百年、几千年甚至几十万年给人类创造和留下的宝贵财富，就这样被我们自己毫不珍惜地破坏掉。再想修复甚至是重建微生物群落都是不可能实现的，因为这种破坏是不可逆的。

微生物群落不是一朝一夕形成的，据专家研究，无论是一片草牧场还是一个广阔的大草原，每一种植物以及与其伴生和共生的各种动物，它们都各有一个系统的伴生或者共生的微生物群落，或者联系紧密的微生物的生态系统。所以，破坏草原不仅仅是破坏了肉眼可见的生态系统。专家举例：这一片地上生长蒲公英，基本上都是蒲公英，不会有别的东西；这一片是羊草，基本上都是羊草；这一片是芦苇，也基本上都是芦苇。究其原因，就是与这些植物形成伴生或共生的、特定的微生物群落所致。在蒲公英、羊草、芦苇或者其他植物的地下会形成一个特定的微生物群落，决定了植物的种类，也决定了这片草原的动植物的种类，紧密相连。由于微生物群落的不同，草原地上部分动植物也不同。所以，动植物群落和微生物群落共同组成了草原的生态系统，这个系统是非常复杂、非常庞大的。我们重建也好，恢复也好，只能是照猫画虎，地上植物可能看上去恢复了，但地下的微生物群落却没有得到很好的恢复，所以整个的生态群落和生态系统难以恢复和重建，这就是我国执行《中华人民共和国草原法》等相关法律法规的原因。要加大禁垦禁牧的力度，保护好我们现有的天然草原不再被破坏，有一点破坏就保护、修复一点，就像保护文物古迹一样。大自然就像人的身体一样，终归会落下伤疤，有些需要几年、十几年乃至几十年才能逐渐恢复原有面貌。

"山的巍峨千变万化，水的浩瀚绰约多姿。世界有千般样貌，生命有万般姿态。彼此孕育，彼此呵护。他的脚步，护卫着象群的前行。他的坚守，苍翠了广袤的大地。他的鸟笛，灵动了丛林的秘密。他的坚定，润泽了多姿的湖泊。在发展中保护，在保护中发展，多姿的我们，自然多彩。"这是中央科教电视频道生物多样性主题公益性广告《多姿多彩篇》的解说词。水滋润着碧草绿树，结出漂亮的花朵，在润物细无声中，养护着一方水土。小草、花朵、虫、鸟、蜜蜂传递花粉，风儿吹着种子，飘洒传播。风吹草低见牛羊，形成了相互呵护的景象。这段话说明了人与自然的关系。这种关系是相生的关系，如五行之相生，水生木，木生火，火生土，土生金，金生水。五行之中，遵循着基本的发展规律，绿水环绕青山才有了美好色彩的映照。

在形成这种自然法则的过程中，我们也曾走过不少弯路——对自然过多的攫取，甚至一味夸大人定胜天的行为，使自然的发展遭到了破坏，水土流失、沙化等自然环境的恶化，不断敲响环境保护的警钟。

随之而来的是反思和顺应自然行为的调整、回归，环境保护意识不断增强并已开花结果。

目前，草原生态系统和天然草原生态景观是陆地上各个生态系统、生态景观中最干净、最纯洁的一片天地。

天然草原上，没有化肥，没有农药，没有污染。相对来说较少的人为干预，为人类留下了一片干净、纯洁的草原生态景观。

纯净的天空、纯净的空气、纯净的草原，洗涤着人们的心灵，净化着我们的灵魂……

在义和塔拉镇柴达木嘎查有一位普通的牧民，他的名字叫宝德。宝德家有 5 口人，分得草牧场总面积近 600 亩，其中打草场不足 50 亩，其余的都是沙沼地、坨子地草牧场。他自己家种了青贮玉米饲料地 10 亩左右，围栏封育了近 500 亩沙沼地的草牧场。

他说："我舍不得放牧，让牲畜祸害。别人家的榆树啥的，都是自己随便长，七扭八歪啥样的都有。我们家的，我都修理得直溜直溜的，那长得，真的好看。"说这番话的时候，他的脸上、话语里都是满满的自豪，感觉他特有满足感，还特别有获得感。"经过这些年，我的围栏里，柳条子、骆驼蒿，还有好多我不认识的草啊树啊都长出来了。"宝德如数家珍。经过专业人员实地踏查看到，宝德的围栏内，已经有在本地区消失多年，且很难见到的差不嘎蒿（骆驼蒿）、叉分蓼、斜茎黄芪（野生沙打旺）、黄花苜蓿（野苜蓿）等多年生野生草种和灌木出现。榆树、柳树到处可见，还出现了黄柳、红柳等一些野生灌木。植被覆盖率 90％以上，围栏封育、保护修复的效果特别明显。依靠这些资源，宝德家饲养的牛大小 20 多头，羊 30 多只，还有 1 匹马。仅靠售卖牛、羊，宝德家每年收入都在 8 万～10 万元。

在宝德的带动下，他的哥哥和附近的牧户，都学习他的做法，集中连片已形成上万亩保护修复非常好的草原植被，在零星或集中连片的地上还出现了苦参等多种野生中药材植物。

我们就是要推崇这样的保护修复草原的典型和事例，我们就是要展示天然草原的魅力，就是要还天然草原干净、纯洁，使其净化人们心灵的作用发挥到极致。

第四节　草原工作的有利形势

一、中央层面

——以习近平同志为核心的党中央的高度重视。

——组建了国家林业和草原局。

——重新修订了《中华人民共和国草原法》（2021 修正）。

——国务院办公厅印发了《关于加强草原保护修复的若干意见》。

——自然资源部、财政部、生态环境部联合印发了《山水林田湖草生态保护修复工程指南》。

中共中央、国务院高度重视草原生态保护工作，在国务院机构改革中组建了国家林业和草原局，强化了草原保护修复工作，充分体现了统筹山水林田湖草沙系统治理的战略布局。2021 年 3 月，国务院办公厅印发了《关于加强草原保护修复的若干意见》（简称《意见》），明确了新时代草原工作的指导思想、工作原则和主要目标。《意见》从夯实工作基础、加强资源保护、推进生态修复、强化合理利用、完善重要制度等方面提出了加强草原保护修复和合理利用的 12 条政策举措和 4 项保障措施，明确了国务院相关部门任务分工，为推进生态文明和美丽中国建设奠定了基础。

国家林业和草原局草原管理司司长唐芳林表示，这次出台《意见》十分必要，也非常及时，是在草原定位从生产为主向生态为主转变之后我国第一个国家层面的政策性文件，是维护生态安全的必然要求，是草原工作转折的迫切要求，指明了新时代草原工作的方向。

《中华人民共和国草原法》于 1985 年 6 月颁布，为依法保护草原奠定了法制基础。目前国家林业和草原局正在修订完善该法律。截至目前，我国已初步形成由 1 部法律、1 部司法解释、1 部行政法规、13 部地方性法规、2 部部门规章和 11 部地方政府规章构成的草原法律法规体系。

央广网报道：下一步，该如何处理好草原保护与利用的关系？草原保护修复并不是不利用，实际上是在保护草原生态系统的基础上，更好地利用草原，发挥草原的多种功能。"草原是重要的生态资源，是生产资料，也是重要的畜牧业生产基地，是牧区和半牧区牧民的主要收入来源，因此，草原既具有生态功能，也有生产功能。"要正确处理保护与利用关系，在保护好草原生态的基础上，科学利用草原资源。"藏富于草，藏粮于草，大力发展草业，是夯实草原地区产业发展根基、建设生态宜居乡村、促进农牧民增收的物质基础。我们要加快建设草种业，大力发展草牧业，推进饲草种植业，积极发展草产品加工业，扎实推进草坪产业，稳步发展草原旅游产业，实现草原地区绿色低碳高质量发展。"

早在 2013 年，习近平总书记就指出，山水林田湖是一个生命共同体；4 年后，又将"草"纳入这个体系：

"统筹山水林田湖草沙系统治理，这里要加一个'沙'字。"2021 年，在内蒙古代表团，习近平总书记指出的这一字之增，体现出对绿色发展的认识更加深刻，彰显坚定不移推进生态文明建设的决心。

2022 年的全国两会，这个"沙"字同"山水林田湖草"一起写入政府工作报告。一个关于生态文明建设的系统治理理念就这样一步步形成。"新发展理念是一个整体，必须完整、准确、全面理解和贯彻，着力服务和融入新发展格局。"

二、地方层面

——通辽市山水林田湖草沙生态保护修复项目，已通过国家和自治区的审批。2021年，细化方案，落实任务；2022 年，经过一年的准备，项目实施的各项工作已全面展开。

——国家退牧还草工程、退化草原毒害草治理项目。

——天然草原保护修复项目。

开鲁县将重点实施三大草原工程，其中山水林田湖草沙一体化综合治理工程实施人工建植 2 000 亩、毒害草治理 3 万亩、禁牧恢复 20 万亩；退化草原毒害草治理试验示范项目 6 000 亩；草原生态保护和修复工程退化草原治理项目实施人工种草 2 万亩，实施草原围栏 3 万米。

2022 年，开鲁县的草原建设总规模实现 165 万亩：其中天然草原监测、监控总面积 100 万亩以上；草原毒害草防控面积 15 万亩；草原鼠害防控总面积 15 万亩；草原虫害防控总面积 10 万亩；人工草地建设总面积 25 万亩。

①多年生优质牧草种植面积 10 万亩。其中：紫花苜蓿种植和保存面积 5 万亩，中科羊草种植和保存面积 5 万亩。

②一年生牧草及饲料种植面积 15 万亩。其中：一年生优质牧草种植面积 5 万亩，青贮玉米等饲料作物种植 10 万亩。

开鲁县充分发挥粮改饲试点项目建设成效，加大引草入田、草田轮作工作力度，推进"粮、经、草"的建设进程，构建众多的农业结构模式，树立"饲草就是粮食"的大粮食理念。

"要树立大食物观"——2022 年全国两会上，习近平总书记提出的这个观点令人耳目一新。

"大食物观"指的是既有更好满足人民美好生活需要的考量（在确保粮食供给的同时，保障肉类、蔬菜、水果、水产品等各类食物有效供给），也有全方面、多途径开发食物资源的谋划（要向森林要食物，向江河湖海要食物，向设施农业要食物），二者无不体现了总书记的系统思维方法。

同时，还要积极开展乡土优质牧草种质资源保护和草种基地建设工作。以小街基镇建设"羊草小镇"为契机，积极争资立项，建设 3 万亩中科羊草种子基地。

第二章

开鲁草原

第一节　开鲁草原概况

第二次全国土地调查时，开鲁县天然草原面积是 220 万亩，其中享受天然草原奖补的面积 163 万亩。从第三次全国土地调查公布的结果看，开鲁县天然草原面积呈断崖式减少和流失。

全县总的区域面积是一定的、不变的，但是在总面积中占比较大的 4 项用地中，耕地面积、城镇村屯道路等建设用地面积大幅增加，林地面积也有所增长，这 3 项用地的增加，占用的都是天然草原的面积，这是不争的事实，那么相应的天然草原的面积就会减少和流失。10 年间，天然草原的面积减少和流失的幅度超过了 50%。究其原因，也是十分复杂的。

草原奖补资金未能及时发放到位，是天然草原面积变动幅度过大所致。

草原面积变动幅度过大，就是说有一大部分天然草原流失，草原奖补资金、退牧还草工程、草原保护修复工程、草原毒害草治理项目都无法实施了。天然草原生态监测、鼠虫害防控、毒害草治理、草原保护修复等常规工作也遇到了很大的困扰。

开鲁县争资立项，项目审批通过，资金也已到位，可是土地使用的性质却发生了变化，天然牧草地变成了其他草地、耕地储备，甚至直接变成了水浇地和耕地，争取到的草原方面的项目无法落地：

——国家土地整理项目。

——国家节水增粮工程。

——国家能源项目（风电、光伏、石油开发等）。

——城镇村屯道路建设扩容。

——工业园区建设、各种科技园区建设。

——其他草地的无序利用。

——草原征占用现象混乱。

以上皆为土地使用性质发生变化的原因。就像张英俊教授所说："草原违法征占用，过度开发、无序开发，或被翻耕为农田。草原被不断'蚕食'，面积萎缩。"这正与开鲁县的实际情况吻合。

一、开鲁县的毒害草情况

受气候条件、超载过牧、草原退化、经济活动等多种因素影响，草原毒、害草，特别是外来入侵物种少花蒺藜草和刺萼龙葵发生面积呈现不断扩大和蔓延态势。开鲁县是刺萼龙葵和少花蒺藜草入侵危害的重灾区。

鉴于此，对于外来入侵植物少花蒺藜草、刺萼龙葵已经到了非防控不可的局面。区市林业和草原管理部门极为重视，积极探索如何运用科学、绿色、安全、有效的防治手段迅速抑制其进一步蔓延，以达到改善草原生态环境的目的。全县林业和草原部门开展了诸多的防控灭除工作，取得了一定的成效，积累了一定的经验。

二、少花蒺藜草的防控工作

少花蒺藜草是1年生草本植物，通过种子繁殖，成熟后自然脱落，1株少花蒺藜草可产500粒以上种子。少花蒺藜草在任何土壤都能生长，耐干旱、耐贫瘠、耐修剪、抗沙埋，具有极强的适应性和竞争力，与其他牧草争光、争水、争肥，抑制其他牧草生长，使草场品质下降，优良牧草产量降低。结籽成熟期因果实有刺刺口腔形成溃疡，家畜食入刺包后，影响正常的消化吸收功能，造成畜体消瘦，严重时可造成肠胃穿孔引起死亡。死后剖检胃中有大小不等的毛球，肠壁上有大量大小不等的害草结节。

少花蒺藜草在开鲁县分布极为广泛，几乎遍布全境，已经入侵到村屯及道路两侧甚至蔓延至农牧民家中。开鲁县可利用草牧场面积160万亩，已有超过100万亩的草牧场，受到了少花蒺藜草的侵害，对农牧业生产，草原生态环境都造成了很大的影响，给广大人民群众的生产和生活带来了极大的不便。

少花蒺藜草的防治：

开鲁县在2019年开展并完成了防控少花蒺藜草的化学除草剂种类的遴选、喷洒浓度梯次及喷洒方式的小区试验。

2020年开鲁县相继开展了中科羊草介入防控小区试验和紫花苜蓿介入防控区域试验。春季开展并完成了区域性的化学除草剂防控灭除少花蒺藜草试验，并且开展了更大面积的机械化喷洒作业，均取得非常好的效果。这个试验进一步验证了2019年化学除草剂防控灭除少花蒺藜草小区试验的结果，同时证明试验具有较强的可重复性和可操作性，安全、可靠、效果稳定，可推广性非常强。

2021年在太平沼林场开展了天然草原多个本地乡土草种介入防控少花蒺藜草试验，选择耐旱作、抗逆性强的紫花苜蓿、羊草、沙打旺、披碱草、扁穗冰草、蒙古冰草、老芒麦、无芒雀麦等本地草种采取免耕播种的方式，在天然草原实施补播。目的是模拟天然草原自然演替过程中自身内在的规律，致力于天然草原自然修复，以防控少花蒺藜草入侵蔓延。

通过2020年的试验，发现在播种了紫花苜蓿介入的少花蒺藜草草地，可以清楚地看到紫花苜蓿生长的区域内基本没有少花蒺藜草，达到了防控少花蒺藜草的效果。同时，高产的紫花苜蓿能够带来更好的经济效益。

2021年在小街基镇开展了中科羊草草地防控少花蒺藜草试验——在小街基北沼的一片少花蒺藜草严重入侵的草牧场，用中科羊草替代介入。羊草根系发达、分蘖力强，侵占能力大、生态位优势明显，羊草的长势会越来越强，从而郁闭封垄，逐步实现压制少花蒺藜草生长，防止其进一步入侵蔓延的目的。

2022 年进行了详细的测定和野外数据采集，有关数据和文章将在专业期刊上发表。

三、刺萼龙葵的防控工作

刺萼龙葵，又名刺茄，属 1 年生草本植物，茄科、茄属，是一种入侵性极强的杂草，具有适应性广、竞争力强、繁殖量大、传播快速的特点。茎直立，多分枝，株高可达 80 厘米以上。全株生有密集粗而硬的黄色锥形刺，刺长 0.3～1.0 厘米。叶互生，着生 5～8 条放射形的星状毛；叶脉和叶柄上均生有黄色刺。

刺萼龙葵适合生长于各种土壤中，尤其是沙质土壤、碱性肥土或混合性黏土，常生长于开阔的、受干扰的生态环境。具有高度的危害性，以抢占其他植物的阳光、养料、土壤、水分作为自己生存的基础；适应能力和繁殖能力强，不但能适应温暖气候、沙质土壤，在干旱的土地上和非常潮湿的耕地上也能生长。

刺萼龙葵由种子传播，正常植株可产种子 1 万～2 万粒。通过风力、水流扩散、也可通过农产品调运、交通运输工具和动物的毛皮及人的衣服携带等途径传播。

刺萼龙葵在开鲁县主要分布在两大区域：

第一片区域是小街基镇三棵树村正北，直线距离仅 3 千米左右的碱咕甸子及周边区域。为了便于说明，称之为"碱咕甸子图斑"。碱咕甸子图斑目前危害面积为 3 万亩。

第二片区域主要以西拉木伦河、新开河两条河流的河床、河滩地为主要分布入侵的地域。在两条河流的河道、河滩、河岸、河堤，均有不同程度的分布。过水的地方更为严重，多的地方已布满整个河滩，局部地区已入侵至林地、草地、畜栏和农田。保守估计面积在 5 万亩以上。

刺萼龙葵比少花蒺藜草更具有危害性。少花蒺藜草在抽穗之前，也就是在没有"蒺藜"形成的时候，是没有太大危害的，且能被牲畜采食。而刺萼龙葵却是从刚露头开始，从茎到叶、到花、到果实，密被长短不等黄色的刺，全身到处都是倒钩刺，对于治理和灭除造成很大的困难，甚至致使触碰或误食者中毒死亡。所以，刺萼龙葵的危害性要远远地大于少花蒺藜草。

刺萼龙葵的防治：

开鲁县在 2019 年对麦新镇辖区内的西拉木伦河、新开河两条河流的河床、河滩地里的刺萼龙葵进行了机械铲除和人工铲除相结合的防控灭除。对于河堤、河岸上的刺萼龙葵，采取人工铲除的方式进行防控灭除工作。

2020 年加强了翻耙旋耕的措施，已经翻耙旋耕 2 次，但是结果刺萼龙葵再生，大面积蔓延，与原生相比，密度更大，影响了草场内其他植物的生长，成为唯一的生长植物。旋耕措施对原生植被破坏殆尽，再生的全是刺萼龙葵，基本看不见地皮，密度非常大。

在刺萼龙葵发生最密集的区域种植中科羊草，来达到压制刺萼龙葵繁衍的目的。计划种植总面积 3 000 亩，种植时间在 7—8 月。而在 4—7 月的空档期，可以种燕麦。用燕麦产生的收益，来补偿土地流转和使用费。这样不但项目的前期工作可行，项目的技术路线可行，而且当地镇政府、村委会和村民都能接受，技术上行得通，多方受益，所以申请按照这个技术路线去推动此项目的实施。

2021年选用了8种除草剂进行防控刺萼龙葵的化学除草剂种类的遴选、喷洒浓度梯次及喷洒方式的小区试验。2022年又继续了此项试验，增加了新的除草剂的品种，都取得了预期的效果。

近几年，开鲁县在天然草原生态监测、中科羊草草地建设跟踪服务方面也做了大量的工作。

第二节　20世纪80年代中期草原普查报告

一、1986年开鲁县草场资源调查报告

根据国家农委、国家科委下达的"重点牧区草场资源调查和建立人工饲料基地自然条件的研究"任务要求，摸清开鲁县草场资源状况，合理开发利用草场资源，充分发挥草场资源潜力，提高草原生产能力，制定开鲁县农牧业区划，为促进畜牧业经济发展提供科学依据。1983年7—8月和1985年7—9月，完成了外业调查工作，内业工作到1986年9月初基本结束。

调查期间，按照《内蒙古自治区盟（市）级草场资源调查技术方案》和自治区草勘院《内蒙古自治区草场资源普查暂行细则》要求，对开鲁县境内草牧场进行了全面调查，共做样地87个，描述样方87个，测产样方348个，频度样方870个，其中大样条5个，退化系列3个，采集标本150种。结合调查，对主要饲用植物和畜牧生产情况进行了访问。

在完成外业和内业工作期间，盟草原站和草勘队领导带队，多次现场指导，亲自参加外业和内业工作，对开鲁县草牧场资源调查、整理工作，在质量保证上起了重要作用。

本次调查，主要成果有：绘制了1∶200 000草场类型图、草场利用现状图和草场等级图；开鲁县草场资源调查报告；植物资源调查报告和人工草地调查报告；开鲁县退化草场调查报告；草场等级、现状、类型的面积和生产力统计资料。

（一）草场的自然条件

开鲁县位于通辽市西部，东经120°25′—121°52′，北纬43°19′—44°10′，东西最长122.5千米，南北最宽105千米。东与通辽县毗邻，西与赤峰市的翁牛特旗、阿鲁科尔沁旗接壤。南与奈曼旗、科左后旗为邻，北与扎鲁特旗交界。全县总面积为4 488平方千米，其中平原占49%，平缓沼坨占51%。县内共辖6个镇18个乡（苏木），国营农牧林场（水库）15处（其中包括2个盟直场）。1983年全县总人口337 915人，其中少数民族占10.7%。总户数65 568户，其中农业户50 412户、257 791人；牧业户7 551户、34 023人。男女整、半劳力103 663人。农业用地1 714 515亩，占土地面积26%；境内自然条件多样，土地、草场、水利资源丰富，为发展畜牧经济提供了雄厚的人力资源和环境条件。

1983年全县大小牲畜发展到345 777头（只），当年出栏69 737头（只），其中出售国家23 093头（只）；生猪存栏达到168 857头（只），出售51 010头（只），其中卖给国

家 19 360 头（只）。林业生产，年内造林 107 476 亩。营造防户林 32 742 亩，防护林面积达到 36 000 亩，防护面积 800 000 亩。现有林地达 643 000 亩，覆盖率为 9.5%。全县拥有大中型拖拉机 550 台，机耕面积为 307 000 亩，机播面积 51 000 亩。机电井 5 229 眼，有效灌溉面积 640 000 多亩。

1983 年全县农业总产值为 12 024.2 万元，占工农业总产值的 66.9%；林业产值为 701 万元，占工农业总产值的 5.84%；牧业产值为 1 955.8 万元，占工农业总产值的 16.3%；多种经营产值 1 113.1 万元，占工农业总产值 9.3%。

1. 地形地貌

开鲁县位于西辽河冲积平原的西部边缘境内，地势西高东低，海拔高度为 215～290 米，平均为 241 米。新开河、西辽河流经全境，西拉木伦河流经西部，乌力吉木仁河流经北部，沿河两岸为平原，中间有 3 条平缓起伏的沙沼，形成了坨甸相间的地貌。沿河两岸宽广的河漫滩和大小不等的下湿滩地、甸子地，冲积地貌明显。平原甸子地，宽阔平坦，地下水位高。由于沙漠化过程，在风力作用下，形成了相对高差 2 米左右的固定沙沼和半固定沙沼、沼甸、坨间的低洼地，受地下水和季节性积水影响，盐碱化程度较高形成隐域性草甸和沼泽草甸，是一种独有的地貌类型。

2. 气候条件

开鲁县属于大陆性半干旱地区，年平均气温 5.9℃，植物生长期（4—9 月）平均气温 17.8℃。年极端最高气温 41.7℃，极端最低气温 −30.4℃；全年通过 5℃ 的活动积温初日在 4 月 9—11 日，终日在 10 月 17—20 日；大于等于 5℃ 的积温平均为 3 424.7℃，全年通过 10℃ 的活动积温初日平均在 4 月 26—27 日，终日在 10 月 1—3 日，间隔日数 160～162 天；大于等于 10℃ 的积温平均为 3 136.3℃。年降水量平均为 341.82 毫米，4—9 月降水量为 290.3～310.3 毫米，占全年降水量的 90% 左右，年降水最多在 470.6 毫米，最少为 184.3 毫米；年蒸发量平均 2 069 毫米，是降水量的 6 倍。干燥度为 1.11～3.60，年湿润度为 0.29（范围在 0.15～0.48）；无霜期平均 144 天，范围在 126～171 天，年均照时数为 3 116.8 小时，4—9 月日照时数为 1 716 小时，全年太阳总辐射能量为 483.57～586.90 千焦/平方厘米。

由于开鲁县位于中纬西风带，为西路、北路、西北路冷空气路经处，冬季主风为西北风和北风，夏秋季以东南风和西南风为主；大风天气多，风速大，年均风速 4.1 米/秒，8 级以上大风年均 21.7 天，沙尘暴天气年均 8.6 天。据 29 年的资料统计，春旱出现 23 年，频率为 79.31%；秋旱出现 16 年，频率为 55.17%；伏旱出现 10 年，夏旱 5 年。冰雹出现 21 年，频率为 72%。因此，干旱风沙是影响开鲁县农牧业生产的主要灾害气象因子。1974 年是最严重的一年，灾情较重，农田受灾面积高达 28.3 万亩，冰雹直径 2～10 厘米，伤人 150 名，打死牲畜 964 头（只）。

气候条件总的看是干旱多灾，但是光热条件好，日照充足，气候温和，雨热同季，对作物生长和牧草生长十分有利，宜农、宜林、宜牧，风能尚可利用，为生产服务。

3. 水资源条件

开鲁县水资源条件较好，沙层较厚，利于地下水汇集和储存，含水层在 90～190 米，净储量 1.269 亿吨。地表水有 4 条河流流经开鲁县，全长 318 千米，容水丰富，虽经上游截流，水源补给减少，地下水位仍在 1～3 米。近沼地超过了 3 米。

近年来，由于截流，对开鲁县影响较大的西辽河、新开河，变为季节性河流，其他河流均已多年断流。新开河（季节性）年径流量有 5 亿～7 亿立方米。水资源利用转入地下水，以井保丰、以河补源。

境内有 3 座枢纽工程，灌区 6 处，中型水库 1 座，库容量 1.34 亿立方米。对控制容水、防洪、浇灌农用起了良好的调节作用。大小自然湖泊 38 个，水面 50 000 亩，可利用的 22 个，水面 28 000 亩。

总之，水利资源藏量丰富，又有相当的补源。目前可利用储量只有 66 200 吨。据测境内潜水盐度为 0.25～1.16 毫克当量/升，碱度为 0.39～4.04 毫克当量/升，符合灌溉用水标准。单井出水量（降深 5 米）每小时大于 60 吨。地下水利用，前景可观。

4. 土壤条件

开鲁县属西辽河冲积平原，成土母质主要是冲积、风积、湖积沉积物。由于受各种自然条件的影响，具有非地带性隐域性土壤特征。分布上有微域性特点。由于人类在生产斗争中积累了丰富的识土经验，我国是以农立国的国家，开鲁县是以农为主的地区，沿河两岸较好平原草甸均已开垦为农田。土壤肥力较差的地段除了做林地利用外，大部分为牧场。据查境内土壤有 4 类，其中灰色草甸土分布在新开河、西辽河流域平原地带，是主要农业区。其次在北清河一带，沙沼间低平地段，有相当数量的分布。面积为 2 061 322 亩，占总面积 31.43%。

风沙土，是开鲁县较大的土类。分布在清河牧场、保安沼、太平沼、县北沼和南沼；三棵树、兴安、义和塔拉均有分布，是主要牧业区，面积为 3 197 803 亩，占总面积的 48.1%。

盐化土及盐土土壤。集中分布在平原低洼地和沼坨间低洼地段。较重的有麦新镇、义和塔拉、黑龙坝乡、大榆树镇、新华、和平、光明、俊昌、前河乡、东南部的东来镇。盐化土壤盐土土壤呈复区存在，面积为 1 120 026 亩，占总土地面积的 17.2%。

沼泽土，面积较小。分布在常年积水，排水不畅的坨间低洼地段，呈小面积零星分布。草甸沼泽土和碱土，沼泽土面积为 178 990 亩。

土壤有机含量据测，灰色草甸土为 1.262%；风沙土为 0.547%；盐化土和盐土为 1.343%；沼泽土为 1.322%～3.647%。

总的看来，开鲁县土壤肥沃，适宜农作物生长，但是有机质和氮素含量偏低。风沙土土壤松散，多以中细沙为主，利用不当易沙化。沼泽土和盐土，尤其盐碱土分布面积较大，加强改造措施将会改善。

5. 植被条件

草场植被受气候影响，水热条件、立地条件以及人类活动是主要影响因素。开鲁县属于温带半干旱草原区，大陆性半干旱气候特别明显，由于人类不断开发利用和畜牧业经济的发展，草场地带性表现明显次生性，属于沙生植被和隐域性草甸植被。

在沿流域及坝间平原草甸，以中旱生多年生草本为主，例如芦苇、碱茅、拂子茅、萎凌菜、苔草、星星草等。盐化地带为生碱蓬等盐生植物；在常年积水的低洼地区，多香蒲、三棱草、水葱、灯芯草等水生植物。沿河两岸边零星分布有杠柳和沙柳；河滩地以禾本科、菊科、莎草料、豆科植物占优势。但大部分自然植物已被破坏，开垦为农田，为农作物所代替。在此地中，北沼坨上广泛生长着木贼科、藜科、豆科、菊科、禾本科植物，如碱蒿、麻黄、狗尾草、兴安黄芪、披碱草、小叶锦鸡儿、羊草、冰草、三芒草、野古草等。由于沙沼逐渐固定，被草原植被和沙生植被代替，形成草原植被，各类植物长势良好。

据查，境内共有 44 科 136 属 188 种天然植物，其中可饲用植物 154 种，牧草繁多，品种良好，为发展畜牧业经济奠定了基础。

（二）草场类型及描述

草场是草群的核心，草场的自然性和经济特性决定草场的经营方向和利用方式。草场的自然特性和经济特性，是确定草场类型的主要依据。

1. 草场类型划分原则及标准

草场分类，主要是掌握草场发生发展规律，了解受自然条件和经济利用所发生的变化，研究它们之间的关系，从而采取措施，使草场向着人类需要的方向发展。

草场划分原则，应坚持以植被类型为基础，考虑草场生态条件，以畜牧业利用特点和需求来划分。根据全国 1979 年南昌会议制定的草场分类系统和草资源调查大纲技术规程要求，采用 3 级分类单位进行划分。

（1）草场类

具有地形一致，结合气候植被特点，各草场类有独特的地带性，自然经济特性具有质的差异。

（2）草场组

具有一致的中地形和基质条件，由同一生境的经济类群植物构成，是型的联合，组间是量的差异。

（3）草场型

草场植被的优势种相同，地境一致、利用方式相同。

根据上述原则和标准，把开鲁县天然草场划分为 3 个草场类，5 个草场组，18 个草场型。

2. 开鲁县天然草场分类系统

（1）草原干草原草场类

①具灌丛禾草杂类草起伏沙丘沙地草场组

· 小叶锦鸡儿＋1 年生禾草草场

· 苦参＋冰草＋隐子草＋杂类草草场

· 麻黄＋黄蒿＋隐子草＋杂类草草场

· 兴安胡枝子＋黄蒿＋杂类草草场

· 麻黄＋1 年生禾草草场。

②固定沙丘沙地禾草杂类草场组

· 黄蒿＋野苜蓿＋兴安胡枝子＋杂类草草场

· 黄蒿＋冷蒿＋隐子草＋杂类草草场

· 黄蒿＋1 年生禾草草场

・1年生禾草＋杂类草草场

（2）低湿地草甸类

①丘间低地根茎＋丛生禾草草场组

・羊草＋隐子草＋杂类草草场

・芦苇＋碱茅＋碱蓬＋杂类草草场

・羊草＋苔草＋杂类草草场

②丘间低地盐化草甸土禾草杂类草草场组

・羊草＋1年生禾草＋杂类草草场

・芦苇＋碱草＋披碱草＋杂类草草场

・碱蓬＋羊草＋杂类草草场

・马蔺＋1年生禾草＋杂类草草场

（3）沼泽草甸类草场

丘间低地沼泽草甸土莎草＋禾草杂类草草场组

・三棱草＋苔草＋杂类草草场

・芦苇＋苔草草场

3. 各类草场描述

（1）平原干草原草场类

该草场类主要分布在新开河以北县种畜场、兴安"三北"林场以南、保安沼和太平沼一带，总面积为 2 658 244 亩，可利用面积 1 993 683.25 亩，占全县可利用面积 68.37％。地形以沼坨为主，多为固定沙沼和半固定沙沼，平缓起伏，海拔 221～262 米。土壤为风沙土，肥力较低，牧草生长主要靠自然降水。草场植物有狗尾草、虎尾草、刺沙蓬、虫实、隐子草、画眉、冰蒿、黄蒿、冰草、三芒草、麻黄，部分地区有小叶锦鸡儿，个别地段有苦参和红柳条。

①具灌丛禾草杂类草起伏沙丘沙地草场组

主要分布在建华乡牧场、大榆树镇、坤都岭乡、他拉干水库牧场境内，面积为 1 146 213亩，占该类草场面积 43.12％。草群高度为 31～70 厘米，盖度为 23％～70％。草质较好，亩产鲜草 224 千克，其中禾本科占 67.8％～81.7％，其他科植物占 18.3％～32.2％。大部分属于三等 6 级和四等 4 级草场，平均 16 亩草场养 1 只羊，适宜发展养羊业。

a. 锦鸡儿＋一年生禾草草场：该草场在开鲁县有一定比重，面积为 452 684 亩，可利用面积为 339 573 亩。集中分布在新开河以北的大榆树镇牧场、建华牧场南部、黑龙坝牧场大部分、坤都岭乡牧场。牧草种类有小叶锦鸡儿、三芒草、狗尾草、虎尾草、刺沙蓬、隐子草等。草本高度 25～30 厘米，盖度为 35％～50％，亩产鲜草 188.075 千克。优等牧草占 16.63％，中等牧草占 30.8％，低等牧草 30.4％。属三等 6 级牧场，平均 17.44 亩草场养 1 只羊。

b. 苦参＋冰草＋隐子草＋杂类草草场：分布在麦新镇牧场，面积为 3 687 亩，占该组草场总面积的 0.32％。主要牧草有苦参、虫实、绿叶藜、兴安胡枝子等。平均高度为 23％～45％。亩产鲜草为 185.79 千克，优等牧草占 28.83％，低等牧草占 58.96％。该草场型在开鲁县分布不多，但有一定的药用价值。

　　c. 麻黄＋黄蒿＋糙隐子草＋杂草草场：该草场主要分布于义合塔拉苏木西北部、中部，光明、和平、北兴、保安、太平沼牧场也有分布。面积约 171 789 亩，可利用面积 128 842 亩，植物种类有黄蒿、糙隐子草、三芒草、圆叶藜、野苜蓿、山葱、萎陵菜、马唐、狗尾草、虎尾草、麻黄，除在义合塔拉集中分布以外，其他均呈零星分布。草本高度 10～50 厘米，盖度为 45％～55％，优等牧草占 25.64％，中等牧草占 46.64％，低等牧草占 20.14％，亩产鲜草 212.835 千克，每 15.41 亩草场可养 1 个绵羊单位。

　　d. 兴安胡枝子＋黄蒿＋杂类草草场：此类草场主要分布在太平沼、保安沼牧场的东风镇、开鲁镇牧场和建华牧场，面积为 147 627 亩。草群高度 9～25 厘米，平均盖度为 30％～50％。亩产鲜草 198.21 千克，草群中优等牧草占 38.56％，中等牧草占 39.62％。属三等 6 级牧场，16.55 亩草场养 1 只羊。

　　e. 麻黄＋一年生禾草草场：主要分布在东风镇、和平、光明牧场、麦新镇牧场北部，街基镇牧场北一部分，兴安乡牧场（北牧场），坤都岭牧场（北牧场）西部，面积为 370.426 亩。牧草种类有狗尾草、虎尾草、三芒草、刺沙蓬、马唐、虫实、糙隐子草、巴西藜、虮子草、白草、画眉等。草本高度为 6～25 厘米，盖度为 30％～70％，亩产鲜草 334.17 千克。草群中优等级牧草占 21.73％、低等牧草占 60.6％，良等占 7.68％。草群中禾本科占 29.33％，藜科占 20.17％，其他科占 50.05％，属四等 4 级草场，13.91 亩草场养 1 只羊。

　　②固定沙丘沙地禾草蒿属草场组

　　该组草场主要分布在太平沼牧场的三棵树乡牧场、兴安乡牧场、食品公司牧场、街基镇牧场、保安沼的保安乡以及东来镇西部。草群植物有黄蒿、羊草、野苜蓿、兴安胡枝子等，还有部分藜科植物。面积为 1 512 031 亩。亩产鲜草在 136.99～202.235 千克，优等牧草占 25％～55％。属三等 5 级、三等 6 级牧场。

　　a. 黄蒿＋野苜蓿＋兴安胡枝子＋杂类草草场：该草场类型分布在兴隆沼南部的道德乡牧场、东风镇牧场，面积为 36.95 亩，占该组的 2.44％。草本高度 18～25 厘米，盖度为 54％。草群植物有黄蒿、狗尾草、太阳花、三芒草、兴安胡枝子、虫实、野苜蓿等。亩产鲜草 202.235 千克。优等牧草占 17.92％、良等草占 6.31％，中等牧草占 57.61％，低等牧草占 13.82％、劣等草占 10.35％，属三等 5 级牧场。

　　b. 黄蒿＋冷蒿＋糙隐子草＋杂类草场：分布在东来镇西部、北兴牧场南部。面积为 111 432 亩，占该组草场面积的 7.4％。草本高度 26～28 厘米，盖度为 36％～54％，草群中以黄蒿、冷蒿、糙隐子为主。亩产鲜草 118.99 千克，优等牧草占 24.82％，良等牧草占 33.81％，中等牧草占 25.31％，属三等 6 级牧场，是较好的牧场，冷蒿多，春天放牧利于抓膘。

　　c. 黄蒿＋一年生禾草草场：该草场主要分布在太平沼，保安沼的三棵树牧场南部、食品公司牧场、北兴牧场东部、中部，街基牧场。面积为 415 189 亩，占该组草场 27.46％。草种主要以黄蒿、狗尾草、马唐、虎尾草、三芒草、虫实、野苜蓿、胡枝子等，草本高度为 32～35 厘米，盖度为 40％～50％。亩产鲜草 156.65 千克，优等草占 29.82％，中等牧草占 35.10％，低等牧草为 12.28％，劣等牧草为 14.31％，属三等 6 级草场。适于放牧，发展养羊业。

d. 一年生禾草＋杂草类草场：主要分布在北沼牧场、坤都岭牧场中部北部，黑龙坝牧场西北部、太平沼的小街基牧场、兴安、食品公司牧场一部分等。面积为 948 451 亩，是较大的一类，占该组草场面积的 62.73%。草本高度 10～23 厘米，盖度为 23%～55%，亩产鲜草 175.87 千克，优等草占 20.73%，良等草占 19.04%，低等草占 36.09%，属四等 6 级牧场，需 18.65 亩养 1 个羊单位。

（2）低湿地草甸类

该类草场主要分布在新开河、西辽河两岸的滩地上，乌力吉木仁河的南岸及坨间低地平原草甸子区，面积为 782 746 亩，占全县牧场面积的 20.9%。该类草场大部小地形平坦、海拔 220 米左右，水分条件好，地下水位高、地表常有盐分积聚。草场植被以羊草、芦苇、狗尾草、碱蓬、黄蒿为主，植物茂密、产量高、气候凉爽耐牧耐践踏，是牲畜理想的放牧场，目前多为兼用。

土壤为草甸土，土质比较肥沃，亩产鲜草为 274.2 千克，平均 16.3 亩草场可养 1 个羊单位，适宜养大牲畜。如经改造、加强建设措施，潜力大可增长，是建立人工草场和半人工草场的比较理想地段。

①丘间低地、根茎丛生禾草草场组

该组分布在坨间低地、集中在广发甸子、柴达木甸子以及保安沼的义和塔拉甸子，在其他坨间低地，广泛分布着大小不等、形状不一的该组草场。草场植物有：羊草、芦苇、狗尾草、碱蓬、黄蒿等为主。面积为 582 379 亩，占总面积的 15.6%。土壤以盐化草甸土为主。海拔为 202.0～233.8 米。

该组草场分 3 个草场型。

a. 羊草＋糙隐子草＋杂草类草场：主要分布在建华东部、县种畜场清河牧场北部、新华打草场、广发甸子，面积为 465 434 亩，占该类草场 59.46%。草本高度 24.5 厘米，盖度为 47%～60%。植物优势种有羊草、糙隐子草、虎尾草、狗尾草等。亩产鲜草 261.625 千克。优等草占 57.21%，良等草占 14.37%，该草场属二等 5 级草场，主要是打草、放牧兼用。

b. 芦苇＋碱茅＋碱蓬＋杂类草草场：分布在三棵树东部、面积为 109 124 亩，占该类草场 18.73%。草场植物有：芦苇、碱茅、碱蓬、羊草等，亩产鲜草 188.025 千克。该草场属于一等 6 级草场，平均 22 亩草场可养 1 个羊单位。

c. 羊草＋苔草＋杂类草草场：分布在柴达木甸子中西部，面积为 7 821 亩。草本高度为 37 厘米，盖度为 86%，亩产鲜草 384.525 千克，在草群中优等牧草占 35.07%，良等牧草为 5.39%，中等牧草为 46.93%，劣等草占 6.63%，此草场属于三等 4 级牧场，10.92 亩草场养 1 个羊单位。

②丘间低地盐化草甸土禾草杂草类草场组

该组分布在东来镇东部，太平沼牧场的邢家甸子；街基镇联盟和水库西侧；新开河和西辽河沿岸的麦新、黑龙、大榆树、和平、新华等单位农区零散牧场。草场植被主要是披碱草、碱草、碱蓬、沙隐草、狗尾草等，面积为 200 385 亩。地势低洼多积水、盐化程度高，土壤为草甸土。草高 12～43 厘米，盖度为 30%～80%，亩产鲜草 190.6～349.92 千克。禾本科牧草 22.7%～79.1%；优良牧草占 23%～60%，大部属于四等 5 级牧场。

a. 羊草＋一年生禾草＋杂类草草场：该草场型分布在太平沼牧场邢家甸子，其他坨间低地也零星存在，面积为 7 445 亩。草场植被以羊草、黄蒿为主，伴有 1 年生禾草等植物。土壤为盐化草甸土，由于排水不畅，有不同程度盐渍化。亩产鲜草 349.92 千克，草本高度 19 厘米，盖度为 50％。

b. 芦苇＋披碱草＋杂草类草场：该草场分布在新开河、西辽河两岸的河滩地和农田空地的低洼地段，分布零散，面积为 39 533 亩，是开发潜力较大的草地。草群优势种有披碱草、马蔺、碱蓬、芦苇、碱茅、苔草、星星草、牛鞭草等。草本高度为 12～43 厘米，盖度为 35.80％，亩产鲜草 248.49 千克，优等草占 43.06％、低等草占 23.08％，属于四等 5 级草场。每 16.9 亩草场可养 1 个羊单位。

c. 碱草＋羊草＋杂类草草场：分布在街基联盟一带和街基水库两侧，面积为 104 073 亩。草场优势种类碱蓬、碱蒿、芦苇、虎尾草以及碱草。草本高度 15～24 厘米，盖度 40％～42％，亩产鲜草为 296.23 千克，低等植物占草群的 71.59％，属于四等 5 级草场。盐化程度高、草质差，秋后可以利用籽实和枝叶做饲料用。

d. 马蔺＋杂草类草场：分布在东来镇东部，面积为 49 334 亩。该区盐碱化程度高、地表面形成碱霜结皮，主要植物有马蔺、虫实、虎尾草、碱蓬草等。亩产鲜草 190.6 千克。草本高度 6～19 厘米；盖度为 30％～60％，草群中优等牧草占 8.21％，低等牧草占 50.24％，属严重退化草场。马蔺的出现逐渐取代禾本科和豆科牧草，应采取措施加以改造。

（3）沼泽草甸类草场

此类草场在开鲁县呈零星分布，与低湿地草甸镶嵌存在，地表多积水，湿中生植物为建群种，主要分布在保安沼的义和他拉甸子、他拉干水库周围、长脖甸子等地，面积为 302 091 亩，土壤为沼泽土。植物种类单纯，主要是一些喜湿性植物和水生植物，常年积水处有香蒲、水葱。单位面积产量较高，一般为割草和副业基地，此类草场在境内面积巨大，是发展牧业和渔业的好地方。

该类草场只分 1 个草场组（丘间低地沼泽草甸土莎草禾草杂类草草场组）和 2 个草场型。

①三棱草、苔草、杂类草草场

主要分布在柴达木甸子东侧，义和塔拉苏木三四队东南，他拉干水库西侧、保安乡和吉日嘎郎吐苏木的义和塔拉甸子，面积为 287 949 亩，占该类草场面积的 95.3％。草本高度 10～31 厘米，盖度为 15％～96％，亩产鲜草 433.505 千克。在草群中优等牧草为 16.72％，良等牧草为 39.37％，中等牧草占 3.99％，低等牧草占 19.09％，劣等牧草占 20.83％，此类草场属三等 3 级草场。由于地势较低，地下水位高，春季返青早，是早春放牧比较理想的牧场。

②芦苇＋苔草草场

主要分布在建华乡和大榆树牧场的长脖甸子、三棵树公社碱锅甸子；建华乡八里泡子，公敖泡子，保安乡、吉日嘎郎吐苏木义和塔拉甸子西部和中部，面积为 14 142 亩，占该类草场面积的 4.7％。草场植物以芦苇和苔草为主，草本高度 25～52 厘米，盖度为 60％～95％。亩产鲜草 488.945 千克，属三等 3 级草场。草群中优等牧草占 22.49％，良等牧草为 42.98％，中等牧草为 9.1％，低等牧草占 15.76％，劣等牧草占 9.68％。目前是较好的兼用牧场，尤其是早春利用，对牲畜增膘复壮，增强抗病能力作用较大。

（三）草场资源的评价

天然草场的评价，主要是对质量和数量的评价。草场植被类型，决定草场的自然特性和经济特性，反映草场生产能力和利用价值。按着全国草场资源评价原则和标准评价内容主要是：一是评价草场"等"，以质量为主，依据优良牧草占的比重多少；二是评价草场"级"，以草场生产能力为依据；三是使用价值，即载畜能力。

1. 草场"等"的评价

草场"等"反映草场优劣。评价依据是可饲牧草适口性，营养成分和利用率。因为适口性能直接反映牲畜对牧草的利用率和营养成分的需要，所以把适口性作为牧草营养价值和饲用价值的评价依据。通过访问、观察和参考各旗、县的评价资料，对开鲁县天然草场主要饲用植物进行评价分等，按着不同"等"的牧草在草群产量中占的重量百分比，进行分等。

根据"普查大纲"要求，具体分等标准如下：

第一等：优等较草占60％上。

第二等：优等、良等以上牧草占60％。

第三等：优等、良等、中等牧草占60％以上。

第四等：优等、良等、中等、低等牧草占60％以上。

第五等：劣等牧草占40％以上。

按上述标准，开鲁县天然草场44科188种植物，优等牧草占9.6％，良等牧草占16％，中等牧草占32.2％，低等牧草占24.7％，劣等牧草占17.5％。

2. 草场"级"的评价

草场"级"反映草场生产能力的高低，主要评价指标是产草量。为了正确评价开鲁县天然草场的生产能力，据牧草不同生长期产量规律和年际间与气候影响的相关性，在计算草场生产力时应进行校正。

参考毗邻旗、县月份动态系数，确定最高月份产量，加以校正。结果是8月份产量最高，为100％。一等月份动态系数：7月81.2％，9月79.64％；二等月份动态系数：7月82.56％，9月78％；均为8月份测产。年际产量变化，主要是依据换算雨量丰年系数来校正年产草量。结果是年平均雨量为341.82毫米，标准差为78毫米。因此1983年实测产草量可作为丰年对待（1983年降水量385.3毫米），1985年降水475.1毫米，可视为丰年，其系数为72％。

校正后按着草场级产量标准，进行分级，即1级＞800千克/亩；2级为600～800千克/亩；3级为400～600千克/亩；4级为300～400千克/亩；5级为200～300千克/亩；6级为100～200千克/亩；7级为50～100千克/亩；8级为＜50.5千克/亩。

根据上述标准办法，开鲁县天然草场可划分4个等4个级。各等、级面积和占全县草场总面积情况见表2-1。

3. 草场载畜量

草场载畜量是评价草场的主要依据之一，反映草场的使用价值和潜力。适宜的载畜量，对合理利用保护草场资源，制定畜牧业生产发展规划，有重要的指导意义。

表 2－1　开鲁县天然草场等级组成

单位：亩

级	等								级合计	
	一		二		三		四			
	面积	%	面积	%	面积	%	面积	%	面积	%
3					302 091	8.07			302 091	8.07
4	7 445	0.2			7 821	0.2	370 426	9.9	385 692	10.3
5			465 434	12.43	208 748	5.58	143 606	3.84	817 788	21.85
6	109 124	2.9			1 126 932	30.11	1 001 472	26.77	2 237 528	59.78
等合计	116 569	3.1	465 434	12.43	1 645 592	43.96	1 515 504	40.57	3 743 099	

为正确反映草场生产能力，据大纲要求，采取秋季一次测产方法进行实测；对灌丛按其冠幅大、中、小分三级计算，测定当年新生分蘖枝条的生产量，通过换算求出草场总产量。

开鲁县牧业生产的特点是，除耕畜外，常年放牧，冬、春少量补饲，靠自然养畜的程度较大，目前还没有很强的能力摆脱大自然的影响，更应该确定适宜载畜量。

第一，应确定绵羊的食量和各类家畜折算绵羊单位的比例。据访问和参考有关资料，绵羊的日食量确立为鲜草 5 千克，折算单位比例绵羊∶马为 1∶6，绵羊∶牛、骡均为 1∶5，绵羊∶驴为 1∶3，绵羊∶山羊为 1∶1。

第二，确定冷暖季利用率，冷季保存率和草场可利用面积比例。冷季保存系数：平原干草原类为 70%，低湿地草甸为 45%，沼泽为 45%；利用率平原干草原类为 75%，低湿地草甸为 70%，沼泽 75%。暖季利用率：平原干草原为 60%，低湿地草甸 60%，沼泽 50%。冷暖季天数：据开鲁县多年气象资料考察，全年通过 5℃活动积温（返青）初日在 4 月 9—11 日，终日在 10 月 17—20 日，间隔 190～194 天。开鲁县因春旱影响，按着饱青期作为暖季，饱青始期视为暖季始期，饱青日推迟。据观察和统计，羊饱青日在 4 月下旬至 10 月下旬，为 170 天左右；牛饱青日在 6 月中旬至 10 月下旬，为 140 天，平均 155 天。暖季天数为全年的 42.46%。

参照总结细则要求，开鲁县各类饲草产量（扣除不可食牧草），推算全县可食牧草储藏量详见表 2－2。

表 2－2　开鲁县各类草场冷暖季可食牧草储藏量

草场类	可利用面积		饲草储藏量	
	亩	占比/%	亩产/千克	总产/千克
平原干草原	1 993 683.25	68.4	103.35	206 008 181
低湿地草甸	665 349.35	22.8	110.1	73 256 222.5
沼泽草甸	256 777.35	8.8	176.945	45 436 257.5
合计	2 915 809.95			324 700 661

第三，农、林、副产品和人工草地产量的计算。农林在开鲁县占有相当大的比重，有

一定的载畜潜力。通过部分测产和估算办法，对可供家畜利用的农、林、副产品进行推算。农、林、副产品产量换算：玉米每亩 625 千克，利用率为 30%；大豆每亩按 150 千克，可利用率为 30%；谷草每亩按 45 千克计，可利用率为 90%。

1983 年，种植玉米面积为 291 156 亩，大豆为 59 254 亩，谷子 167 214 亩，甜菜 53 185 亩，加上其他糜黍等副产品，共产农副产品 264 499 874 千克，可利用 336 769 075 千克，能饲养 186 824 个羊单位。林地产草与可食枝叶产量换算，每亩按 250 千克、50% 利用计，可饲养 30 217 个羊单位。人工种草 18 700 亩，亩产草 822.5 千克，饲料地 21 011 亩，亩产草 1 825 千克，人工草地和饲料地可养 30 342 个羊单位。天然草地可养 177 852 个羊单位。

根据以上推算，全县总载畜量为 425 235 个羊单位。按 1983 年实际养畜水平总计为 803 381 个羊单位，超载 378 146 个羊单位（表 2-3）。

表 2-3 开鲁县总载畜量汇总表

单位	可利用草场		人工草地	农副产品	林地	总载畜量/只	实际载畜量/只	载畜潜力
	面积/亩	载畜量/只	载畜量/亩	载畜量/只	载畜量/只			
全县合计	2 915 810	177 852	30 342	186 824	30 217	425 235	803 381	-378 146
麦新	97 164	5 435	1 480	18 924	2 678	28 517	70 291	-41 774
黑龙坝	114 884	6 727	1 078	14 926	2 254	24 985	45 558	-20 573
东风	248 934	14 870	890	15 224	2 325	33 309	69 573	-36 264
三棵树	162 633	7 936		2 171	777	10 884	19 382	-8 498
建华	267 330	16 068	75	15 745	2 815	34 703	78 678	-43 975
保安	105 498	7 454	1 030	10 255	2 958	21 697	35 858	-14 161
街基	318 957	19 313	10 180	25 527	2 521	57 541	88 917	-31 376
坤都岭	164 926	11 039	203	9 377	1 958	22 577	33 128	-10 551
新华	94 357	5 618	420	7 810	2 224	16 072	24 240	-8 168
大榆树	110 636	604	788	11 793	2 628	21 813	35 543	-13 730
和平	567 717	40 063	130	16 329	1 553	58 075	123 966	-65 891
兴安	104 343	5 607	9 530	5 390	950	21 477	40 112	-18 635
明仁	49 322	2 770		5 327	606	8 703	20 967	-12 264
北兴	108 937	5 626	105	7 311	1 912	14 954	31 135	-16 181
东来	81 469	3 557	283	13 548	528	17 916	34 250	-16 334
县打草场	76 308	4 729	50	62		4 841	2 220	2 621
清河牧场	102 903	6 257		965	133	7 355	23 970	-1 665
保安农场	32 554	2 068		5 921	527	8 516	13 848	-532
机械林场	30 801	1 671		75	870	2 616	1 228	1 388
太平沼	76 137	4 440	4 100	144		8 684	10 517	-1 833

总的看来，开鲁县草场属中下等，产量低，载畜能力不高。大部分草场集中在三等 6

级和四等 6 级。全县退化面积达 2 774 948 亩，其中重度 875 337 亩，占 23%，中度退化 886 106 亩，占 24%。

4. 草场资源特点

开鲁草场立地条件是风沙土，沙生植被构成天然草场主体，以群落复合体形式分布，全年为家畜利用。在坨间低洼地有一定比重的隐域性草甸植被。从利用角度看，开鲁县天然草场资源较为丰富，饲用植物繁多，品质良好，面积广阔，占全县总土地面积的 57.19%，为发展畜牧业经济奠定了较好的基础。开鲁县草场有以下特点。

（1）饲草丰富、品质优良

据调查，天然草场野生饲用植物 154 种，其中主要饲用植物 71 种，构成草场基础饲草。家畜喜食的禾本科和豆科牧草占主要饲用植物 67.6%；家畜此较喜食和乐食的菊科、百合科、莎草科良好牧草占主要饲用植物的 29.57%。

家畜不喜和不愿食的低劣牧草占用植物总数 44.15%；有毒有害植物 34 种，占 18.08%，目前危害不大，个别的造成畜产品产量下降等。同时，这些植物又有较高的药用价值。

在天然草场草群中，居前位的有 3 个科。

禾本科牧草，共有 29 种。其中，羊草属、冰草属、隐子草属、早熟禾属、披碱草属、拂子茅属，是开鲁县草场主要建群种及优势种，具有较高的营养价值。是主要的放牧饲草和刈割饲草。

菊科牧草，在开鲁县天然草场中居第 2 位。有 28 种，主要可饲用的为 12 种，在数量和质量上是仅次于禾本科的一类牧草。

豆科牧草，数量虽多，分布较广，但产量少。该科牧草蛋白质含量高，对提高草场质量有重要意义。

其他科杂类草，是草群伴生植物，质量中等，开花前利用，具有较好的适口性，是多种家畜的放牧饲草。

（2）草群组成具有明显的地质差异

草群的组成，由于受气候条件，地形条件，土壤条件的影响，表现出明显的差异。草群高度、盖度、产量、草场生产能力不同，草群种类和分布也不同。

草场资源的这种特点，为合理利用、建设、管理，指出了方向。

（3）草场类型多样，草场生产能力及年际、年内月份之间变化较大

开鲁县草牧场面积不大，在地形不太复杂的情况下，也表现出类型多样、生产能力变化大的特点，在平原、草甸、沙沼、低湿地，形成不同的草场类。草场生产能力也表现出明显差异，为因地制宜地发展各种牲畜，采用多种方式充分合理地利用草场提供了条件。

草场类型不同，草场生产能力不同，主要原因是气候条件及降水的影响，其次是地形起到再分配水量的作用。这样的年际变化，造成牲畜发展的不稳定性。1972—1976 年，雨量在 308 毫米以下，储草在 5 600 千克左右，最低 2 468 千克；1983—1985 年雨量在 338~475 毫米，储草均在 5 万吨左右。

年内季节间的产量变化，是植物本身规律。尤其是年内产量和营养物质的不平衡性，造成漫长的冬春缺草，致使牲畜冬瘦春乏，体质下降，甚至死亡。认识这一规律，在指导

畜牧业生产上，加强草地建设，建立巩固的饲草饲料基地，大搞青贮，对畜牧业经济发展有着十分重要的意义。

（4）旱化、沙化引起灌丛化

随着干旱程度的加剧，在一些地区，小叶锦鸡儿在草群中大量出现，草本植物相对减少，灌丛化草场面积近 46 万亩。

这种情况表明，必须加强建设和保护措施。如果不注意保护和合理利用沙沼的固沙植物，有可能促进草场向荒漠化草原过渡，造成不可挽回的后果。

（四）草场利用和建设

草场是畜牧业经济的基础，对草场资源的合理利用、管理和建设，直接影响畜牧业的发展。在长期的生产实践中，广大群众在草场管理、使用和建设方面积累了丰富的经验。

1. 利用现状

开鲁县天然草场的利用，基本上是定居放牧，打草补饲的利用方式，土地资源、草场资源利用比较充分。靠自然因素较大，还没有摆脱靠自然养畜的局面。随着科学进步，生产发展，草原建设工作加强，靠自然养畜的被动局面正在扭转。

总结开鲁县状况，主要是常年放牧和围封利用。一般只在部分地区认识较高的乡镇围封利用，如北兴、县种畜场、清河牧场、建华等。在退化和较好地段围封利用，作为冬春抗灾用地和打草用地，比常年利用有了很大进步。

1983 年全县人工种草合计 18 737 亩，数量较少，每个绵羊单位占有 0.023 亩。为改善和提高草场生产能力，开鲁县积极加强草原建设。全年共围建草库伦 140 475 亩，当年新建 2 100 亩；种植饲料地 20 974 亩，羊单位占有 0.26 亩。国家支持各地草原建设，开发地下水，增加打井及配套建设，推动了草原建设。

1983 年，为了更合理地开发利用草牧场，开鲁县政府决定在北清河乡创建草业村试点工作，现场示范。坚持思想明确，综合开发利用。农牧林机一起上，注重生态效益、经济效益和社会效益。草业村建设有很大的吸引力，前景广阔，在草原建设道路上，又有新的发展。

2. 存在的问题

开鲁县在草场利用和建设方面还存在一些问题，反映比较突出的主要有以下几点。

（1）草场资源利用不够合理

主要利用过度、超载放牧、盲目开垦。开鲁县草场面积小，充分利用国土资源无可厚非。但也出现一些问题，一是国家为了发展国民经济，鼓励农民开发土地，扩大生产规模，增加耕地；在牧业生产上实行保护耕畜、母畜政策，农牧业生产得到迅速发展，这在当时采取的政策是英明正确的，问题是草场面积相对减少了。二是由于无政府主义影响，动摇了国家"禁止开荒、保护草牧场"的政策，一度开垦牧场拱坨子成风，致使开鲁县几十万亩草牧场被垦，在少数民族聚居的牧区，也随意开垦，大面积种植农作物。一般在有条件的地方，牧民解决口粮和饲料自给，是头等好事，问题是，在不可耕地段轮番开垦，使植被和土地遭到破坏，草场生产能力降低，造成严重的沙化就不可饶恕了。三是打搂烧柴破坏了草场，靠近村屯的地方较为严重。牧草缺乏地区尤为突出，动用锄头打草，笆搂聚草。挖药材、割麻黄，铣挖火烧，破坏作用很大。四是在草场利用上不够科学，特别是早春时节，大批牲畜集中在低湿地草甸子上放牧，没有任何控制措施，啃食踏践严重，造成退化。

以上种种不合理掠夺性利用结果，造成草场资源严重退化，生产能力降低，载畜能力减少。

（2）管理不善，缺乏积极的建设和保护措施

截至2022年，草场有保护设施的占3.79%，因缺乏严格的管理制度和丰富的建设内容，没能适应畜牧业经济发展的要求。

国家投资扶助建立起来的草库伦和机电井，已有一部分被损坏。造成这种被动局面，首先是对草场资源缺乏正确认识，特别是对草资源在保持水土、改良土壤、改善环境、繁生鸟兽、解决烧柴、发展牧业、维持生态平衡方面的巨大作用缺乏正确认识；其次是经营思想不正确，向大自然掠夺；最后是缺乏严格的管理制度，在经济承包中缺乏严肃性和周密性，不履行合同的现象常常发生。

（3）指导思想的片面性

由于传统观念的影响，片面理解"以农为主、以粮为纲"，轻视畜牧业经济；在指导畜牧业生产上缺乏商品经济观点，追求存栏头数，忽视经济效益，甚至把头数作为牧业生产指标，造成以农挤牧、不顾草场状况盲目发展，致使载畜过重、草场退化，畜牧业经济发展不快，经济效益差。

据查，新中国成立初期，开鲁县有各种牲畜43 482头（只），其中大畜39 847头（只），比重为91.64%；到1983年发展到403 395头（只），大畜比重占29.5%，畜牧业产值占农业总产值16.26%，载畜量由60.5亩降到4.6亩。由于长期超载使用，牧草失去正常生长繁殖机会，优良牧草减少，生产能力降低。靠根系繁殖的牧草，越冬储藏营养不足，靠种子繁殖的牧草失去结实机会。草场生产能力下降，加重了畜草矛盾，每年冬、春牲畜大量死亡。1949—1983年，共死亡大小牲畜519 556头（只），最高（1969年）死亡率达12.5%。1949—1965年平均出栏1 064头（只），出栏率为8.09%。1978年以来，随着农村经济体制改革，实行承包制，极大地调动了广大农牧民生产积极性。随着开放政策的进一步落实，集市贸易的发展，畜牧业经济向商品经济发展前进了一大步。商品经济思想逐渐确立，经济效益不断提高。据统计，1980—1983年平均出栏率为14.3%，商品率为9.82%，饲养周期缩短，周转加快。牛出栏过去一般4～5年，小畜只有淘汰才做处理。目前，牛周转期作为肉用缩短到1.5～2年；当年羔羊开始育肥出售，这种状况代表了今后的发展方向。但是周转慢、周期长、效益低仍是主流，和一些的畜牧业经济发达的国家相比，相差很远。有些牛的周转周期降到8～10个月，肉用型鸡降到8周，羔羊肉占羊肉总量的50%。造成这种状况原因：一是价格政策起着一定的作用；二是小生产习惯势力，经营落后，缺乏商品经济观点；三是科学技术落后，缺之科学养畜知识。

因此，用商品生产的观点指导现代化牧业生产，牲畜按生长规律科学饲养，按牧草生长规律管理草场，是提高畜牧业经济的有效途径。

3. 几点建议

科学的管理、建设和利用草牧场资源，是提高草场生产能力恢复生态平衡，促进畜牧业经济发展的根本措施、长远大计。

（1）根据草场生产能力，确定适宜载畜量

确定适宜载畜量，是合理利用草场的基础，应根据草场生产能力及可利用农副产品数量，确定合理载畜量，改变片面追求头数的做法。应认真组织季节性畜牧业生产，尤其在超载过牧、饲草不足情况下，更应推而广之。要使广大群众和牧业经营者依据经营能力，确定饲养头数，入冬前严格整顿畜群，严格处理一批，避免损失，减轻草场压力。

确定适宜载畜量，是维持草场较高水平的客观要求，是畜牧业生产急需解决的问题，是提高畜牧生产性能增加经济效益基本要求，是商品生产发展的需要。

（2）调整畜群结构、合理配置畜种

据不同草场类型、植被条件，合理安排畜群的畜种，是有效利用草场、稳定草场生产能力的保证。在草场缺乏长期的恢复、大面积治理又十分困难的状况下，调整畜群结构、合理配置畜种十分重要，这是草地经营、利用的必需措施。

调整畜群结构，努力提高母畜比重、改良畜比重。在畜种配置上，沿河两岸以养牛为主，兼养其他牲畜；沼坨以养羊为主，少量养牛。考虑各种牲畜特性和生产性能、草场状况合理搭配，以周转快，效益高为标准。

（3）做好规划、合理布局，加速建设

合理布局，是利用好国土资源的基础。应本着"宜林则林，宜牧则牧，宜农则农"的原则，从有利于资源利用、有利于生产、有利于发展出发，把3项用地固定下来，按规划加速建设，建立新的平衡系统。

具体意见是：第一，对已固定的农业用地，除一般措施外，突出搞好草田耕作、粮草间作，以豆科牧草为主、以肥田为目的，尽快提高地力，按耕地饲料（4~5）∶1的比例安排饲料，最好形成制度。这样才能够扩大饲料来源、解决农区饲草问题，做到农牧互相促进协调发展。第二，对还林还牧地块，要抓紧落实并采取相应措施加以保护。第三，还林地块应抓紧建设，加快造林步伐，建立新的生态平衡。第四，对已开发地区，要本着综合利用、综合开发的原则，农牧林一起上，互相促进，共同发展。

（4）加强草地建设

加强草地建设是扩大饲料来源、解决饲草、防止退化的根本途径。开鲁县草场存在着潜在沙漠化危险，加强草原建设是当务之急。建立人工和半人工草地，应选择水肥条件较好地段加以围栏保护。农区的一些零星散地要落实到户、分散经营；条件较好的地方集体统一安排，并用经济合同形式长期固定下来；对已经沙化地块，无论农区牧区都要围封起来。根据北兴乡的经验，封前灭鼠、补播饲草，效果明显，盖度由30%提高到80%~90%，鲜草产量是围封外的9.6倍。

农区和牧区均应大力鼓励青贮饲料种植，玉米是饲料之王，青贮产量十分可观。在耕地少草场缺乏的地区，要注意多种玉米青贮。据兴安乡五一村经验，播种量为12.5~15千克，浇水2次，每次施肥7.5千克，收获玉米搞青贮总达2 000千克。

搞草原建设坚持个人、农户、集体一起上，充分利用国家给的必要扶持，鼓励农民向草地投资，引导教育广大群众走建设养畜的道路。

（5）发展饲草饲料加工业

饲草饲料通过加工、粉碎、发酵、合理配合，可大大提高饲料利用率，提高饲料报酬，尤其是广大农村大量的天然牧草和农副产品没有得到充分合理的利用，饲料加工业前景广阔。因此，要把饲草饲料加工作为一个时期的中心工作来抓：一是抓好草业科学普及工作；二是教育广大群众利用好各种牧草资源；三是以个体户和联户为主，国家给予必要的扶持。

（6）严格管理制度

草地管理是提高草地生产能力的重要措施，国家为了保护草地资源，进行草地立法，这是我们管好、用好、建设好草牧场的重要保证。因此，在完善经济合同制的同时，要严格草地管理制度，依法保护草牧场资源，依法促进畜牧业经济的发展：一要严格执行《草原法》；二要监督执行《草原法》；三要安排处理好违反《草原法》事件；四要严格管理制度，主要是加强领导，广泛开展法治教育，使草原管理工作尽快走上法治轨道。

（五）草场资源分区

草场资源分区主要是探讨草场生产在地域上的分布规律，研究草场生产特点和差异，根据不同分区，确定草场利用方式和发展方向；按草场类型、自然生态条件，科学地配置牲畜，进行合理利用和建设，发挥草场资源发展畜牧业经济潜力。

1. 分区依据原则

草场资源分区的目的是草场分区的依据。根据草场自然性和社会性特点，草场资源分区应坚持以"自然地理要素的地域分布规律、草场类型为基础、经营措施发展方向的一致性"的原则，具体划分。

草场资源本身的特点与自然条件关系密切。气候条件影响植物群体，水文条件影响植物生长和利用。但不能单纯考虑自然地理规律的地域影响，因为草场地域形成受人类活动影响较大，不是单纯的自然产物，还要考虑人类活动因素。

要以草场类型为基础，因为草场资源分区是在草场分类基础上进行的，草场分类等级，应当视为分区的依据。

分区的目的在于合理利用、改良、培育草场，使草场维持较高生产水平。分区时，应该考虑发展方向和经营措施等方面的一致性，以体现区域差别。

2. 开鲁县草场资源分区

按着分区原则，分为，第一级，区：地名与生物气候、地带性植被相结合；第二级，亚区：地名与优势草场类组相结合；第三级，小区：地名与优势草场组相结合的要求，拟定开鲁县草场资源分区系统。

Ⅰ. 内蒙古东部温带半湿润半干旱草原区

A：开鲁县沙丘沙地干草原类草场亚区

A1：北部灌丛禾草杂类草草场小区

A2：中部南部禾草蒿类杂类草草场小区

B：西部、中部、北部、东南部低湿地草甸与沼泽草甸类草场结合亚区

B1：西部中部北部东南部根茎禾草类杂类草草场小区

B2：水库周围、常年积水低洼地禾草苔草类草场小区

（1）沙丘沙地干草原类草场亚区

该亚区分布在开鲁县北部和中部23个乡（镇），面积为 2 579 269 亩，占全县总面积

68.9％；其中可利用草场面积1 934 452亩。以沼坨为主，丘间低地零星分布在坨沼间，风沙土是主要土壤类型，土壤肥力较低。

地带性干草原植被明显，从生态适应性看，植物以旱生或中旱生为主，建群种和优势种有冷蒿、冰草、紫花苜蓿、狗尾草、小叶锦鸡儿等。在区系组成上，占主要地位的是禾本科、菊科和豆科；在植被组成上，蔷薇科占有主要位置。适宜载畜量为112 871个羊单位。

该亚区是比较集中联片的牧业区，中部南部与农区相邻，农牧结合有一定条件。为更好发挥草场资源作用和潜力，主要措施有以下几点。

第一，坚持林牧为主的方针，实行林牧农结合，多种经营，全面发展。以养羊业为主，兼养其他牲畜；坚持毛肉兼用的改良方向，加快改良步伐，提高生产性能；搞好中国细毛羊培育工作，绵、山羊结合，发展养羊事业。

第二，加强草地经营，严格管理制度。科学地经营草地，是充分发挥草场生产能力的必要措施。对锦鸡儿比重较大的地区，要划为特殊区（草籽基地）加以保护，如作为放牧场利用。对于地上部分干死枝条，据鄂尔多斯市经验，7～8年应进行一次平茬，促其分蘖，增加新生枝条，提高产量。严禁刨根、打柴，作为制度长期执行。对于已经开垦的地段，要特别加以管护，防止沙化；对于沙化地段，应坚决采取封闭措施。至于坨间低地，要作为打草地落实到户，进行培育，注意早春放牧不要过重。

第三，加强建设。除了有计划地开发地下水源外，主要是在坨间低地加强建设措施，建立人工草地和半人工草地。村屯附近的可作为饲料地的牧场，以及牧铺周围均可固定给各户，建立人工草地，广泛种植栽培牧草，扩大牧草来源。

第四，搞好季节性畜牧业生产，发展饲料加工业，推行短期育肥，以优以快取胜。

（2）中部、西部、北部、东南部低湿地草甸与沼泽草甸类草场结合亚区

该区包括21个乡镇，面积1 163 863亩。其中可利用面积989 284亩，占全县可利用草牧场面积33.84％。土壤以草甸土为主，其次是风沙土。该区地形平坦开阔，地下水位高，土质较好，但多数地段不同程度盐化碱化。草场植被以碱草、拂子茅、碱茅、芦苇、苔草为主。适宜载畜量为64 981羊单位。

该区西部和北部是农区和半农半牧区，广大群众有丰富的经营农牧业的经验，经营管理水平较高，有农牧结合的良好条件，土壤肥沃，农田水利农电等基本建设优越，同时又有丰富的劳力资源，为合理利用、建设草牧场提供了条件。为更好发挥农区养畜优势，应积极采取以下措施。

第一，坚持农牧结合，以大畜为主的生产方针，走农区养畜的道路。

第二，控制数量，提高质量，加快周转。该区应贯彻质量与数量并举，抓好牲畜质量提高，发挥农区优势，开展短期育肥工作，这样可以节省饲草，降低成本，增加收入。更重要的是减轻草场压力，调解畜草平衡，缓和畜草矛盾。

第三，加强草地建设和改良工作。该区大部分草场是平原草甸，潜力较大。因部分草场盐化碱化严重（沼泽化草场有一定面积），故在抓好重点建设的同时，应抓好治理。因为草场是畜牧业的基础，草场先天不足，枯草期漫长，给畜牧业生产带来很大困难。为扩大草原可利用面积，增加载畜量应广开绿色能源，这是保护生态平衡，实现大地绿化的需

要，也是发展畜牧业的需要。

对盐渍化严重、草场退化地段，采取挖沟排盐，补种碱茅，深松重耙等办法，加以改造；对于沼泽地区，常年积水，影响放牧，除作为发展养鱼业外，其他地方应增加水利工程，排水防涝，改造低湿地，不但牧草产量增加，还可免除寄生虫病危害。

第四，广泛开展农牧业教育，加强智力投资。提高广大群众农牧业科学技术水平，是发展畜牧业生产，搞好草地经营，增加经济收入的基础。必须向广大群众普及农牧林业知识，尤其是草业知识。

第五，合理配置牲畜。合理配置牲畜是合理利用草场的基础。该区应以大畜为主，兼养小畜如猪和禽业，主要是发展周转快、效益高的品种，目前以肉牛为主。小畜应发展冬羔，加强措施，力争当年育肥当年受益，利用草场季节性优势，减轻冬、春压力。

二、1986年开鲁县退化草场的调查报告

（一）自然概况

开鲁县位于科尔沁草原西部，是西辽河冲积平原的一部分。地理位置在北纬43°9′—44°10′，东经120°25′—121°52′。四周分别与通辽县、科尔沁左翼后旗、奈曼旗、翁牛特旗、阿鲁科尔沁旗、扎鲁特族和科尔沁左翼中旗相连。总面积为6 544 206亩，其中草牧场面积为3 743 099亩，可利用面积2 915 810亩。草牧场占总面积的57.19%。境内有大小4条河流经过，雨热同季。年降水量为341.82毫米，而且多集中在6—8月。年蒸发量为2 069毫米。大于10℃的积温为3 196.3℃。日照时数为3 116.8小时，极端最高温度为41.7℃，极端最低温度为—30.4℃。年平均温度为5.9℃，冬季寒冷少雪，春季干旱多风，年大风日（8级以上大风）为8.6天，多集中在3—5月。夏季炎热多雨，秋季凉爽，昼夜温差大。适宜植物生长，为畜牧业生产提供了一定的条件。但是由于自然因素（如降水不平衡，干旱多风）的影响和长期以来人类不合理的生产活动的影响，在不同程度上破坏了畜牧业生产发展的条件，造成草牧场大面积、不同程度的退化，

（二）退化草场现状

为了合理、经济地利用草牧场资源，使其发挥更大效益，有效地控制草牧场继续退化，开鲁县通过草场资源普查，采用典型地段调查和访问调查相结合的方法，对退化草场进行了调查。

开鲁县现有退化草场面积为2 774 948亩，占草枚场总面积的74.14%；占可利用草场面积的95.2%。其中，轻度退化草场1 013 505亩，占可利用草牧场面积34.76%；重度退化草场869 695亩，占可利用草场面积的29.8%；中度退化草场891 747.95亩，占可利用草场面积30.6%。退化草场分布状况大致可分为3大片：第一是新开河以北，以牧为主的沙丘沙地草场和低湿地草甸草场；第二是新开河以南开通公路以北半农半牧地段；第三是开通公路以南以农为主的沙丘沙地草场。

各乡（镇）、苏木不同程度退化草场面积见表2-4。

表 2-4 各乡（镇）苏木不同退化程度草场面积表

单位：亩

草场	总面积	正常面积	退化草场面积			
			合计	轻度	中度	重度
麦新	97 164.3		97 164.3		18 124.15	79 040.15
黑龙坝	114 884.2		114 884.2	65 653	2 059.2	47 172
东风	248 934.64	65 588	183 346.65	89 088.1	90 345.55	3 913
三棵树	162 633.45		162 633.45	1 168.45	120 126	41 339
建华	267 329.2	5 089.5	262 239.7	122 767.2	70 468	69 004.5
保安	105 497.75	39 934.5	65 563.26	31 540.1	23 999.4	10 023.75
小街基	318 956.7		318 956.7	50 682.75	129 346.3	138 927.65
坤都岭	164 926.2		164 926.2	94 996.2	6 501	63 429
新华	94 356.75		94 356.75	12 762	58 701	22 893.75
大榆树	110 636.2	5 139.95	105 496.25	83 590.5	1 178.95	20 726.8
和平	567 717.2		567 717.2	364 186.9	9 517.45	194 012.85
兴安	104 342.55		104 342.55	46 542.75	30 317.55	27 482.25
明仁	49 322.2		49 322.2	14 017.15	12 736.05	22 569
东来	81 469.4		81 469.4		39 535.5	41 933.9
北兴	108 936.45		108 936.45	9 722.35	66 049.85	33 164.25
太平沼	76 136.85	25 110.75	51 026.1	18 751.35	30 917.25	1 357.5
清河牧场	102 903.65		102 903.65	2 443.5	84 136.4	16 323.75
保安农场	32 553.55		32 553.55	5 592	22 046.85	4 914.7
机械化林场	30 800.7		30 800.7		2 228.7	28 572
县打草场	70 307.8		76 307.8		73 412.8	2 895
合计	2 915 809.75	140 862.65	2 774 947.05	1 013 504.3	891 747.95	869 694.8

　　长期以来，由于不合理地开垦利用和弃耕，撂荒地在干旱和风蚀作用下，有的表土层被剥蚀成为裸地，土壤有机质耗竭（沙丘沙地），有的出现分布不均的盐碱斑块（低湿地）。由于过度放牧利用影响了牧草的正常生长，优良牧草种类减少或衰退，同时草皮被踏紧（草甸土）或踏松（沙壤土），草牧场退化加剧，草原生产力下降。退化草场主要表现为以下两点。

　　一是草群种类成分发生变化，植物群落变得稀疏矮小，牲畜喜食的优良牧草生长发育不良甚至消失，可食性牧草产量降低；而适口性差的低劣牧草甚至有毒有害植物相继侵入。据调查，开鲁县草场上羊草、冰草、隐子草、野苜蓿、野豌豆、胡枝子、野大麦等优良牧草大量减少或发育不良，长势弱；而适口性差的甚至有毒有害草大量增加，如唐松草、大戟、柳穿鱼、蒺藜、艾蒿、苍耳、狗娃花、麻黄等。

　　二是草牧场生境恶化，土壤干旱，保水能力下降。土壤在风（水）蚀作用下，加上畜蹄践踏，裸露面积增大，可利用面积减少。表土层松散（沙质）或紧实（黏土），同时为鼠害的发生创造了一定的水热条件。虫鼠害的发生不仅与家畜争食，而且破坏植被，储存草籽，降低了牧草产量和牧草种子的繁殖能力。在调查中，发现有的鼠洞粮仓内竟储有

6.2 千克的草籽，其中禾本科草籽占 30％左右，豆科牧草种子占 40％，杂草占 15％，苍耳和蒺藜占 15％。另外，每只鼠的盗洞土压埋草场面积约为 0.15 平方米，在鼠发生严重地区，鼠洞密度可达 1 562 个/公顷，若按有效洞口系数（0.58）计算，每公顷将有 136 平方米的草场被压埋。开鲁县鼠害发生面积为 126 万亩，平均有效洞口数为 850～966 个/公顷。那么，仅鼠洞盗土压草场就达 19 500 亩，从而加剧了沙化，促进了退化。

（三）退化草场等级的划分原则和指标

1. 退化草场等级划分的原则

以草场类型为单位，根据草场等级，参考不同类型草场中建群种和优势种植物生长发育状况，并结合草场的立地条件（地形、地貌、土壤基质）和降水状况进行分析比较，拟定出各类型草场中正常草场等级。根据现有草场各类型中草场"等"的下降数和"级"的可食性牧草下降率评定现有草场的退化程度。

2. 退化草场的分级指标

草原第一性生产的产物——牧草的质和量，是评定草场利用价值最直观的经济指标。从草原生态方面看，评定草场退化程度，首先应该考虑到牧草质的变化和其产量动态变化。草场上牧草质和量的变化也是草场植被和群落构成变化的表现形式。退化草场的"等"和"级"在与正常草场相比时必然存在着质和量的差异。因此，退化草场分级的主要指标必然是植物群落中（植被中）牧草的质和量的变化情况的数值反映。

根据上述原则和标准，将开鲁县退化草场的退化程度分为 3 个等级，即轻度退化、中度退化、重度退化。

轻度退化：草场可食性牧草产量下降近 30％或草场质量下降 1 等。

中度退化：草场质量下降 1 等，可食性牧草产量下降近 30％或草场质量下降 2 等；若草场等不下降，可食性牧草产量下降 30％～60％。

重度退化：草场质量不变，但可食性牧草产量下降超过 60％或产量下降 30％且草场质量下降 1 等；草场质量下降 2 等，产草量下降达 30％，或草场质量下降 3 等（表 2－5）。

表 2－5　退化草场分级标准

单位：%

退化程度	草场等的下降	可食性牧场产量下降
轻度	不下降	＜30
	1 等	
中度	不下降	30～60
	1 等	＜30
	2 等	
重度	不下降	＞60
	1 等	30～60
	2 等	＜30
	3 等	

（四）退化草场的分析

退化草场与正常状态下草场顶极群落相比较，草质变差，优良而适口性好的牧草，从种类数量方面逐渐减少甚至消失，被适口性差且非优良牧草甚至毒害草所代替。牧草生长的高度矮化，密度降低，导致可食性牧草产量下降，同时使生态环境进一步恶化。在低湿地草甸类退化草场上往往有潜在的沼泽化、盐碱化趋势，沙丘沙地草场类退化草场往往伴生着不同程度的虫害、鼠害发生。

1. 低湿地草甸草场类（包活河滩地）退化草场

这类草场由隐域性植被草甸构成。多分布在沙丘沙地之间的平地和低地上，与干草原的沙丘沙地草场相嵌分布，土壤多为盐化草甸土或沼泽草甸土；另外在河漫滩和河泛地也有零星分布，植被多以莎草草甸和禾草草甸构成。局部地段尚有柳疏林、柳灌丛。开鲁县这类退化草场的总面积为 653 329 亩，占该类型草场总面积的 98.2%，占全部可利用草场总面积的 22.41%。由于这类草场地形平坦，多处于丘间低地，所以排水不良，地下水位较高，在 0.7 米左右，时常被水淹没，使土壤沼泽化，造成有机物难分解，形成泥炭土。在正常或轻度退化的这类草场上多生长着羊草、芦苇、苔草、拂子茅、牛鞭草等优势种和建群种植物，盖度一般在 70% 以上，草层高度为 50～90 厘米。每亩可食性牧草产量一般在 250～500 千克，最高可达 800 千克（鲜草），目前这类草场多用于打草场兼冬春放牧场。

作为隐域性植被草甸草场，在水分条件适中的情况下，一般是由多年生草本植物构成。既具有复杂性，又具有相对稳定性，具有较强的抵抗外界不良影响的能力。但是由于强度放牧、频繁放牧或放牧时间过长、过早以及只利用不管理等原因，已不能维持植物本身正常生长发育的需要，从而打破了这类草场上植物本身的自我调节能力，使草甸草场的相对稳定性失去平衡，草群成分发生改变。在退化严重的地段上，低、劣牧草甚至有毒、有害植物成为优势种或亚优势种。从退化草场的普遍现象看，无论是植被盖度、草层高度以及一定面积内的植物种类数和可食性牧草产量，都随退化程度的加剧而呈下降趋势（表2-6、表2-7）。

表 2-6　低湿地草甸草场类不同退化程度植物群落构成数量特征变化

特征	正常	轻度退化		中度退化		重度退化	
		实测	占正常/%	实测	占正常/%	实测	占正常/%
高度/厘米	60	39	65	40	66.7	25	41.7
盖度/%	95	95	100	85	89.5	87	91.6
鲜草重/千克/亩	488.95	349.92	35.8	261.63	26.75	190.6	19.49
植种数/平方米	12	10	83.3	8	66.7	11	91.7
种类组成	芦苇、苔草、拂子茅、蒲公英、地榆	芦苇、苔草、拂子茅、牛鞭草、三棱草		芦苇、水麦冬、碱茅		牛鞭草、苔草、问荆、芦苇、碱蓬、黄戴戴	

表 2-7　低湿地草甸不同退化程度草场各类牧草占草群比重

适口性	正常		轻度退化		中度退化		重度退化	
	实测	占该程度/%	实测	占该程度/%	实测	占该程度/%	实测	占该程度/%
优	246.7	25.2	91.7	13.1	351	6.7	—	—
良	242.5	24.8	92.4	13.2	53.4	10.2	37.4	9.8
中	194.6	19.9	200.8	28.7	340.6	65.1	263	69
低	143.75	14.7	230.2	32.9	22	4.4	16.8	4.4
劣	24.32	7.6	85.4	12.2	72.2	13.8	64	16.8

2. 干草原沙丘沙地草场类退化草场

这类草场是开鲁县境内的基本草场类型，是放牧家畜的主要牧场，退化面积为2 121 619亩，占可利用草场面积的72.76%。主要分布在新开河以北的广大地区和太平沼、保安沼。这种类型的草场土壤多为沙质栗钙土和风沙土，地形起伏不平，有固定、半固定和流动沙丘（与低湿地草甸镶嵌分布）。由于人类社会生产活动对环境的影响越来越明显，加之历史上长期以来的掠夺式利用，胡乱开垦草原，造成风蚀作用加剧，使土壤有机质减少，草场土壤肥力下降，日趋贫瘠。每轮荒一次，就使草场退化加深一步。而且植被恢复一次比一次困难，使这类草场产生沙化，形成斑块的风蚀地貌。由于地表裸露，使冬季积雪能力降低，春季蒸发量增加。雨季蓄水能力降低，促使土壤进一步旱化。另外，由于草场植被的破坏和非牧业用地的不断扩展增加，使草牧场面积不断缩小，加之牲畜头（只）数不断增加，草场压力越来越大，超载过牧日趋强化。

根据调查表明，开鲁县的沙丘沙地草场都有不同程度的退化，在固定沙丘沙地上多生长着锦鸡儿、麻黄、木蓼、差巴嘎蒿等灌木或小半灌木。灌丛面积452 685亩，占沙丘沙地草场面积的17.1%。这类草场上常伴生着一年生禾草或黄蒿，而多年生优良牧草数量相对较少。在半固定沙丘上，由于灌丛数量的减少和开垦，使本来就少的豆科、禾本科牧草进一步减少，而一年生牧草种类增加。由于冬春干旱，少雨多风以及不合理的放牧利用，加速了半固定沙丘向荒漠化发展。在流动沙丘上（实际就是小面积的荒漠），只能生长一些一年生和少量旱生植物，生境脆弱，不能利用。现以开鲁县三大沼（新开河以北、太平沼、保安沼）沙丘沙地草场，及在同一地段内距村屯（牧铺、饮水点）不等距离的草场退化情况作说明（表2-8～表2-10）。

表 2-8　沙丘沙地草场类不同退化程度草场群落结构数量特征变化情况

项目	正常	轻度退化		中度退化		重度退化	
		实测	占正常/%	实测	占正常/%	实测	占正常/%
高度/厘米	30	25	83.3	16	51	11	36.7
盖度/%	54	50	92.6	38	70.4	30	55.6
鲜重/（千克/亩）	255.5	199.65	39.05	186	36.4	91.4	17.9
植物种数/平方米	13	9	69.2	8	61.5	8	61.5

项目	正常	轻度退化		中度退化		重度退化	
		实测	占正常/%	实测	占正常/%	实测	占正常/%
生境	多固定沙丘	多固定沙丘、少半固定沙丘		多半固定沙丘、有风（水）蚀现象		多流动沙丘、风（水）蚀现象严重	
种类组成	麻黄、冰草、胡枝子、黄蒿、狗尾草、三芒草	黄蒿、狗尾草、胡枝子、马唐、三芒草、麻黄		黄蒿、狗尾草、野苜蓿、白草、冰草		白草、冰草、刺沙蓬	

表 2-9　沙丘沙地草场类不同退化程度草场各类牧草在草群所占比重

项目	正常		轻度		中度		重度	
	产量/（千克/亩）	占亩产量/%	产量/（千克/亩）	占亩产量/%	产量/（千克/亩）	占亩产量/%	产量/（千克/亩）	占亩产量/%
优	107.78	42.2	19.55	9.8	31.4	16.9	—	—
良	47.5	18.6	37.1	18.6	2.05	1.1	10.1	11
中	68.15	26.7	74.2	37.2	90.15	48.5	20.1	22
低	18.9	7.4	54.25	27.2	39.2	21.1	24.2	26.5
劣	13	5.1	14.6	7.3	23.05	12.4	37	40.5
合计（千克/亩）	255.35		199.7		185.85		91.4	

表 2-10　同一地段距牧铺不等距离的牧场植被变化情况

距离/米	高度/厘米	盖度/%	产草量千克/亩	植物种数/平方米	优良牧草占比/%	群落组成
250	40	60	40	3	5	苍耳、马唐、狗尾草
500	12	36	62.65	9	17.3	苍耳、马唐、狗尾草、虎尾草、黄蒿
810	20	30	109.5	11	14.5	狗尾草、虎尾草、马唐、胡枝子、黄蒿、黄芪
1 200	40	60	177.3	12	27.6	黄蒿、胡枝子、芦苇、隐子草、冰草、羊草

　　可见，在尚未退化的正常沙丘沙地草场上，大部分植物能够正常生长，植被盖度一般在 50% 以上，而且优良牧草在草群中所占重量百分比在 60% 以上。牧草高度比轻、中、重度退化草场分别高出 20%、87.5%、173%。可食性牧草产量在 255.5 千克/亩左右。

　　轻度退化草场虽然草群成分变化不大，植物生长发育尚可维持在正常水平，但是植物生长高度已有所下降，草群中优良牧草所占重量百分比有所减少，一般与正常草场相比大约下降 10%~15%，仅占草群的 25%，产草量在 200 千克/亩左右。

　　中度退化草场草群成分开始改变，多年生优良牧草所占比重在 20% 以下，虽产草量与轻度退化草场的产量差别不大，但牧草质量是以中等牧草为主占 40％～50％，而且有相当数量的低劣牧草占 20％～30％。同时出现一定数量和种类的有毒有害植物，如飞燕草、披针叶黄华、柳穿鱼、唐松草、鹤虱草等。在中度退化草场上，地表已有一定程度的风蚀、水蚀的沙化裸露斑块或沟纹，鼠害发生且增长较快，一般可达到 6～10 只/亩。

重度退化草场上，原有植被已消失，多为一年生旱生植物所取代。草群成分发生改变，草质下降。优等牧草消失，良等牧草尚存，但所占比例已下降到 10％，中等牧草占 20％左右，而低劣牧草所占比例可上升到 50％以上。可食性牧草产量每亩不足 100 千克，植被盖度降低 30％以下，地表裸露面积增大；表土层松散，出现流动沙丘为主的沙漠化现象。风蚀、水蚀现象极易发生。而鼠害成灾，每亩平均有鼠在 15 只以上。

同一地段上的草场，由于与村屯（牧铺、饮水点、棚圈）距离不同，因此采食、践踏程度不同，造成草场退化程度也不同。根据调查情况表明，草场的利用半径与退化程度呈负相关，而利用强度与退化程度呈正相关。距离村屯、牧铺、饮水点棚圈越近，因践踏、采食造成草场退化越严重，反之则越轻。

3. 引起草场退化的原因

一是由于使用落后的放牧方式，造成较好草场因频繁放牧、过度放牧导致退化，而较差的草场因放牧引起进一步退化。

二是草场保护措施不当。对于有围栏草场只围不建、只利用不管理，不采取必要的农业技术措施，降低了草原第一性生产能力。

三是草场利用时间不当。即当牧草返青或刈割后未等植物生长到一定高度，就过早放牧或牧草停止生长前 30 余日，继续延迟放牧。这两个时期是草场上牧草的危机时期，由于牲畜的过度采食和践踏，加速了草场退化和牧场的衰亡。

四是由于人口的增加，人类社会生产活动的加强，人们在重农轻牧思想的影响下，破坏草场，掠夺草场资源的现象经常发生，致使大面积的草场沙化。严重地影响了畜牧业生产的发展。

五是近几年气候旱化，造成草场退化。

（五）防止草场进一步退化的措施

第一，切实实施《草原法》，贯彻执行草原管理条例，固定草牧场使用权和建设权，适当增加牧业生产投资。

第二，大力推广人工草地，扩大人工草地和打草场的面积。为家畜提供足够的优质饲草，使牧业生产向半舍饲饲养方式过渡，提高出栏率。

第三，充分利用牧草生长的季节性，发展季节畜牧业。在牧草生长旺季快速育肥，缩短家畜生长周期，提高商品率和畜产品产量。

第四，确定合理的载畜量，改变畜牧业经营方式，合理布局牧铺，防止局部地区载畜量过大。牧铺过密或草场退化严重的地段适当减少牧铺点。

第五，根据草场类型确定合理的畜群组合，从开鲁县实际状况看，应因地制宜，宜牛则牛、宜羊则羊，使草牧场因地制宜、经济适用。

第六，充分发挥地上地下水资源和其他能源的利用，有计划、有步骤地建立草场排灌系统及风能、太阳能利用设施的设立。

第七，林草结合，改变小气候，使空中牧场和现有草场共同发挥生态效益和生产效益，提高光能利用率和草原第一性生产的能力。

第八，在有条件的情况下，应坚决封闭禁牧重度退化草场，并及时采取补播或耙切（低湿地草甸类）。如需放牧，则应在放草生长季节轮牧、轻牧。严格限制利用时间。搞好虫害、鼠害的防治及毒害草的清除。

第九，对于中、轻度退化草场，除确定合理载畜量之外，还应该确定合理的利用时间和放牧结束期。及时清除有毒有害植物，防治虫害、鼠害，使单位面积经济效益进一步提高。

第十，根据牧草生长的季节性和全年饲草供需不平衡的特点，应有计划有步骤地发展饲草饲料加工生产。按开鲁县实际状况，至少应在退化草场较多较重的地方，在大念草木经的同时，及时发展饲料加工业。以便使草原第一性生产充分发挥效益，减少营养物质的损失，进一步提高抗灾能力，加快畜牧业生产的发展。

第三节　2010 年草原普查报告

一、2010 年开鲁县草原资源普查报告

（一）前言

为了全面掌握草原资源现状及动态变化，落实《草原法》关于进行实行草原调查统计制度的规定，及时为草原资源保护与生态建设提供最新的本底数据，内蒙古自治区政府决定用 2 年时间（2009—2010 年）对全自治区草原进行新一轮的普查。根据自治区草原普查方案（内政办字〔2009〕131 号文件）的要求，开鲁县本次普查主要任务是：查清全县草原资源状况，主要包括草原类型、面积、分布、群落特征、生产能力、载畜量、草原等级；调查草原生态状况，包括退化、沙化、盐渍化空间分布及面积；调查草原利用现状，包括利用方式、利用强度、开垦、占用情况以及草原保护、建设情况等；完善草原数据库系统，逐步搭建不同尺度的数据库管理共享平台。主要通过卫星遥感、地理信息系统、全球定位系统（即 RS、GIS、GPS，简称 3S 技术），采用 3S 技术结合地面调查的方法，参照全国第一次草原调查分类系统，建立本次遥感调查的全县草原类型分类系统，草地分类单位为类、亚类、型。外业地面调查时间从 2009 年 8 月 23 日开始，参加草原普查技术人员 25 人，出动车辆 42 台（次），完成主样地观测 26 个，观察样地 54 个，描述测产样方数 78 个。2009 年 10 月，开鲁县草原普查外业调查任务圆满完成，通过了自治区专家组的验收并获得好评，被评定为优秀。内业数据录入、卫星图片的判读解译、专业制图、数据统计及分析工作从 2009 年 10 月开始至年底也已全部完成，草原普查数据及图表资料等已全部通过自治区有关部门的验收和认定。

通过这次草原普查，摸清了开鲁县天然草原面积及利用情况，为今后合理地利用草原和进行畜牧业生产提供科学依据。

本次草原普查，主要成果有：开鲁县草场资源调查报告；开鲁县退化、沙化、盐渍化

草场调查报告；全县草原类型图、草原"三化"图和草场等级图；草场等级、现状、类型的面积和生产力统计资料。

（二）概况

1. 自然概况

开鲁县地处燕山山脉与大兴安岭山地的复合地带，即松辽沉降带。地处西辽河冲积平原西部，地貌成因属堆积类型，西辽河水系泛滥沉积，使沿河两岸出现了宽阔的河漫滩。因风力搬运和堆积作用，使中地形和微地形出现了沙地叠加于平地的垂直结构，形成了平原与沼坨相间排列的现代地貌轮廓。泛滥平原湖积水成地貌特征十分鲜明。全县地势呈西高东低，南北向中间稍微倾斜。平原 23.62 万公顷、占 52.6%，沼坨 21.26 万公顷、占 47.4%。土壤类型有草甸土、灰色草甸土、风沙土、碱化盐土和沼泽土。现有耕地面积 155.6 万亩，林地面积 172 万亩。土壤主要为草甸土和风沙土，草场类型以沙地温性草原及平原丘陵草原为主。

开鲁县属大陆性温带半干旱季风气候，光热丰富，水分不足，灾害频繁。年平均气温 5.9℃，≥10℃ 积温为 3 363.0℃；平均日照时数为 1 670.4～1 691.8 小时；年降雨量 338.3 毫米，降雨量一般集中在 6—8 月，雨热同季；无霜期 148 天。

地表水主要是 5 条河流（西辽河、西拉木伦河、新开河、教来河、乌力吉木仁河）的境外来水。西辽河、教来河流经开鲁县距离长，流量大，对全县有较大影响大。地下水含水层深度 90～120 米。单井出水量可达 60～320 吨/小时。全县可利用水资源总量为 30 710 万立方米。

开鲁县陆路交通方便，铁路京通线、集通线，国道 303 线、111 线通贯全境。邮电通信快捷准确，电力供应充足。农产品主要以玉米为主导产品，高粱、小麦、水稻、甜菜、红干椒、各种豆类为辅产品。粮食总产 127.5 万吨/年；玉米 90 万吨/年。红干椒年产 1 万吨左右。

2. 经济概况

开鲁县所辖 12 个镇（场），327 个嘎查（村），总户数 13 万户，总人口为 39.5 万人，有农村劳动力 18 万人。全年城镇居民人均可支配收入 13 136.00 元，农牧民人均纯收入 6 531.50 元，全县生产总值（GDP）实现 122.42 亿元，全年地方财政收入完成 4.88 亿元。全年农、林、牧、渔业总产值实现 534 458.0 万元，其中：农业产值实现 325 278.7 万元；牧业产值实现 191 050.2 万元；林业产值实现 11 920.1 万元；渔业产值实现 50.0 万元；农、林、牧、渔服务业产值实现 6 159.0 万元。2010 年牧业年度全县牲畜存栏头数达 233.39 万头（只），比上年增长 3.24%，其中：牛存栏 14.74 万头，比上年增长 16.57%；羊存栏 126.09 万只，比上年增长 5.91%；马、驴、骡存栏分别为 33 924 匹、41 954 头、15 938 头；生猪存栏 83.43 万头，比上年下降 2.29%。年末全县牲畜存栏头数达 235.81 万头（只），比上年增长 6.72%，其中：牛存栏 14.80 万头，比上年增长 22.76%；羊存栏 126.97 万只，比上年增长 8.92%；生猪存栏 85.10 万头，比上年增长 2.51%。棚圈面积为 191 万平方米，精饲料加工机械 5 300 台（套）。

2010 年完成造林绿化 10.6 万亩，封沙（山）育林 4.0 万亩，全县森林覆盖率达

25.6%。全年新打配套机电井 200 眼，空眼井配套 500 眼；新增农田有效灌溉面积 0.1 万亩；新增节水灌溉面积 14.83 万亩；完成人畜饮水工程 54 处，解决 5.34 万人和 5.69 万头（只）牲畜饮水问题。同年，开鲁县委、县政府带领全县各族人民，以邓小平理论和"三个代表"重要思想为指导，以科学发展观统领经济社会发展全局，坚持"强化工业、调优农业、活化三产、统筹城乡、改善民生、促进和谐"的发展思路，突出保企业、保投资、保增收、保民生，全力推进工业化、产业化、城镇化进程，积极采取有效措施，增强发展的协调性和可持续性，经济社会保持平稳较快发展，民生状况不断改善，社会各项事业全面进步。

（三）草场资源现状

经普查，开鲁县现有草原总面积 195.89 万亩，可利用草原面积 169.42 万亩，分为 2 个大类、5 个亚类、18 个型（表 2-11）。所有草场全部实行禁牧。

表 2-11　开鲁县草地类型及面积统计表

单位：万亩

草地类型（类）	草地类型（亚类）	2010 年草地面积		
		面积	系数	可利用面积
温性典型草原类	温性典型草原类合计	155.59	0.94	133.64
	平原丘陵草原亚类	11.59	0.97	11.24
	沙地草原亚类	144.00	0.85	122.40
低地草甸类	低地草甸类合计	40.30	0.89	35.78
	低湿地草甸亚类	21.92	0.92	20.17
	盐化低地草甸亚类	18.05	0.85	15.34
	沼泽化低地草甸亚类	0.34	0.80	0.27
草地面积合计		195.89	0.86	169.42

1. 开鲁县天然草原分类系统

（1）温性典型草原类

①平原丘陵草原亚类

· 小叶锦鸡儿、糙隐子草

· 达乌里胡枝子、糙隐子草

· 达乌里胡枝子、杂类草

· 糙隐子草、杂类草

②沙地草原亚类

· 具柳的蒿属、杂类草

· 小叶锦鸡儿、杂类草

· 差巴嘎蒿、杂类草

· 麻黄、杂类草

· 甘草、杂类草

（2）低地草甸类

①低湿地草甸亚类

· 芦苇、中生杂类草

· 羊草、中生杂类草

· 鹅绒萎陵菜、杂类草

②盐化低地草甸亚类

· 碱蓬、盐生杂类草

· 芦苇、盐生杂类草

· 羊草、盐生杂类草

③沼泽化低地草甸亚类

· 具柳灌的三棱藨草、湿生杂类草

2. 各类草场描述

（1）温性典型草原类

温性典型草原是开鲁县主要的草原类，全县总面积为 155.59 万亩，占全县草原总面积的 79.43%；其中可利用面积 133.64 万亩，占全县可利用草原面积的 78.88%。主要分布在义和塔拉镇以北及建华镇、小街基镇以北的沼地上，开鲁镇南沼、东风镇北沼及幸福镇内的保安沼都有少量分布，土壤质地为沙壤土，牧草生长主要靠自然降水。植被主要以半灌木和旱生的杂类草为主，半灌木建群种有小叶锦鸡儿、达乌里胡枝子、差巴嘎蒿、麻黄、甘草。禾草类建群种以糙隐子草为主。药用植物有麻黄和甘草，具有较强的抗旱性和防风固沙、保持水土的能力，对维持沙地草场的生态平衡起着重要作用。

①平原丘陵草原亚类

平原丘陵草原草地面积 11.59 万亩，占典型草原类总面积的 7.45%；可利用面积 11.24 万亩，占该类草地可利用面积的 8.41%。主要分布于小街基镇的三十方地村北、北官银号村西北；建华镇双胜村和建新村西北至双井子村西南；建华镇北沼、大甸子村及二十家子村南部；他拉干水库以西，开鲁镇、黑龙坝镇、东风镇和义和塔拉镇呈零星分布，以上草地都与农田交错分布。建群种植物以小叶锦鸡儿、达乌里胡枝子为主的半灌木草地和以糙隐子草、杂类草为主的禾草草地组成。植被盖度 45%，草群高度 25 厘米，每平方米有植物 8～10 种，亩产干草 100.92 千克。

· 小叶锦鸡儿、糙隐子草

主要分布在建华镇北沼、大甸子村及二十家子村南部。总面积 0.33 万亩，可利用面积 0.32 万亩。植物种类有小叶锦鸡儿、糙隐子草、虎尾草、黄蒿、绿珠藜、三芒草等。植被盖度 35%，草群高度 15 厘米，每平方米有植物 11～13 种，亩产干草 105.35 千克。

· 达乌里胡枝子、糙隐子草

主要分布在清河机械化林场西、清河牧场西南与扎鲁特旗交界处。总面积 0.4 万亩，可利用面积 0.39 万亩。植物种类有达乌里胡枝子、三芒草、狗尾草、黄蒿、老鹳草、猪毛菜等。植被盖度 55%，草群高度 30 厘米，每平方米有植物 8～10 种，亩产干草 94.7 千克。

· 达乌里胡枝子、杂类草

主要分布在小街基镇的三十方地村北、北官银号村西北；建华镇双胜村和建新村西北至双井子村西南；二十家子村以东；他拉干水库以西；开鲁镇的三星村、小城子村及黑龙坝镇的辽河村、东风镇七家子村以南和义和塔拉镇艾图嘎查、沙日花嘎查呈零星分布。总面积 10.8 万亩，可利用面积 10.48 万亩。植物种类有达乌里胡枝子、三芒草、虎尾草、狗尾草、细叶鸢尾、多叶棘豆、蓝刺头、猪毛菜、蒺藜等。植被盖度 40%，草群高度 25 厘米，每平方米有植物 9～12 种，亩产干草 100.15 千克。

• 糙隐子草、杂类草

主要分布在东风镇章古台村以北、太平沼牧场以东。总面积 0.06 万亩，可利用面积 0.06 万亩。植物种类有糙隐子草、三芒草、狗尾草、狼尾草、猪毛菜等。植被盖度 50%，草群高度 35 厘米，每平方米有植物 6～8 种，亩产干草 103.47 千克。

②沙地草原亚类

沙地草原草地面积 144 万亩，占典型草原类总面积的 92.55%，可利用面积 122.4 万亩，占该类草地可利用面积的 91.59%。是开鲁县的主要草原亚类，主要分布于义和塔拉镇北沼、建华镇北沼。建群种植物以小叶锦鸡儿、差巴嘎蒿、麻黄、干草为主的半灌木草地和以杂类草为主的禾草草地组成。植被盖度 45%，草群高度 40 厘米，每平方米有植物 8～10 种，亩产干草 94.73 千克。

• 具柳的蒿属、杂类草

主要分布在义和塔拉镇凤凰岭村与阿鲁科尔沁旗交界处、阿木其嘎村最西北端、麦新镇西水泉村、义和村、好力歹等村西北的新开河沿岸。总面积 0.64 万亩，可利用面积 0.54 万亩。植物种类有铁杆蒿、披碱草、芦苇、灰菜、沙蓬、狗尾草。植被盖度 45%，草群高度 33 厘米，每平方米有植物 6～8 种，亩产干草 94.66 千克。

• 小叶锦鸡儿、杂类草

主要分布在新开河以北的义和塔拉镇的义和嘎查、阿木其嘎嘎查、沙日花村嘎查、艾图嘎查、柴达木嘎查沼地；他拉干水库；建华镇庆丰村、双胜村和俊昌村西北至清河林场以东、二十家子村；双井子村以北至嘎海庙村。小街基镇富裕村以北、富发村以北、三棵树村以东以西，建华镇永胜村北部、先胜村西南，太平沼林场，吉日嘎郎吐镇孟家屯村东北，开鲁机械化林场东北部等地都有少量分布。总分布面积 118.64 万亩，可利用面积 100.85 万亩。植物种类有小叶锦鸡儿、猪毛菜、三芒草、虎尾草、黄蒿、冷蒿、苍耳、马唐、狗尾草、达乌里胡枝子。植被盖度 40%，草群高度 20 厘米，每平方米有植物 8～10 种，亩产干草 95.11 千克。

• 差巴嘎蒿、杂类草

主要分布在开鲁镇东升村以东至大有庄村东南、增胜村以北；东风镇金宝屯村以南、七家子村以西；吉日嘎郎吐镇路北营子村北部；小街基镇古鲁本井村以南、五家子村以北、三棵树村以北；建华镇二十家子村西北；清河牧场以北；义和塔拉镇的柴达木嘎查以西等地。总分布面积 13.49 万亩，可利用面积 11.47 万亩。植物种类有差巴嘎蒿、狗尾草、虎尾草、灰菜、灰绿藜、糙隐子草、芦苇、沙隐草。植被盖度 45%，草群高度 50 厘米，每平方米有植物 6～8 种，亩产干草 94.29 千克。

• 麻黄、杂类草

主要分布在太平沼林场东、东风镇章古台村北至小街基镇三棵树村以南及靠边屯村西南。小街基镇茂发西北北部与科左中旗交界处也有分布。总分布面积 5.57 万亩,可利用面积 4.74 万亩。植物种类有麻黄、羊草、灰绿藜、狗尾草、猪毛菜、三芒草、雾滨藜、星星草。植被盖度 45%,草群高度 25 厘米,每平方米有植物 9～11 种,亩产干草 96.271 千克。

  ·甘草、杂类草

主要分布在华镇草木村以西和种畜场以西与科左中旗交界处;北清河机械化林场以南和义和塔拉镇的艾图嘎查北部与扎鲁特旗交界处;义和塔拉镇的阿木其嘎嘎查西北与阿鲁科尔沁旗交界处;麦新镇水泉村西北和头道弯最西部与阿鲁科尔沁旗交界处。开鲁镇罗家窑村最南端、东来镇高井子村最西部、东来镇跃进村最西部、二龙村东南部与奈曼旗交界处也有少量分布。总分布面积 5.66 万亩,可利用面积 4.81 万亩。植物种类有甘草、虎尾草、碱蓬、三芒草、达乌里胡枝子、水稗草、苍耳、黄蒿、蒺藜。植被盖度 47%,草群高度 55 厘米,每平方米有植物 10～12 种,亩产干草 92.811 千克。

(2) 低地草甸类

低地草甸类草原全县总面积为 40.3 万亩,占全县草原总面积的 20.57%;其中可利用面积 35.78 万亩,占全县可利用草原面积的 21.12%。主要分布于小街基镇、开鲁镇、义和塔拉镇、东风镇、吉日嘎郎吐镇的平原低地草甸子区以及西辽河、新开河沿岸的滩地上。土壤质地为草甸土。优势植物种类有芦苇、羊草、碱蓬、中生及盐生杂类草。植被盖度 55%,草群高度 50 厘米,每平方米有植物 8～10 种,亩产干草 110.24 千克。

①低湿地草甸亚类

低湿地草甸草原草地面积 21.92 万亩,占低地草甸类总面积的 54.39%;可利用面积 20.17 万亩,占该类草地可利用面积的 56.37%。主要分布于小街基镇、开鲁镇、义和塔拉镇、东风镇,建群种植物以芦苇、羊草、中生杂类草为主。植被盖度 55%,草群高度 50 厘米,每平方米有植物 9～11 种,亩产干草 105.37 千克。

  ·芦苇、中生杂类草

主要分布在小街基镇富裕村东南、兴农村以南;开鲁镇四合村以东和以西、红旗村以北;义和塔拉镇柴达木嘎查西北;东风镇官银号村南。总面积 4.06 万亩,可利用面积 3.74 万亩。植物种类有芦苇、虎尾草、蒲公英、苔草、萎陵菜、三棱草。植被盖度 55%,草群高度 55 厘米,每平方米有植物 6～8 种,亩产干草 107.45 千克。

  ·羊草、中生杂类草

开鲁县低湿地草甸草原的主要草地型,主要分布在建华镇双井子村以北;小街基镇新立窑村以北、三十方地村以西;富发村以北、兴安村以东;开鲁镇四合村、红旗村;太平沼牧场。东风镇七家子村以东、电报局村西北、保安农场、清河牧场也有零星分布。总分布面积 17.75 万亩,可利用面积 16.33 万亩。植物种类有羊草、虎尾草、苦卖菜、水稗草、苔草、碱蓬、星星草、车前、苍耳。植被盖度 50%,草群高度 45 厘米,每平方米有植物 9～11 种,亩产干草 106.98 千克。

  ·鹅绒萎陵菜、杂类草

主要分布在东来镇最南端、与科左后旗交界处,总面积 0.11 亩,可利用面积 0.1 亩。建群种植物以鹅绒萎陵菜、披碱草为主。植被盖度 67%,草群高度 6.8 厘米,每平方米有植物8～10种，亩产干草117.88千克。

②盐化低地草甸亚类

盐化低地草甸草原草地面积18.05万亩，占低地草甸类总面积的44.79%；可利用面积15.34万亩，占该类草地可利用面积的42.87%。主要分布于小街基镇、开鲁镇、义和塔拉镇、东风镇，建群种植物以芦苇、羊草、中生杂类草为主。植被盖度55%，草群高度50厘米，每平方米有植物8～10种，亩产干草110.24千克。该亚类分3个草地型。

· 碱蓬、盐生杂类草

主要分布在东来镇最南端、与科左后旗交界处，总面积0.03万亩，可利用面积0.02万亩。

· 芦苇、盐生杂类草

主要分布在小街基镇兴隆堡北与科左中旗交界处，总面积0.18万亩，可利用面积0.15万亩。

· 羊草、盐生杂类草

开鲁县盐化低地草甸草原的主要草地型，主要分布在小街基镇三棵树村以北：三十方地村以西，五家子村以南，义和屯牧场以南，太平沼牧场西北，吉日嘎郎吐镇新艾力村东北、东风镇官银号村南，西辽河、新开河沿岸，东来镇南端，义和塔拉镇柴达木嘎查西，沙日花嘎查西北，他拉干水库周边，建华镇建新村以北。总面积17.84万亩，可利用面积15.17万亩。植物种类有羊草、芦苇、虎尾草、糙隐子草、剪股颖、蒲公英、碱蓬、节缕草、旋覆花、苔草。植被盖度60%，草群高度55厘米，每平方米有植物10～12种，亩产干草103.75千克。

③沼泽化低地草甸亚类

沼泽化低地草甸草原草地面积0.34万亩，占低地草甸类总面积的0.84%；可利用面积0.27万亩，占该类草地可利用面积的0.75%。该亚类分一个草地型：具柳灌的三棱藨草、湿生杂类草型，主要分布于建华镇庆丰村西北，与低湿地草甸镶嵌存在。植物种类有虎尾草、苔草、萎陵菜、水稗草、碱蓬、苈草、蒲公英，植被盖度53%，草群高度35厘米，每平方米有植物6～8种，亩产干草116.43千克。

3. 人工草地发展现状

开鲁县现有人工草地保存面积为0.38万亩，分布在东风镇七家子村南，牧草品种为紫花苜蓿。由章古台村农民刘林种植，从2003年开始种植紫花苜蓿，到2022年种植面积已从当初的400亩发展到3 000多亩，种植从种到收全部实现了机械化作业。所产牧草供不应求，销往全国各地。清河牧场外商投资的正昌草业也在投资建设3 000～5 000亩的紫花苜蓿草生产基地。近两年紫花苜蓿干草价格较高，每吨2 000元以上，每亩紫花苜蓿可产鲜草3吨，折合干草1吨左右，扣除成本，亩盈利也在千元以上。效益的彰显大大地激发了紫花苜蓿种植的积极性，使开鲁县的紫花苜蓿种植近两年达到了一定的规模，形成了一个新兴的产业，逐步走上了一条新型的产业化发展之路。

4. 草场等级的划分

参照《中国草地资源》关于中国草地资源的评价原则及标准，按照《天然草原等级评定技术规范》NY/T 1579—2007，依据草群的饲用品质和产草量评定草原资源质与量：

"等"用于表示草原草群的品质优劣;"级"用于表示草原草群产量的高低。

以草群中各类牧草的采食率、适口性和营养价值为指标,对各种饲用植物划分出优、良、中、低、劣5类;以草地型为评价基本单元,根据5类品质牧草在草群中所占的百分比,划分为优、良、中、低、劣5等草地(表2-12)。

表2-12　草原生产力等级划分标准表

等	分等标准	级	分级标准/〔千克/(亩·年)〕
Ⅰ	优等牧草占草原总产量的60%以上	1	亩产干草＞320
Ⅱ	良等以上牧草占草原总产量的60%以上	2	亩产干草240～320
		3	亩产干草240～160
Ⅲ	中等以上牧草占草原总产量的60%以上	4	亩产干草160～120
		5	亩产干草120～80
Ⅳ	低等以上牧草占草原总产量的60%以上	6	亩产干草80～40
		7	亩产干草40～20
Ⅴ	劣等牧草占草原总产量的40%以上	8	亩产干草＜20

根据上述标准,开鲁县天然草场可划分为3个"等"2个"级"(表2-13)。

表2-13　开鲁县天然草场等级组成

综合评价		4级		5级		等合计	
		面积/万亩	占比/%	面积/万亩	占比/%	面积/万亩	占比/%
级合计	草地总面积	0.11	0.05	195.79	99.95	195.89	100.00
	草地可利用面积	0.10	0.06	169.32	99.94	169.42	100.00
Ⅱ等	草地总面积			18.48	9.44	18.48	9.44
	草地可利用面积			17.04	10.06	17.04	10.06
Ⅲ等	草地总面积			165.41	84.44	165.41	84.44
	草地可利用面积			142.17	83.92	142.17	83.92
Ⅳ等	草地总面积	0.11	0.05	11.89	6.07	12.00	6.13
	草地可利用面积	0.10	0.06	10.11	5.97	10.21	6.03

5. 草原"三化"情况

根据草原遥感调查,结合"三化"草原遥感调查的判读方法,规定了本次草原"三化"遥感调查标准及指标。

指标参照《天然草原退化、沙化和盐渍化的分级指标》(GB/T 19377)、《内蒙古天然草地退化标准》(DB15/T 323—1999)、《内蒙古天然草地沙漠化标准》(DB15/T 340—2000)。

根据调查,开鲁县草原"三化"总面积为156.36万亩,占草原总面积的79.82%;其中草原退化面积34.89万亩,草原沙化总面积99.11万亩,草原盐渍化总面积22.36万亩。

6. 草场载畜量

载畜量是衡量草场生产能力的一项指标。以草定畜，合理安排载畜量，是防止草场退化，保证草场资源得以永续利用的重要措施。

（1）草地冷暖季天气的确定

暖季，即放牧家畜能吃饱青鲜草的日数。当日平均气温≥0℃的积温达370～380℃时为牛吃饱青的始日，日平均气温降至0℃以下时为牛吃饱青的终日，吃饱青初、终日数为暖季天数，剩余日数为冷季天数。根据开鲁县的实际情况，测定暖季天数平均为180天，冷季天数为185天。

（2）绵羊单位的折算及日食量

草地载畜量以羊单位来表示，其他家畜根据饲草料消耗量一律折算成羊单位，其折算比例为：1只羊等于1个羊单位，1头牛等于5个羊单位，1匹马等于6个羊单位，1头驴等于3个羊单位，1匹骡等于5个羊单位，1峰驼等于7个羊单位。幼畜以3∶1折为成年畜。绵羊日食干草量平均2.0千克。

（3）采食率及保存率

根据《天然草地合理载畜量计算》（NY/T 635—2002）标准中不同季节放牧草地的利用率，结合通辽地区及开鲁县的实际情况，确定各个亚类暖季、冷季的利用率，以及每个亚类里不同草原型的冷季保存率（表2-14）。

表2-14 开鲁县不同季节放牧草地利用率及保存率

单位：%

亚类	暖季利用率	冷季利用率	冷季保存率
温性典型草原类			
平原丘陵草原亚类	65	70	50
沙地草原亚类	50	55	50
低地草甸类			
低湿地草甸亚类	65	70	60
沼泽化低地草甸亚类	50	60	65
盐化低地草甸亚类	60	70	65

（4）牧草单产的测定及统计

根据草原类型面积、野外测定的产草量，参照MODIS卫星数据计算草原产草量。

（5）载畜量的计算

根据草地载畜量的计算方法，开鲁县各类草场全年理论载畜量如表2-15所示。

表2-15 开鲁县各类草场全年理论载畜量

草场 （亚类）	可利用面积/万亩	草地类型	可利用面积/万亩	生物单产/ （千克/亩）	暖季载畜量/羊单位	冷季载畜量/羊单位	全年载畜量/羊单位
平原丘陵草原亚类	11.24	小叶锦鸡儿、糙隐子草	0.32	105.35	0.03	0.02	0.02

(续)

草场（亚类）	可利用面积/万亩	草地类型	可利用面积/万亩	生物单产/（千克/亩）	暖季载畜量/羊单位	冷季载畜量/羊单位	全年载畜量/羊单位
平原丘陵草原亚类	11.24	达乌里胡枝子、糙隐子草	0.39	94.70	0.03	0.02	0.02
		达乌里胡枝子、杂类草	10.48	100.15	0.80	0.48	0.60
		糙隐子草、杂类草	0.06	103.47	0.00	0.00	0.00
沙地草原亚类	122.4	具柳的蒿属、杂类草	0.54	94.66	0.04	0.02	0.03
		小叶锦鸡儿、杂类草	100.85	95.11	7.30	4.38	5.46
		差巴嘎蒿、杂类草	11.47	95.01			
		麻黄、杂类草	4.74	96.27	0.35	0.21	0.26
		甘草、杂类草	4.81	92.81	0.34	0.20	0.25
低湿地草甸亚类	20.17	芦苇、中生杂类草	3.74	107.45	0.37	0.24	0.29
		羊草、中生杂类草	16.33	106.98	1.60	1.04	1.25
		鹅绒委陵菜、杂类草	0.10	116.29	0.01		0.01
盐化低地草甸亚类	15.34	碱蓬、盐生杂类草	0.02	132.52	0.00	0.00	0.00
		芦苇、盐生杂类草	0.15	99.59		0.01	0.01
		羊草、盐生杂类草	15.17	103.75	1.44	0.93	1.13
沼泽化低地草甸亚类	0.27	具柳灌的三棱藨草、湿生杂类草	0.27	116.43	0.03	0.02	0.02
合计	169.42		169.44	1 660.54	12.35	7.58	9.35

（四）问题及分析

自 2000 年以来，开鲁县的草原通过京津风沙源治理、退牧还草、草原"双权一制"的落实、围封禁牧等项目的实施以及每年的治虫灭鼠、饲草料生产工作，尤其是实施全面禁牧后，草原生态状况有所改善，但与 20 世纪 80 年代草原普查情况相比，还存在一些问题。

1. 草原面积减少

1983—1986 年草原普查面积如表 2-16 所示。

表 2-16 1983—1986 年开鲁县草原普查面积

草原类	面积/万亩	可利用面积/万亩	占全县可利用面积/%
平原干草原草场类	265.82	199.37	68.38
低湿地草甸类	78.27	66.53	22.82
沼泽草甸类	30.21	25.68	8.8
合计	374.30	291.58	

2010 年开鲁县草原普查面积如表 2 - 17 所示。

表 2 - 17　2010 年开鲁县草原普查面积

草原类	面积/万亩	可利用面积/万亩	占全县可利用面积/%
温性典型草原类	155.59	133.64	78.88
低地草甸类	40.30	35.78	21.12
合计	195.89	169.42	

通过比较可以看出，本次草原普查面积比 20 世纪 80 年代减少了 178.41 万亩，可利用面积减少了 122.16 万亩。

2. 草场质量下降

20 世纪 80 年代，开鲁县天然草场 44 科 136 属 188 种植物，在草场等级上，一等 4、6 级草场 11.66 万亩占草场总面积的 3.1%；二等 5 级草场 46.54 万亩，占草场总面积的 12.43%；三等 3、4、5、6 级草场 164.56 万亩，占草场总面积的 43.96%；四等 4、5、6 级草场 151.55 万亩，占草场总面积的 40.51%。本次草场普查，开鲁县草场共 21 科 63 种植物，在草场等级上，其中四等 4 级草场 0.11 万亩，四等 5 级草场 11.89 万亩，占草场总面积的 6.13%；三等 5 级草场 165.41 万亩，占草场总面积的 84.44%；二等 5 级草场 18.48 万亩，占草场总面积的 9.44%。

通过比较可以看出：一是牧草种类减少，比 80 年代减少了 2/3，而且优质牧草少之又少；二是草场等级下降，一等草场已经消失，二等 5 级草场减少 28.06 万亩，三等草场只有 5 级，草场面积增加 0.85 万亩，四等 4 级草场也只有 4、5 级，草场面积减少 139.55 万亩。

3. 草场产量减少

以小叶锦鸡儿、杂类草草场为例，80 年代亩产鲜草 188.08 千克，而现在产量只有 95.11 千克，产量下降了 50%，其他类型草场也是如此。

除了以上 3 点外，开鲁县草原变化的主要特点还有：打草场基本上丧失殆尽；各种泡子、水库全部干涸，低湿地及各种水面几乎绝迹；建群种优势全无；优势草种和景观植物因降雨时间和降雨量的不同而不尽相同；但共同点就是，虽然种类不同，却一定是一年生的草种，诸如狗尾草、虎尾草、各种灰菜等等。造成这种现象的原因主要有以下几点。

一是草原普查的手段和技术的差异造成的。20 世纪 80 年代的草原普查是完全靠草原普查人员结合外业调查和内业资料整理，在地形图上手工操作完成的，草原面积的界定是完全由草原普查人员靠手工在地形图上勾画出来的。开鲁县是平原地区，草原的边界在地形图上不是十分明显，农业用地、林业用地与草原的界限不是很好界定，农田、林地、草原互相交叉镶嵌在一起，犬牙交错很难划分界限，普查人员又不可能做到完全实地踏查，所以只能依据经验和平时的积累在地形图上靠手工勾绘出来。小面积的农田、林地，包括部分牧铺、水面、道路以及一些面积较小的其他用地都统统勾画在了草原的面积之内，这就造成了草原面积的偏大，这种结果也是必然的。而本次草原普查工作是利用 3S 技术，结合地面调查的方法，重新订正了天然草原的面积，有误差是必然的，面积减少也是在所难免的。

二是人们对草原的概念和认知程度的不同造成的。20世纪80年代，人们对草原的概念和认知程度与现在有着巨大的差异，人们眼中的草原除了放牧场、打草场之外，还有的就是沙沼、荒片，甚至是涵盖了除了村屯、农田、林地以外的所有土地。更有甚者，人们把草原面积之内的小片林地、农田、道路、沟渠、牧铺等非农用地都看成了草原，所以草原的面积自然而然就被扩大化了。草原在人们眼里就变成了荒原的代名词，可以任意地占用、采挖、破坏，所以才有后来的滥垦乱牧。麻黄草被连根采挖殆尽、沙沼被连片开垦，种植那些靠天收获的农作物、种植那些连年种植却连年不见树影的林木，盐碱地开发种植水稻，最后变成了农田。如此，人们眼中的"荒原"好似得到了新的开发利用，甚至被认为得到了有益的利用。农田、林地面积无休止的扩大，占用的自然是草原的面积，所以草原的面积减少是必然的结果。

三是自然经济社会条件的不同造成的。20世纪80年代以来，自然条件的恶化是不可逆转的。气温连年偏高，降雨量逐年减少，蒸发量不断地加大，其结果就是水库干涸了、水面没有了、低湿地草甸少见了，草原生态环境发生了翻天覆地的变化，草原生态系统遭到了严重的破坏。草原沙化、退化、盐渍化程度越来越高、面积越来越大，其结果就是草原面积大幅萎缩，草原面积减少大势所趋，且不可逆转。

80年代后期，特别是改革开放以来，经济发展突飞猛进，人们的生活水平日新月异。社会经济的发展、人们生活水平的提高，都给草原的变迁带来了巨大的影响。人口增加、生活改善，村屯道路等民生设施有了巨大的发展，所占用的土地哪里来，绝对不是农田和林地，那只能是草原；经济发展、招商引资、厂矿企业猛增，所占用的土地哪里来，不是农田，也不是林地，偏偏又是草原；各种各样的工业园区、设施农业园区等拔地而起，所占用的土地也不是农田和林地，也一定是草原；风电开发、石油开发等，占用的土地更是草原。特别是现在的风电开发，建一座风塔就要铺设一条砂石道路，致使草原上砂石道路星罗棋布，加上风电场建设、人员宿舍、架设输变电线路等附属设施建设等，草原上可以说是满目疮痍。而草原面积的减少，给整个草原生态系统所带来的影响也一定会是巨大的、久远的。所以人们津津乐道的伟大创举、建功立业往往都是以牺牲草原面积为前提的，草原面积减少、草原资源遭到破坏、草原生态环境恶化，整个天然草原的生态系统平衡被打破。

（五）发展前瞻及工作建议

科学地做好规划，有利于加强对草原保护、建设和利用的管理，有利于促进草原保护、建设和利用与经济社会实现全面、协调、可持续发展。根据草原资源现状、生产潜力和发展方向，可将开鲁县的天然草原划分为4个多功能区域。

1. 以义和塔拉镇为主体的沙区草原封育、收缩转移功能区

以义和塔拉镇政府所在地的中轴线向北延伸至与扎鲁特旗接壤的边界线以西，新开河以北的开鲁县境内所有天然草原划定为此区域。以建设生态文明、人与自然和谐发展为总体要求，以农牧民增收、生态恢复、生产发展为目标，以转变农牧业生产经营方式为核心，以收缩生态脆弱地区农牧业生产活动为重点，建立健全政策保障体系和激励约束机

制，采取"封""禁""退"等综合措施，进一步深入实施收缩转移战略，改善生态环境，促进人与自然和谐发展，实现生态与发展双赢的目标。所有的沙地草原全部实行封育，禁垦禁牧，退耕、退牧、退林，真正、完全、彻底实现还草。把农牧民、牧铺、牲畜等全部转移出去，建设禁垦禁牧、收缩转移工程实施的模范示范区。

2. 以建华镇、街基镇为主体的现代化畜牧业示范基地功能区

以义和塔拉镇政府所在地的中轴线向北延伸至与扎鲁特旗接壤的边界线以东，新开河以北的开鲁县境内所有天然草原划定为此区域。依托相对丰富的天然草牧场的资源优势，发展现代化畜牧业，提供无公害、纯绿色、有机的畜产品为主要目标的现代化畜牧业示范基地建设。

建设内容：建设以种植紫花苜蓿草为主的优质人工草地 10 万亩；建设以小叶锦鸡儿为主的优质饲用灌木林 10 万亩；建设以饲用玉米为主的优质饲料生产基地 10 万亩；建设优质的天然草牧场 100 万亩，积极采取围封改良、合理开发利用；建设实施畜草平衡制度的模范示范区；建设实施禁垦禁牧政策的模范示范区；建设国家各项天然草原建设项目实施的模范示范区；建设高标准的现代化畜牧业生产模范示范区。

3. 以低湿地草甸、草甸草原为主体的人工草地建设功能区

将开鲁县内所有的低湿地草甸、草甸草原划定为此区域。以国家牧草良种补贴和奶牛苜蓿工程为契机，主要发展以种植紫花苜蓿草为主的优质人工草地建设。新开河以南 2 万亩，新开河以北 10 万亩。

4. 以零星草牧场、沙沼地为主体的农林牧草综合发展功能区

新开河以南、开鲁县境内的天然草原全部划定为此区域。该区域的特点是天然草原镶嵌于林地和农田之间，耕地、林地、草地犬牙交错，零星呈现且不规则分布。这一区域的天然草原，宜农则农、宜林则林、宜牧则牧、宜草则草，没有刻意要求。最终实现改善生态环境，促进人与自然和谐发展，实现生态与发展双赢的目标。

开鲁县草业的发展和主攻方向：以天然草原的保护建设和开发利用为基础，以人工草地和饲料地建设为中心，以农作物秸秆转化为主体，大力发展现代畜牧业，为全县的经济作出应有的贡献。主要有以下几个方面。

第一，天然草原的保护建设和开发利用是全县草业发展的前提和基础。

草原与耕地、森林、海洋等自然资源一样，是我国重要的战略资源。草原是我国面积最大的绿色生态屏障，与森林一起构成我国陆地生态系统的主体。草原可以调节气候，改善环境质量；草原生态功能影响全球气候；草原也是畜牧业发展的重要物质基础和农牧民赖以生存的基本生产资料。严格保护、科学利用、合理开发草原资源，对维护国家生态安全和食物安全，保护人类生存环境，构建社会主义和谐社会，促进我国经济社会全面协调可持续发展具有十分重要的战略意义。

本次草原普查结果表明，开鲁县的天然草原总面积为 203.89 万亩，可利用草原面积177.14 万亩。开鲁县的天然草原面积已经跌破底线，需要划定一条红线，也就是说全县的天然草原总面积应该保证在 200 万亩以上，可利用草原面积应该在 180 万亩以上。20世纪 80 年代草原普查时，开鲁县的天然草原总面积占全县总区域面积的一半左右，号称半壁江山。现在全县的天然草原总面积不足全县总区域面积的 1/3。三分天下有其一，这应该是红线。这条红线划定以后，应该不惜一切代价坚守住，要"严防死守"，这对于开鲁县自然、经济、社会的全面协调可持续发展是十分必要的。县委、县人大、县人民政府要切实做好全县的土地区划工作，把农业用地、林业用地、牧业用地，特别是天然草原的面积确定下来，并以地方法规或政府文件的形式固定下来，上升到法律法规的高度，人人皆知，人人遵守。这对于草原行政执法、天然草原的保护建设和开发利用各项工程的实施、草原奖补政策的落实都是非常非常重要的。还要加强天然草原的保护建设和开发利用的力度。依法强化草原管理，切实贯彻落实好《草原法》，加大草原执法力度，严厉打击乱开、乱采、滥挖等各种破坏草原的违法行为，巩固草原保护、建设成果，维护农牧民群众的合法权益。落实好草原"双权一制"，调动广大农牧民保护和建设草原的积极性。进一步实施禁垦禁牧、收缩转移战略。充分发挥退牧还草工程、草原奖补工程的综合效能。要依法编制草原规划，科学保护、建设和利用好草原资源。推行草畜平衡制度，实行科学养畜，大力发展现代畜牧业。

第二，人工草地和饲料地建设是全县草业发展的重中之重。

2011 年，开鲁县以种植紫花苜蓿草为主的优质人工草地建设有了很大的发展，主要有以下 3 个特点。

一是典型带动，形成四大生产区域。一个典型就是林辉草业，现在有紫花苜蓿草地 3 500 亩，年生产紫花苜蓿干草 3 000 吨左右，年收入 300 万元以上。在林辉草业的辐射带动下，形成了四大生产区域：①开鲁镇、东风镇集中连片的 5 000 亩紫花苜蓿生产经济区已经形成规模，并且建立了开鲁县第一个本土的草业公司——林辉草业有限责任公司；②以街基镇兴隆村和街基镇原三棵树乡五家子村为主的 5 000 亩紫花苜蓿生产区域正在建设中；③清河牧场与台商合资的正昌草业公司的 5 000 亩紫花苜蓿生产区域也已初具规模；④建华镇和义和塔拉镇以县北大沼为依托，5 000 亩紫花苜蓿生产区域也正在建设当中。这 4 个生产区域建成以后，开鲁县紫花苜蓿生产区域的总体规模已经超过 2 万亩。

二是企业的加入。譬如天丰农机公司、新华化工公司、林辉草业公司、正昌草业公司，等等。这些代表着先进生产力和先进企业文化的企业的加入，无论是从资金上、机械设备上，还是技术上、综合实力上，特别是先进的企业管理理念上，都为开鲁县的草业生产注入了新的活力。

三是开鲁县的紫花苜蓿生产走上了区域化、规模化、产业化之路。特别是国家草原生态保护补助奖励机制和牧草良种补贴政策的落实，奶牛苜蓿工程的实施等，必定会加快全县紫花苜蓿生产向现代化的草业生产方向迈进的步伐。

上述这些都为开鲁县以种植紫花苜蓿草为主的优质人工草地建设奠定了良好的基础。通过更多的企业和个人的加入，经过 5~10 年的努力，建设 10 万亩以种植紫花苜蓿草为主的优质人工草地是可行的。

目前，开鲁县的紫花苜蓿生产的产品主要靠外销，还没有很好地与当地的养殖业，特别是奶牛养殖业很好地结合起来。这也就成了全县紫花苜蓿生产的主攻方向——通过奶牛苜蓿工程建设和苜蓿奶工程的实施，逐步实现奶牛养殖与紫花苜蓿生产的对接，将苜蓿奶工程和以种植紫花苜蓿草为主的优质人工草地建设有机结合起来。抓好苜蓿奶牛工程建设的典型，以点带面，全面推进，使全县的奶业生产和以种植紫花苜蓿草为主的优质人工草地建设再上一个新的更大的台阶。建设以饲用玉米为主的优质饲料生产基地，特别是玉米青贮饲料生产，这是开鲁县饲料生产发展的重点和主攻方向。

开鲁县是一个农业大县，年粮食综合生产能力 13 万吨，其中玉米 10 万吨。畜牧业生产和发展所需的精饲料得到了充分的满足，而青绿多汁饲料、蛋白饲料则是全县饲料生产的短板，也是影响全县畜牧业发展的瓶颈所在。建设以种植紫花苜蓿草为主的优质人工草地，是解决这个问题的办法之一。更重要的是，要建设以饲用玉米为主的优质饲料生产基地，特别是玉米青贮饲料。玉米青贮技术在开鲁县推广已经 30 多年了，有了非常好的基础和前景，技术上已经成熟，积累了丰富的实践经验，干部群众也已形成共识，成为广大农牧民解决家畜青饲料供给不足、发展养殖业、增产增收的重要手段。开鲁县始终把大力发展青贮饲料作为增加农牧民收入的一项重要产业来培育。青贮作物种植面积几年来一直保持在 20 万亩以上，以活秆成熟的粮饲兼用型玉米品种为主，亩产量平均 4 000 千克，总产量可达 8 万吨以上。养畜大户，特别是奶牛养殖大户，为了自身的发展，通过包地买地等形式，大面积种植青贮饲料，自种自收大量制作青贮饲料。如东风镇的关长青奶牛场已形成年存栏奶牛 266 头，其中产奶牛 110 头，日产奶 2 500 千克的生产规模。建青贮窖一座（1 000 立方米），年贮备青贮饲料 100 万千克。2006—2011 年，开鲁县持续种植青贮玉米，青贮饲料从种到收实现了机械化，提高了效率，降低了成本，使青贮饲料的效率发挥到了最佳。实践证明：饲喂青贮饲料的奶牛，日产奶量可提高 10%～15% 左右，牛奶的乳脂率也相应提高。牧草缠绕膜裹包青贮技术的引进和普及，为青贮饲料的异地远途运输、储藏、利用、销售带来了方便，为饲草料调剂和防灾抗灾起到重要作用。牧草缠绕法青贮是指将收割好的新鲜牧草、农作物秸秆等各种青绿植物用捆包机高密度压实打捆，然后用牧草缠绕膜裹包起来，形成一个最佳的发酵环境，经这样打捆和裹包起来的草捆，处于密封状态，经过耗氧、厌氧、稳定 3 个阶段，3～6 个星期以后，pH 会降到 4。此时所有的微生物活动均停止，最终完成乳酸菌型自然发酵的生物化学过程，从而可取得满意的青贮效果，并可长期稳定的保存，可在野外堆放保存 1～2 年。自 2006 年开始，每年制作裹包青黄贮饲料 3 万包左右。

第三，农作物秸秆转化是开鲁县草业发展的主体。

开鲁县的农作物秸秆资源丰富，年产各类农作物秸秆 10.5 万吨，进行农作物秸秆转化 6.53 万吨，种植饲料作物 12.3 万亩，制作青贮饲料 3.1 万吨。农作物秸秆和青贮饲料分别以 3∶1 和 1∶1 折算成鲜草，全年的理论载畜量为 294 612 个羊单位。要以科学发展观，统领农作物秸秆的开发和利用。科学处理农作物秸秆，实现农作物秸秆有效利用，促进农牧结合、资源节约、环境友好型社会的建设。充分认识秸秆是宝贵的物质资源，其经济价值巨大。从发展养殖业看，是发展草食畜禽的物质基础，是转化为肉、奶等畜产品的源泉。秸秆经过科学加工，畜体转化可以产生数倍乃至百倍经济价值，为社会建设、改善人民生活服务。秸秆养畜是农作物秸秆转化利用的重要途径之一，发展以牛羊为主的草食型家畜潜力巨大，牛羊等草食家畜能够把人类不能直接利用的农作物秸秆和饲草转化为人类所必需的肉、奶等畜产品，具有不可替代性。

农作物秸秆中含有较高的粗纤维，如不经科学处理就饲喂牲畜，会限制瘤胃中微生物和消化酶对细胞壁内溶物的消化吸收作用。科学处理农作物秸秆的方法，有物理处理包括粉碎软化、压块制粒、热喷处理、挤压膨化；化学处理包括碱化、氨化、糖化、氧化、复合处理；微生物处理包括青贮、黄贮、微贮等。

以上几种处理方法在很多方面都大有裨益：

· 将秸秆粉碎，使其变小变软，有利于畜禽采食和咀嚼，使农作物秸秆被消化吸收的总养分增加，且可减少畜禽采食过程中的能量消耗。

· 易于工厂化生产和运输贮存。

· 减弱了粗纤维的结晶度。

· 打破粗纤维中的醚键或酯键，以溶去大部分木质素和硅酸盐，从而提高秸秆饲料的营养价值。

· 增加纤维素酶和细胞壁的接触面积，提高饲料消化率。

· 青贮秸秆是牲畜冬春的主要青绿多汁饲料。经微生物的乳酸发酵，保持青绿多汁，适口性好、营养丰富。

· 农作物秸秆中加入微生物发酵菌及辅料，经一定发酵过程，使秸秆转化为湿润膨胀、柔软酸香的饲料。

农作物秸秆经过科学处理后，可以大大提高营养价值和家畜的消化吸收率。提高农作物秸秆养畜的利用率、转化率，实现农作物秸秆有效利用，促进农牧结合、资源节约、环境友好型社会的建设。要树立农作物秸秆也是草的先进理念，要立草为业，实施系统开发，把农作物秸秆的产加销推向规模化、科学化、产业化，更好地为养殖业服务。创建饲草专业加工公司，已是势在必行，是发展的方向，应因势利导，鼓励社会有识之士，创办饲草公司，从事饲草业的开发加工、销售一条龙服务。以市场化运作、规模化经营、专业化服务的运作机制，实现农作物秸秆加工生产的商品化、商业化和企业化。要求专业公司在农作物秸秆收集、运输、加工等方面达到机械化、科学化、高效率、低成本，产品高质量，服务全方位。当前已经进入现代畜牧业的历史发展阶段，要求高新科技融入和支撑，从而达到畜产品的质量安全。以实施创办秸秆为原料的饲草加工专业公司为突破口，成为一个产业，推进畜牧业更好更快地发展，从而实现肉食品高蛋白、低脂肪、无公害的质量要求，为提高国民素质，促进人类健康作出有益贡献。

二、2010 年开鲁县草原"三化"报告

（一）自然概况

开鲁县土壤主要为草甸土和风沙土，草场类型以沙地温性草原及平原丘陵草原为主。地下水储量丰富，水质良好，地表水新开河、西辽河、西拉木伦河、乌力吉木仁河、教来河 5 条河流经开鲁，境内河流总长 318 千米。开鲁县属大陆性温带半干旱季风气候，年平均气温 5.9℃，平均降雨量 338.3 毫米，无霜期 148 天。日照充足，气候温和，雨热同季，对农作物和牧草生长十分有利。但是由于自然因素（如降水不平衡、干旱多风）的影响和长期以来人类不合理的生产活动的影响，造成草牧场大面积、不同程度的发生退化、沙化、盐渍化。

（二）"三化"草场现状

1. 草原"三化"调查分级指标

本次草原普查，根据草原遥感调查，结合"三化"草原遥感调查的判读方法，规定了本次草原"三化"遥感调查标准及指标。按不同草原类设置分级指标，根据不同草原类型、不同退化级别，确立基于遥感技术的"三化"草原分级指标（表2-18）。

表2-18　草原"三化"遥感调查分级指标

单位：%

草原"三化"程度的分级		未退化	轻度退化	中度退化	重度退化
草原退化程度的分级与分级指标	优势种植物群落总盖度相对百分数的减少率	0～10	11～20	21～30	＞30
	优势种地上部总产量相对百分数的减少率	0～10	11～20	21～50	＞50
	裸地面积占草原地表面积相对百分数的增加率	0～10	11～15	16～40	＞40
草原沙化（风蚀）程度分级与分级指标	植被组成	沙生植物为一般伴生种或偶见种	沙生植物成为主要伴生种	沙生植物成为优势种	植被很稀疏，仅存少量沙生植物
	总产量相对百分数的减少率	0～10	11～15	16～40	＞40
	裸沙面积占草原地表面积相对百分数的增加率	0～10	11～15	16～40	＞40
草原盐渍化程度分级与分级指标	耐盐碱指示植物	盐生植物少量出现	耐盐碱植物成为主要伴生种	耐盐碱植物占绝对优势	仅存少量稀疏耐盐碱植物，不耐盐碱的植物消失
	地上部产草量相对百分数的减少率	0～10	11～20	21～70	＞70
	盐碱斑面积占草原总面积相对百分数的增加率	0～10	11～15	16～30	＞30

2. 草原"三化"情况

（1）草原退化情况

开鲁县现有未退化草场面积为0.84万亩，占草牧场总面积的0.84%，占可利用草场面积的0.97%。主要分布在小街基镇兴安村以东与科左中旗交界处；建华镇大甸子村西；他拉干水库西北；义和塔拉镇柴达木嘎查以西。

退化草场面积为34.89万亩，占草牧场总面积的17.81%，占可利用草场面积的20.59%。其中，轻度退化草场8.78万亩，占草牧场总面积的4.48%。主要分布在义和塔拉镇柴达木嘎查西部；他拉干水库；建华镇二十家子村东；清河牧场以东；小街基镇茂发村以北；东风镇电报局村北、金宝屯村以东、大官银号村以南等地。中度退化草场21.22万亩，占草牧场总面积的10.83％。主要分布在小街基镇茂发村西北；建华镇建新村及新力窑村西北至双井村以北，三合屯村以南、以西；东风镇七家子村东南等地。重度退化草场4.88万亩，占草牧场总面积的2.49％。主要分布在建华镇双胜村以北；小街基镇后河村北，三十方地村及北官银号村西北；建华镇先胜村以南；义和塔拉镇沙日花嘎查以南等地（表2-19）。

表2-19 2000年与2010年草原退化情况比较

退化程度	2000年		2010年		2010—2000年 退化/万亩
	面积/万亩	比例/％	面积/万亩	比例/％	
未退化	25.51	9.14	1.64	0.84	−23.87
轻度退化	41.19	14.76	8.78	4.48	−32.41
中度退化	92.79	33.26	21.22	10.83	−71.57
重度退化	3.96	1.42	4.88	2.49	0.92
退化面积小计	137.94	49.44	34.88	17.80	−103.06

由表2-19可以看出：2010年未退化草原面积比2000年减少23.87万亩，轻度退化减少32.41万亩，中度退化减少71.57万亩，重度退化增加0.92万亩。退化草场面积合计比2000年减少103.06万亩。

（2）草原沙化情况

开鲁县现有未沙化草场面积37.89万亩，占草牧场总面积19.34％，占可利用草场面积的22.36％。主要分布在小街基镇富裕村以北；建华镇嘎海庙村以南，二十家子村和大甸子村以北；义和塔拉镇柴达木嘎查东南，沙日花嘎查东北，义和嘎查西北；东风镇金宝屯村以南，章古台村以北等地。

沙化草场面积为99.11万亩，占草牧场总面积的50.59％，占可利用草场面积的58.5％。其中，轻度沙化草场30.13万亩，占草牧场总面积的15.38％。主要分布在建华镇及义和塔拉镇的北沼。开鲁镇、东风镇、吉日嘎郎吐镇有少量分布。中度沙化草场51.79万亩，占草牧场总面积的26.44％。主要分布在建华镇北沼，先胜村以南；小街基镇富裕村以北；他拉干水库西北，义和塔拉镇柴达木嘎查以北，沙日花村以北以东。吉日嘎郎吐镇、东来镇、辽河农场、开鲁镇等地也有分布。重度沙化草场17.2万亩，占草牧场总面积的8.78％。主要分布在义和塔拉镇北沼，建华镇、小街基镇、开鲁镇等地有少量分布（表2-20）。

表2-20 2000年与2010年草原沙化情况比较表

沙化程度	2000年		2010年		2010—2000年 沙化/万亩
	面积/万亩	比例/％	面积/万亩	比例/％	
未沙化			37.89	19.34	37.89
轻度沙化	5.90	2.11	30.13	15.38	24.23

（续）

| 沙化程度 | 2000 年 | | 2010 年 | | 2010—2000 年 |
	面积/万亩	比例/%	面积/万亩	比例/%	沙化/万亩
中度沙化	59.55	21.34	51.79	26.44	−7.76
重度沙化	20.24	7.25	17.20	8.78	−3.04
沙化面积小计	85.69	30.70	99.12	50.60	13.43

由表 2-20 可以看出：2010 年未沙化草原面积比 2000 年增加 37.89 万亩，轻度沙化增加 24.23 万亩，中度沙化减少 7.76 万亩，重度沙化减少 3.04 万亩。沙化草场面积合计比 2000 年增加 13.43 万亩。

（3）草原盐渍化情况

开鲁县现有盐渍化草场面积为 22.36 万亩，占草牧场总面积的 11.42%，占可利用草场面积的 13.2%。其中，轻度盐渍化草场 8.95 万亩，占草牧场总面积的 4.57%。主要分布在小街基镇三十方地村西北；他拉干水库；义和塔拉镇义和塔拉嘎查以东；东风镇章古台村以南、道德村以北；小街基镇大方子地村以东，三十方地村西北等地。中度盐渍化草场 7.13 万亩，占草牧场总面积的 3.64%。主要分布在小街基镇三十方地村西北，富裕村以北，新力窑村西北；他拉干水库；东风七家子村村以南等地。重度盐渍化草场 6.29 万亩，占草牧场总面积的 3.21%。主要分布在小街基镇富裕村东北，三十方地村西南，大方子地村以东；建华镇双井子村西，建新村西北；他拉干水库；义和塔拉镇柴达木嘎查以东；东风镇七家子村东北；太平沼林场等地（表 2-21）。

表 2-21　2000 年与 2010 年草原盐渍化情况比较表

| 盐渍化程度 | 2000 年 | | 2010 年 | | 2010—2000 年 |
	面积/万亩	比例/%	面积/万亩	比例/%	盐渍化/万亩
轻度盐渍化	13.07	4.68	8.95	4.57	−4.12
中度盐渍化	11.64	4.17	7.13	3.64	−4.51
重度盐渍化	5.14	1.84	6.29	3.21	1.15
盐渍化面积小计	29.85	10.69	22.37	11.42	−7.48

由表 2-21 可以看出：2010 年轻度盐渍化草原面积比 2000 年减少 4.12 万亩，中度盐渍化减少 4.51 万亩，重度盐渍化增加 1.15 万亩。盐渍化草场面积合计比 2000 年减少 7.48 万亩。

总的来看，2010 年轻度"三化"草原面积比 2000 年减少 12.3 万亩，中度"三化"减少 83.85 万亩，重度"三化"减少 0.97 万亩。"三化"草场面积合计比 2000 年减少 97.12 万亩，草原总面积减少 83.1 万亩（表 2-22）。

表 2-22　开鲁县草地退化、沙化、盐渍化（"三化"）统计表

| 退化程度 | 2000 年 | | 2010 年 | | 2010—2000 年 |
	面积/万亩	比例/%	面积/万亩	比例/%	退化
轻度"三化"合计	60.16	21.56	47.86	24.43	−12.30
中度"三化"合计	163.98	58.78	80.13	40.91	−83.85

（续）

退化程度	2000 年		2010 年		2010—2000 年
	面积/万亩	比例/%	面积/万亩	比例/%	退化
重度"三化"合计	29.34	10.52	28.37	14.48	−0.97
"三化"合计	253.48	90.86	156.36	79.82	−97.12
草原面积合计	278.99	100.00	195.89	100.00	−83.10

（三）"三化"草场特点及成因

自 2000 年以来，开鲁县相继实施了京津风沙源治理项目、退牧还草、围封禁牧等项目，同时县政府成立了禁垦禁牧工作领导小组，对全县的草原禁垦禁牧工作进行督促检查，草原"三化"现象有所缓解，"三化"草场面积有所减少。但是草原总面积也在下降，"三化"草场占草原总面积的比例还很高。其主要特点和表现是：草群众类成分发生变化，牲畜喜食的优良牧草发育不良甚至消失，可食性牧草产量降低。打草场已丧失殆尽；放牧场也已无草可牧；天然草场几近荒原；草牧场生境恶化，可利用面积减少。草原生态系统遭到了严重的破坏，草原生态平衡已被打破。既不能打草，又不能放牧，还不能得到很好的休养生息，天然草原失去了它应有的作用和风采，变成了人们眼中的荒原、荒片和废弃地，任人蚕食和贪占。

自然环境条件的改变，是天然草原退化的主要原因之一。20 世纪 80 年代以来，自然条件的恶化是不可逆转的。气温连年偏高，降雨量逐年减少，蒸发量不断地加大，水库干涸了、水面没有了、低湿地草甸不见了，草原生态环境发生了翻天覆地的变化，草原生态系统遭到了严重的破坏，天然草原的退化呈现出了不可逆性。人为的破坏和干扰，也是天然草原退化的不可忽视原因之一。滥垦乱牧、采挖开发，都是破坏天然草原的元凶。人类无休止地破坏和干扰，使天然草原的自然环境遭到破坏，天然草原的生态系统遭到破坏，天然草原的生态平衡彻底被破坏。而天然林保护工程、退牧还草工程等由于种种原因都还没能发挥出最好的效果。草原沙化就无需多言了，裸沙、明沙面积在沙化草原中造成沙尘四起，满目荒凉的沙地草场更是随处可见；无风白沙漫漫、有风则沙尘满天。气候恶化、高温干旱是形成沙化草原的主要原因，人为干扰和破坏也难辞其咎。盐渍化草原的特点有着与沙化草原和退化草场不一样的一面，由于自然条件的改变，气候干旱和地下水位的下降，盐渍化的面积没有扩大的余地，盐渍化的程度也没有加重的条件，相反还会有所减轻。特别是那些适宜农作物生长的草甸子，逐年地、逐渐地被开发成了农田，低湿地草甸不见了，剩下的只是那些无雨白茫茫、有雨水汪汪，盐渍化程度非常高的盐碱地块。且由于人们的取土采挖、风蚀雨涮，使得草原上生长着那些没有饲用价值的碱蓬、碱灰菜等，草地坑坑洼洼，满目疮痍。

（四）防止草场进一步退化的措施

1. 依法强化草原管理，切实实施贯彻落实好《草原法》

加大草原执法力度，严厉打击乱开、乱采、滥挖等各种破坏草原的违法行为，巩固草原保护、建设成果，维护牧民群众的合法权益。落实好草原"双权一制"，调动广大农牧民保护和建设草原的积极性。依法编制草原规划，科学保护、建设和利用草原资源。

2. 依法加强草原建设，尽快扭转草原生态环境不断恶化的局面

草原建设是生态建设的重要组成部分，是一项公益性事业。《草原法》明确规定了县级以上人民政府应当增加对草原保护、建设的投入，同时国家鼓励单位和个人投资建设草原，按照谁投资、谁受益的原则保护草原投资者的合法权益。各级草原行政主管部门要积极配合政府建立多渠道、多元化的草原保护、建设投入机制，加快草原保护、建设进程，尽快扭转草原生态环境恶化的局面。

3. 大力建设人工草地

人工草地建设目的是获得高产优质的牧草，以高产草地减轻退化草地的压力，满足家畜饲草料需要。采取的主要措施是在条件适宜地带建设优质、高产、稳定的饲草料生产基地，减轻了天然草地压力，改善了饲草营养，加大了饲草储备能力，提高了畜牧业抵御自然灾害的能力，有利于草牧场植被的恢复。

4. 草牧场全面实行禁牧

禁牧使草原植被有休养生息的机会，从而提高单位面积的产草量。有利于改善草原植物种群结构，促进优良牧草的生长发育；有利于改善草原生态环境向良性发展；有利于提高农牧民对草原基础建设（如围栏、人工草地、饲料地等）的投入；有利于促进农牧民改变经营方式，由单一放牧向舍饲的集约型畜牧业生产方向发展。

5. 进行天然草原改良

对于正在或已经退化的草原，除了采取封育，让其自然恢复以外，还应采取以下改良措施。一是补播。就是在不破坏或少破坏原有草原植被的情况下，在草群中播种一些适应性强、饲用价值较高的当地野生优良牧草或其他饲用植物，以达到增加优良牧草覆盖度和提高产量的目的。开鲁县适宜补播的牧草品种有小叶锦鸡儿、沙打旺、紫花苜蓿。补播应在雨季进行，补播后不久即降雨，效果最好。二是灌溉。开鲁县草原处于干旱地区，草原牧草由于缺水而"渴死"的情况时有发生，因此灌溉是改良草原最有效的措施之一。灌溉可使草原牧草的产量提高 6～9 倍，并能改善草群的组成和品质。三是施肥。施肥不仅能提高牧草量，而且还可以改善草层成分，提高牧草的质量、适口性和消化率。四是松土。即通过耙地和浅耕，达到改善土壤的理化性状，提高土壤肥力的目的。

6. 做好草原保护工作

主要是草原鼠虫害的防治工作。做好草原鼠害的监测工作。在每年春、秋季对重点草牧场进行重点监测，并及时上报，便于发生鼠害时及时防治。对已发生的草原鼠虫害，要立即组织人员，按照操作规程，及时进行扑灭，使灾害对草原的危害减少到最小程度。

第三章

开鲁草原建设 20 年工作回顾（1998—2018 年）

开鲁的草原建设工作始终以生态优先协调发展为原则，加强草原保护管理，推进草原生态修复，促进草原合理利用，改善草原生态状况，全面推进各项草业工作。

20 世纪 90 年代至 2018 年，开鲁草原业务工作主要包括：人工草地建设、草场改良及合理利用草原的技术推广；草原鼠虫害防治等草原保护方面的业务指导；饲草料的加工调制及其利用等方面的技术推广普及；牧草种子筛选及基地建设；开展技术咨询等。

1998—2018 年的 20 年间，开鲁大力推进草原建设，保护生态环境，积极推动草原生产方式转变，加强畜牧业基础设施建设，推进养殖业快速发展（表 3-1）。

表 3-1　1998—2018 年草原保护与建设基本情况表

| 年份 | 鼠害 | | 虫害 | | 多年生牧草种植面积/万亩 | 保存面积/万亩 | 一年生草种植面积/万亩 | 打贮青干草/万吨 | 青贮饲料/万吨 | 秸秆转化/万吨 |
	发生面积/万亩	防治面积/万亩	发生面积/万亩	防治面积/万亩						
1998	48	42	40	1.5	12.6	8.5	6.5	0.6	0.56	0.71
1999	50	42	50	46	14.78	10.95	8.5	0.4	0.52	0.88
2000	40	30	30	20	12.97	12.48	10.6	0.5	1.8	0.7
2001	50	35	40	20	16.5	10.65	15	1.2	0.98	2.62
2002	30	15	35	15	10.5	7.6	20	0.6	1.25	3.1
2003	30	10			20.1	12.1	15.3	0.61	1.5	3.15
2004	50	20			19.5	7.6	20	0.76	3.61	2.53
2005	50	10	150	15	9.84	3.28	12.6	1.017	2.61	6.128
2006	30	5	150	35.3	11.25	3.42	15.2	0.76	3.35	7.53
2007	30	6	150	51.2	9.1	3.5	21	0.72	3.4	6.61
2008	40	6	64	28	8.3	4	20	0.8	3.1	6.04
2009	25	6	104	12.2	8.3	6.2	12.2	0.9	3.1	6.52
2010	30	5	90	20	8	6.3	12	0.7	3	6
2011	50	3	100	23.5	2.8	6.93	26.7	0.3	3.51	6.53
2012	50	6	130.5	31.5	3.5	7.02	28.7	0.3	3.51	6.52
2013	50	6	80	22	2	5.75	34	0.5	5.1	12
2014	50	6.5	118	80	3	5.35	37	0.5	11.85	12
2015	50	6	50	10	0.8	4.5	50	0.5	15	13
2016	50	5			2.9	5.6	50	0.5	16	13

（续）

年份	鼠害		虫害		多年生牧草种植面积/万亩	保存面积/万亩	一年生草种植面积/万亩	打贮青干草/万吨	青贮饲料/万吨	秸秆转化/万吨
	发生面积/万亩	防治面积/万亩	发生面积/万亩	防治面积/万亩						
2017	50	10	50	10	1.6	4.9	52.5	0.5	16	15
2018	50	10	30	13	1.5	4.5	48	0.5	16	15

1998 年开展重点推广秸秆微贮饲料制作技术，打开了全县秸秆转化新篇章。积极防治草原蝗虫灾害，减少蝗灾造成的损失。

1999 年开展引草入田、种草养畜试验示范，为发展农区畜牧业探索新路。优质牧草种子基地建设全面启动，大力发展人工种草。

2000 年京津风沙源治理种草工程开始实施，遏制草原沙化，改善生态环境。

2004 年围绕白鹅、奶牛、育肥牛 3 个养殖基地建设，抓好种草养畜模式攻关。

2005 年秸秆饲料制作再掀高潮，政府划拨专款，对新建窖池给予补贴。

2006 年青贮玉米及多年生优质牧草新品种引进试验示范获得成功。全力扑灭草原蝗灾。

2009—2010 年完成全县天然草原普查，摸清了开鲁县天然草原面积及利用情况。

2011—2015 年实施为期 5 年的牧草良种补贴项目，加快优良草品种推广步伐，促进草产业稳定发展和农牧民持续增收。

2014 年青贮玉米及健宝牧草新品种引进试验示范获得成功。

2017 年积极做好草原鼠害、草地螟及外来入侵生物的监测防治工作。

草原鼠害主要为达乌尔黄鼠，有效洞口数为 50 个/公顷。

草原虫害主要为亚洲小车蝗，平均密度为 15～25 只/平方米。

第一节 草原生态建设取得明显成效

一、防虫治鼠，保护草原

自 20 世纪 70 年代以来，由于长期超载过牧，开鲁县草原鼠虫害频发，导致草原发生退化，水土流失，生态环境恶化，载畜量减少。因此，做好草原鼠虫害的防治工作，保护草原不受破坏非常重要。针对草原鼠虫害，开鲁县加强草原鼠虫害预测预报，采取"预防为主，防治结合"的方针，以生物防治和化学防治为主，大力推广物理和生态等绿色防控技术，扎实开展应用大型机械与人工辅助相结合的方法，积极开展统防统治、联防联治、社会化防治，有效遏制了草原鼠虫害的进一步发展，把草原鼠虫害造成的损失减少到最小。

（一）草原虫害发生与防治情况

1998—2018 年，累计发生虫害面积 1 363.5 万亩，虫害种类为亚洲小车蝗。其中虫害发生较重的年份为 1998 年、2006 年、2014 年。1998 年发生面积 40 万亩，其中严重危害面积 20 万亩,防治面积 1.5 万亩。2006 年发生面积 150 万亩,其中严重危害面积 60 万亩,防治面积 35.3 万亩。2014 年发生面积 118 万亩,其中严重危害面积 60 万亩,防治面积 80 万亩。针对上述情况,采取化学、生态等综合措施及时防治。20 余年间,累计防治虫害面积 454.2 万亩,投入灭虫药品 181 吨,投入人工 21 993 人(次),投入灭虫机械 12 395 台(套)。蝗虫杀灭率在 92% 以上。

(二)草原鼠害发生与防治情况

1998—2018 年,开鲁累计发生鼠害面积 903 万亩,鼠害种类为达乌尔黄鼠。累计防治鼠害面积 284.5 万亩,投入灭鼠药品 259.2 吨,投入人工 13 919 人(次),投入灭鼠机械 3 330 台(套)。灭鼠率在 94% 以上。

(三)草地螟发生与防治情况

2009—2010 年,在开鲁,草地螟虫害在部分地块发生,主要分布在北沼草牧场、林间草地、人工草地、农田与草牧场交错地带等重点地区和地块。2009 年发生面积为 40 万亩,其中严重危害面积 9 万亩。2010 年发生面积为 30 万亩,其中严重危害面积 15 万亩。2018 年发生面积为 2 万亩,其中严重危害面积 1 万亩。累计防治面积 18.5 万亩,投入灭虫药品 7.4 吨,投入人工 520 人(次),投入灭虫机械 368 台(套)。

(四)草原黏虫发生与防治情况

2012 年,草原黏虫在开鲁县发生,发生面积超过了 50 万亩,其中严重危害面积 20 万亩。防治面积 16.5 万亩,投入灭虫药品 5 吨,投入人工 187 人(次),投入灭虫机械 196 台(套)。

(五)重点防治情况报告及简报

1. 蝗虫防治情况

1998 年开鲁县义和塔拉苏木灭蝗工作总结

开鲁县的义和塔拉苏木 1996 年 6 月曾发生过蝗虫灾害,虫口密度平均为 30 头/平方米,受灾草牧场面积 20 万亩。1997 年 6—7 月发生了更为严重的蝗虫灾害,草牧场受灾面积达 40 万亩以上,重灾面积 20 万亩,蝗虫主要是亚洲小车蝗,虫口密度平均为 50 头/平方米左右,最高达 250 头/平方米,最少也在 20 头/平方米。由于此次蝗灾发生面积较大,再加上资金困难等多种因素的制约,错过了最佳防治时期,未能及时消灭蝗虫。蝗虫由幼虫全部羽化为成虫,并且产卵越冬。

1998 年 5 月 21 日实地测定,蝗虫卵已进入孵化高峰期。该苏木 40 万亩草牧场全部有蝗蝻发生,较重面积 20 万亩以上,蝗蝻密度平均为 28 头/平方米左右。绝大部分为 1 龄虫,极少部分已达到 2 龄。盟、县有关部门的领导及业务人员对此事十分重视,亲自深入到蝗灾区,进行现场调查,调剂灭蝗药品,组织灭蝗,力争把灾害损失减少到最低限度。

现将此次灭蝗工作情况总结如下。

一、药品与器械

灭蝗药品：锦州农药厂生产的 50％马拉硫磷乳油。

灭蝗器械：江阴利农药械厂生产的 3WBS－16 型背负式手动喷雾器。

二、防治方法及效果

由于药液数量以及人力、物力等因素的限制，重点对饲料地、人工草地及打草场进行了药剂防治。在苏木政府的组织下，从 6 月 18 日开始用背负式手压喷雾器，喷雾使用浓度为 50％马拉硫磷乳油 500 倍液稀释，亩用量 100 克。采取带状防治，重点地段进行重复喷洒，形成药剂隔离带或封闭带，灭蝗效果较好，蝗虫死亡率达 95％以上。此次灭蝗全苏木共出动人员 260 人（次），喷洒农药防治饲料地、人工草地及打草场共 1.5 万亩，控制面积达 5 万亩以上，使蝗虫的危害得到了一定的控制。

三、存在问题

1. 防治面积过小

受灾草牧场面积为 40 万亩，由于受人力、物力、财力等因素的限制，防治面积仅 1.5 万亩，而且仅限于饲料地、人工草地及打草场。大面积放牧草场却没有得到有效的防治，蝗虫由幼虫羽化为成虫，且产卵越冬。因此，用人工喷洒药物的灭蝗方式，很难达到理想的防治效果。

2. 灭蝗器械存在一定问题

所用人工喷雾器容量小，喷幅窄，且质量差，易损坏，不能满足防治的需要。

四、工作建议

根据蝗虫灾害的发生发展规律，可以预见次年该地区仍会发生较为严重的蝗虫灾害，并且直接威胁着与义和塔拉苏木接壤的几个乡（苏木、镇）的 150 万亩草牧场和 60 多万亩农田，而且还危害与开鲁县相邻的扎旗、阿旗境内的草牧场。因此，在次年的 6 月初，应对全苏木的草牧场进行一次全面的药剂防治，建议采用飞机灭蝗，以彻底消灭蝗灾。

2006 年开鲁县草原蝗虫防治方案

一、蝗虫虫情发生发展情况

据 2005 年秋季蝗虫卵基数调查，在原来发生蝗灾较重的北清河牧场平均卵块数为 1.1 块/平方米，平均卵粒数为 20.1 粒/块，虫卵平均成活率 100％。义和塔拉镇草牧场平均卵块数为 1.7 块/平方米，平均卵粒数为 34.7 粒/块，虫卵平均成活率为 100％。建华镇北沼草牧场平均卵块为 0.7 块/平方米，平均卵粒数为 14.7 粒/块，虫卵平均成活率为 100％。

2006 年在相关的嘎查（村）及牧铺设立测报员 50 名，4 月 10 日测查，原北清河乡和义和塔拉苏木草牧场平均卵数为 1.7 块/平方米，平均卵粒数为 34.8 粒/块，最高达 47.6 粒/块。5 月 18 日测查，建华镇北沼蝗虫平均卵块达 1.8 块/平方米，平均卵粒数为 25.3 粒/块，最高达 34.6 粒/块，虫卵越冬率为 77％。义和塔拉镇草牧场平均卵块为 1.2 块/平方米，平均卵粒数为 20.1 粒/块，越冬存活率为 74％。6 月 6 日再次进行虫情测查，蝗虫卵已开始孵化，多为 1 龄虫，其中以建华镇北沼危害较为严重，虫口密度平均为 50 头/

平方米，最大虫口密度为150头/平方米。根据气象条件及草原蝗虫的发生发展规律，预计草原蝗虫发生面积在150万亩以上，其中重灾面积60万亩左右。

二、防治方式及方法

2006年蝗虫防治工作从6月15日开始，抓住蝗蝻3龄前防治的最佳时机进行灭杀，至7月15日防治结束。防治重点：对发生蝗虫密度较大的草牧场要全面喷洒灭蝗药品进行灭杀。对于人工草地、青贮及饲料作物田的周边以及与农田交错地带周围的草牧场进行药物防治，以防止草原蝗虫危害人工草地及农作物。防治重点区域在建华镇及义和他拉镇以北的草牧场。

（一）防治方式

第一，与县林业部门合作，利用市、县森防站2台6HW50型车载喷雾机进行防治，日可防治草原面积4 000亩。

第二，与农业植保部门协调作战。使用应急防治大型施药专用设备3WFC-400型多功能风送式远程喷雾机1套，日可防治草原面积1 000亩。使用WFB-18AC型机动喷雾喷粉机300套，日可防治草原面积5万亩。使用WS-16P型手动防治药械（手动喷雾器）180台，日可防治草原面积3.6万亩。

第三，充分发动广大农牧民，调动喷雾机器进行紧急防治。目前，可调动背负式机动喷雾器100台（套），日单机防治草原面积300亩，日可防治草原面积3万亩，三、四轮及654等各种机动车辆携带的车载式自制高压喷雾机200台（套），日单机防治面积1 000亩，日可防治草原面积2万亩。背负式手动喷雾器5 000台（套），日单机防治面积20亩，日可防治草原面积10万亩，在现有的条件下，全县受灾的150万亩草牧场全部进行药物防治一遍，大约需10天。

（二）防治方法

主要利用药物防治的方式，防治药剂以4.5%赛得油乳兼用剂及氯氰菊酯类乳油为主，亩用量35～45毫升。

大型机动喷雾机为6HW50型高射程机动喷雾机，每台班次药箱容量为400升，根据草原蝗虫的虫龄及虫口密度，加入灭蝗农药氯氰菊酯1 000～3 000克（或苦烟乳油4 000克），防治草牧场面积为1 600～2 000亩。

背负式机动喷雾器，药箱容量为12升，兑氯氰菊酯20克，日单机防治300～500亩，实行换人不停机，4～5台喷雾器并排前进的方式进行防治。日防治面积1 500～2 000亩。

背负式手动喷雾器，药箱容量为15千克，兑氯氰菊酯25克，30～50台并排前行，日防治300～500亩，灭效为89%。

三、建立机务机动防治队

为了加快全县草原蝗虫的灭杀效率，县政府统一成立一支机务机动防治队，以开鲁县农业有害生物预警与控制区域站为主体，配备应急防治大型施药专用多功能风送式远射程喷雾机1台，机动喷雾喷粉机300套，手动防治药械（手动喷雾器）1 800台，防护服300套，以及虫情观测灯等配套的设备仪器。机务机动防治队在发生蝗虫密度大的农田、人工草场及饲料作物周围进行重点防治，保护重点地块及草牧场，机务机动防治队实行24小时值班制度，根据草原蝗虫发生发展情况，随时奔赴灭蝗现场，进行灭杀。

四、做好防治前的各项培训工作

在防治前，对全县参加蝗虫防治的骨干人员进行一次系统的培训，提高防治人员技术水平。

1. 机器的使用

对各类喷雾机器要严格按照说明书及专业人员示范进行操作。保证机器使用时能正常运转，出现简单故障时，能自行进行维修。

2. 防治方法

集体组织，集体防治，小型防治机械并排作业。

3. 药物的使用

药物以 4.5% 氯氢菊酯类乳油为主，对蝗虫具有触杀及胃毒作用，亩用量为 35～45 毫升，常量喷雾药水比例为 1∶（500～1 000）倍液。

4. 操作规程

喷洒农药时间一般在上午或下午，避开中午阳光强烈照射以及雨天。防治人员要穿上防护服，戴上口罩及手套，要缓慢地往容器内倾倒药液，小心不要溅到皮肤及脸上。喷药结束后，用肥皂水清洗沾染农药部位。要按规定的路线前进，行走方向要与风向垂直。不允许出现未喷药的空白地带，影响防治效果。

5. 防治技术

灭杀前采集蝗虫标本，确定蝗虫的种类及虫龄，确定灭蝗面积及路线。对 3 龄前的蝗蝻，按常量进行药物防治。3 龄以上蝗蝻或成虫，则要适当加大药剂的浓度，亩用量为 50～60 毫升，药水比例为 1∶500。喷药后 24 小时及 48 小时，及时检查灭蝗虫效果，观测灭效。

五、保障措施

1. 建立组织

开鲁县委、县政府成立由分管农牧业工作的副书记任组长、分管副县长任副组长的草原蝗虫防治工作领导小组。下设办公室，农牧业局局长任主任，分管草原、植保工作副局长任副主任，草原站、植保站技术骨干为成员，具体负责全县草原蝗虫防治工作。各镇（场）、各村也要相应成立草原蝗虫防治领导小组，由各镇（场）、各村主要领导任组长，分管领导任副组长，成员为镇动防站、植保站技术人员，负责监测本辖区蝗虫虫情发展情况并及时上报。一旦发生蝗灾，县草原蝗虫防治工作领导小组立即下拨灭蝗药品，包片技术人员及时奔赴蝗灾发生地，指导灭蝗，各镇（场）蝗虫防治工作领导小组要以村为单位统一组织人力、物力、财力，统一调配防治药品及器具进行集中防治。县、镇、村各级领导亲临现场，指挥协调，保证灭蝗工作顺利开展。

2. 筹集物资

根据 2005 年防治蝗虫的经验及当年的实际，需准备灭蝗药品 24 吨，大型机动喷雾机器（6HW50 型高射程机动喷雾机）3 台，背负式汽油机动喷雾器 600 台（套），手动喷雾器 10 000 个，共需资金 192 万元。

3. 技术保障

鉴于防治药品及机械物资条件，将对重点地区、重点地块进行重点防治，以药物灭蝗为主，县草原技术人员采取分片包镇（场）、划分责任区的方式，在发生蝗灾的草牧场进行现场技术指导，并根据工作实绩进行考核奖惩。

4. 建立健全制度

建立相应的草原蝗虫防治工作制度及纪律。县、镇、村三级蝗虫防治领导小组实行24小时值班制度，加强与基层测报人员的信息沟通，准确掌握蝗虫发生及防治情况并及时报告。同时，在防治过程中，本着"节约用药、安全用药"的原则，确保防治效果，杜绝事故发生。喷药工作期间严禁饮酒，工作服要穿戴整齐。喷药前要检查好喷药器械，严格按喷药时间安排进行作业。对于不遵守纪律及制度者，要进行清退。违规操作发生中毒等事故，责任自负。

5. 工作总结

2006年，为了加强蝗虫测报工作，根据上级业务部门的统一安排，县草原站成立了专门的草原蝗虫虫情测报组织，在相关的嘎查（村）及牧铺设立测报员，共岗前培训测报员50名，提高了蝗虫测报工作的准确性。在4、5、6月分3次对蝗虫虫卵越冬及孵化情况进行了观测和预报，并按要求及时上报通辽市草原站。根据测查，开鲁县蝗卵每平方米平均1.8块、32.4粒，高的6块、160粒，越冬虫卵存活率在90%以上。由于春季持续干旱少雨，从6月初开始，草原蝗虫卵开始陆续孵化，到6月中旬，全县草原蝗虫发生面积为150万亩，其中严重危害面积60万亩。平均虫口密度为50头/平方米，最大虫口密度为150头/平方米，危害相邻农田60万亩。草原蝗虫种类以宽翅曲背蝗、亚洲小车蝗、笨蝗为主。涉及开鲁镇、义和塔拉镇、建华镇、小街基镇、清河牧场、种畜场，36个村屯。

全县草原蝗虫虫情以建华镇和义和塔拉镇北沼的草牧场危害最为严重。其中建华牧场、大甸子村草原蝗虫密度高达70头/平方米，虫口密度大的地方达到150头/平方米。对此，县草原站及时对草原蝗虫发生发展情况上报上级有关部门，并得到了高度重视，区、市业务部门多次到现场查看虫情，指导灭蝗。7月中旬，在灭蝗的关键时刻，时任农业部副部长的范小建带领相关部门人员及蝗虫防治专家，深入建华牧场实地查看草原蝗虫发生情况，详细了解灭蝗进度及灭蝗药品的使用，检查部署草原蝗虫防治工作，并对全县的灭蝗工作提出了指导性的建议。县委、县政府专门召开了各镇（场）主要领导及有关部门负责人参加的紧急会议，对草原灭蝗工作进行全面部署，同时下发了《关于做好全县草原蝗虫防治工作的紧急通知》的文件。县农牧业局和县草原站调拨灭蝗药品3.6吨，下发到有关镇（场），对草原蝗虫虫情较严重、虫口密度大、危害较严重的草牧场进行防治，对重点区域进行密切监测和药物控制。市草原站及时下拨灭蝗药品5.6吨，并指派专门的技术人员到开鲁县实地指导蝗虫防治工作。在中央、自治区、市、县有关领导及业务部门的支持下，有关镇（场）积极行动，对草原蝗虫危害的重点地块、重点区域集中人力、物力积极防治，使蝗虫虫情得到了有效控制，草原蝗虫灾害减少到最小程度。

存在问题及工作建议：

①存在问题

一是资金问题。由于开鲁县近两年草原蝗虫发生面积大，资金不足成为防治蝗虫的限制因素，防治方法只能以手动喷雾为主。

二是开鲁县属农牧交错地带，草原蝗虫直接威胁农田，不利于大型机械作业，只有依靠背负式喷雾器进行药物灭蝗，导致灭蝗速度缓慢，效果较差。

三是灭蝗药品、器械等物资较为紧张，不能满足草原蝗虫防治工作的需要。2006 年全年需投入灭蝗药品 24 吨，实际投入 9.2 吨。没有专门用于防治草原蝗虫的大型机动喷雾机械，防治机械的使用只能与林业及农业植保部门协调解决，蝗虫防治的机械化水平及装备急需加强。

②工作建议

一是切实做好草原蝗虫的监测工作。秋季的查虫卵及次年春季的虫卵越冬情况测查、虫卵孵化测报工作，需采取预测预报、监测与防治相结合的办法，控制草原蝗虫灾害的发生。

二是鉴于 2006 年草原蝗虫发生发展情况，次年还有可能局部或大面积发生较为严重的蝗虫灾害，应储备一定的防治药品及器械。

三是各级政府及相关部门应加大草原蝗虫防治资金的投入力度，购置 3～4 台大型机动喷雾机以及一定数量的背负式机动喷雾器，以便发生蝗灾时能够及时有效地扑灭。

2. 鼠虫防治情况

2014 年开鲁县草原鼠害防治方案

一、草原鼠害发生发展情况

为了有效地防治和控制鼠害的蔓延，开鲁县草原站严格按照《内蒙古自治区鼠虫预测预报细则》的要求，指派专门的技术人员进行管理，对鼠害发生发展密切监测。2014 年 3 月下旬开始，对全县鼠害较为常发地区草牧场鼠情鼠害进行了全面调查。北沼的义和塔拉镇、建华镇的部分草场每公顷有效洞口数 520～620 个，样方中心点为北纬 43°54′23.1″，东经 121°16′19.0″，危害较重。2014 年，全县发生鼠害面积为 50 万亩，严重危害面积 30 万亩。其中义和塔拉镇草牧场发生面积 30 万亩，建华镇牧场发生面积 20 万亩。

二、防治方式及方法

鼠害发生后，市草原站及时下拨灭鼠药品，立即对鼠害发生地投药灭鼠。采取生物防治方法，对发生鼠害较为严重的义和塔拉镇的北沼草牧场进行重点防治。抓住草原害鼠活动频繁但食物缺乏的时期，在鼠洞、鼠道和鼠类经常活动的场所投放毒饵，每亩投毒饵 80～100 克，起到较好的灭鼠效果。

三、做好防治前的各项培训工作

在防治前，对全县参加鼠害防治的骨干人员进行 1 次系统的培训，提高防治人员技术水平。

药物的使用：药物以生物毒饵为主，亩用量 80～100 克。

防治技术：主要在害鼠活动频繁期防治最佳。一般在 5 月初。

四、保障措施

1. 建立组织

县、镇、村分别成立了由主要领导任组长的草原鼠害防治工作领导小组。发生鼠害后，县草原鼠害防治工作领导小组立即下拨灭鼠药品，包片技术人员及时奔赴鼠害发生地指导灭鼠，各镇场鼠害防治领导小组以村为单位，统一组织人力、物力、财力，统一调配防治药品及器具进行集中防治。县、镇、村各级领导都亲临现场，指导协调，保证灭鼠工作顺利开展。

2. 筹集物资

根据往年防治鼠害的经验及 2014 年的实际情况，需准备灭鼠药品 20 吨，共需资金 50 万元。

3. 做好技术保障工作

鉴于防治药品及机械物资条件，将对重点地区、重点地块进行重点防治，以生物灭鼠为主。县草原站技术人员采取分片包镇（场）划分责任区的方式，在发生鼠害的草牧场进行现场技术指导，并根据工作实绩进行考核奖惩。

4. 建立健全制度

建立相应的草原鼠害防治工作制度及纪律。县、镇、村三级鼠害防治领导小组实行 24 小时值班制度，加强与基层测报人员的信息沟通，准确掌握鼠害发生及防治情况并及时报告。同时，在防治过程中，本着"节约用药、安全用药"的原则，确保防治效果，杜绝事故发生。对于不遵守纪律及制度者，要进行清退。违规操作发生中毒等事故，责任自负。防治区域应及时发出通告、设立警告牌，实施灭鼠区域禁牧 15～20 天，防止人畜中毒。

2015 年开鲁县草原鼠虫害应急防治方案

开鲁县草原发生的鼠害、虫害种类主要包括啮齿类的长爪沙鼠、草原黄鼠等；草原蝗虫、草地螟等。近几年，开鲁县草原鼠虫害持续发生，根据预测预报，2015 年草原虫害发生面积 100 万亩，鼠害 50 万亩左右。

1. 应急组织机构

开鲁县草原鼠虫害防治领导小组负责全县草原鼠虫害防治的统一指挥和组织协调；批准启动或停止本预案规定的应急措施；组织协调和落实本预案的执行并监督实施。开鲁县草原站承担草原鼠虫害防治工作的组织实施。

各镇（场）政府负责所辖行政区域草原鼠虫害防治的统一指挥和组织协调；批准启动或停止本级预案规定的应急措施；组织本级应急防治预案实施。

2. 组织机构

开鲁县草原鼠虫害防治领导小组由开鲁县农牧业局、林业局、水务局、气象局、民政局、财政局、国家计划委员会以及草原工作站组成。开鲁县人民政府分管副县长担任组长。各成员单位分工协作，认真履行各自职责。

县草原工作站负责全县草原鼠虫害防治的技术指导；承担全县草原鼠虫害监测和等级确定；及时分析反映全县草原鼠虫害发生趋势和防治情况；提出全县草原鼠虫害防治措施及建议；协助组织全县草原鼠虫害防治工作，负责组织统一购买和供给农药机械检查指导防治工作、验收防治效果。

3. 报告制度

县草原工作站按照有关技术规程做好重点鼠虫害的监测和预报工作。向主管局和上一级草原行政主管部门报告。

县草原工作站每年 11 月中旬向市草原工作站报告第二年本级草原鼠虫害发生趋势预测情况；4 月中旬报告当年中期预测情况；5—10 月报告短期预测情况。5—9 月，进入草原鼠虫灾害防治关键时期，县草原鼠虫害防治领导小组实行值班制度，值班人员负责接收灾情报告，起草灾情简报。县草原鼠虫害防治领导小组每周向市级防治机构报告草原鼠虫害发生与防治进展情况。重大灾害随时报告。对达到二级以上灾害的草原重大鼠虫情、威胁基本农田的草原鼠虫情，由县农牧业局报告县政府、市农牧业局。

草原鼠虫灾情报告内容包括：草原鼠虫害种类，发生时间，地点，范围，危害及严重危害面积，采取主要对策措施等。草原鼠虫灾情报告由草原鼠虫害防治机构负责，报告材料须有明确日期和负责人签字、单位公章，不得虚报、瞒报、漏报灾情。

4. 防治实施

草原鼠虫害应急防治由县草原鼠虫害防治领导小组组织实施。自治区级、市级防灾应急机构根据灾情在物力、财力、技术上给予支持。

灾情发布：县草原鼠虫害防治领导小组负责灾情的发布。未经草原鼠虫害防治指挥机构批准，不得自行发布灾情。

应急结束：当草原鼠虫害防治结束后，由县草原鼠虫害防治领导小组报告县人民政府，决定应急解除。

5. 应急防治措施

县草原鼠虫害防治领导小组必须以科学发展观为指导，坚持"以防为主，防治结合"的方针，采取多种有效的防治措施。应结合科技推广培训工作，积极宣传，强化农民群众的防灾减灾意识；积极争取计委和财政部门的支持，加大草原鼠虫害监测预警和防治基础设施建设的资金投入，提高防治草原鼠虫害的应急能力；应积极组织研发、储备和推广草原鼠虫害防治新技术、新产品；应根据草原鼠虫害发生规律，确定防治重点，研究制定草原鼠虫害防治关键时段、重点地区和薄弱环节的有关措施，努力防止灾害的暴发和蔓延，将灾害损失减少到最低限度。

6. 资金物资保障

防治经费采取自治区、市、旗县级共同筹措的方式。防治药物主要由自治区及市级筹措资金购买，其他费用由县财政和受益户自筹解决。储备灭蝗药品氯氰菊酯 10 吨，大型灭蝗机械 4 台（套）。

2015 年开鲁县草原蝗虫虫情监测与防控工作报告

一、虫情监测

5 月中旬以来，开鲁县陆续有蝗虫幼虫孵化出来，个别地方密度达到 12 头/平方米左右，但由于气候等原因，都没有长成成虫，没有形成危害。进入 6 月中旬，草原蝗虫幼虫在全县范围内均有不同程度的出现。6 月 17 日，草原站技术人员实地监测结果如下：

义和塔拉镇柴达木嘎查北（北纬 43°48′54″，东经 121°5′36″），草原蝗虫密度平均为 21 头/平方米，最多的地方超过 30 头/平方米。

建华镇原北清河乡大甸子村西南（北纬 43°55′24″，东经 121°13′55″），草原蝗虫密度平均为 23 头/平方米，最多的地方 30 头/平方米以上。并且已进入紫花苜蓿草地，对人工草地形成威胁。

建华镇原北清河乡嘎海庙村东北（北纬 44°4′24″，东经 121°19′59″），草原蝗虫密度平均为 5 头/平方米，密度比较低。

小街基镇富裕村北沼（北纬 44°3′13″，东经 121°24′42″），草原蝗虫密度平均为 13 头/平方米，密度中等。

根据各监测点监测人员报告，小街基镇原三棵树乡五家子村、开鲁镇原北兴乡全盛村等地草原蝗虫幼虫也有发生，密度都在 15 头/平方米左右。

基于此，开鲁县发生草原蝗虫灾害的可能性极大。建议各有关地区立即行动起来，密切关注草原蝗虫发生发展情况，积极防治，把草原蝗虫灾害消灭在萌芽状态。恳请县农牧业局争取专项资金，购置储备防治草原蝗虫专用药品和相关机械。

二、防控工作

开鲁县草原蝗虫防控工作取得了阶段性的胜利。全县各镇（场）共出动劳动力 1 315 人（次），机动车 1 037 台（次），防治机械 645 台（套），投入农药 10 吨，药物防治草原蝗虫面积 10 万亩，防控面积 20 万亩。其中，义和塔拉镇投入农药 3 吨，药物防治草原蝗虫面积 3 万亩，防控面积 5 万亩。东风镇投入农药 1.5 吨，药物防治草原蝗虫面积 1.5 万亩，防控面积 3 万亩。各镇（场）多措并举，防控结合，取得了非常好的效果。

经实地查看，各地的草原蝗虫防治工作都取得了很好的效果，草原蝗虫灭杀率达到了 95% 以上。全县草牧场草原蝗虫密度平均 13 头/平方米以下，有一大部分草牧场草原蝗虫密度平均为个位数，草原蝗虫密度基本上控制在了草原蝗虫防治标准以下。但个别草牧场上草原蝗虫密度仍然很高，不断有新的蝗蝻孵化出来，发生草原蝗虫灾害的可能性还很大，潜在的威胁还在，不能有丝毫的懈怠，需要进一步做好实时实地监测预报工作，及时关注草原蝗虫虫情的发生发展情况。应将监测预报和积极防治相结合，全面做好开鲁县草原蝗虫防控工作。

2017 年开鲁县草原灭鼠工作的新高潮

2017 年 5 月 18 日，县草原站在义和塔拉镇新柴达木嘎查北北纬 43°48′54″，东经 121°5′36″处，利用 D 型肉毒梭菌毒素进行草原灭鼠试点工作。借此掀起全县草原灭鼠工作的新高潮。

D 型肉毒梭菌毒素是一种新型生物灭鼠剂，对高原鼠兔、鼢鼠、草原鼠、家鼠均有毒杀作用。具有毒性强、用量少、成本低、无二次中毒、适口性好、见效快、不污染环境、对人畜安全、使用方便等特点。

根据灭鼠剂使用说明中的毒饵配制方法，选择配制浓度为 0.1%。按 1 千克小麦加 1 毫升的 D 型肉毒梭菌毒素的比例配比，加入警戒色，再加入适量的水充分搅拌均匀，制作成灭鼠毒饵料。

实际操作时，50 千克小麦加入 50 毫升的 D 型肉毒梭菌毒素，加 4 千克水，加警戒色适量，充分搅拌均匀，制作成灭鼠毒饵料。按每公顷草原面积投放灭鼠毒饵料 3 000～3 750 克，也就是每亩投放灭鼠毒饵料 200～250 克。

利用大型的灭鼠投饵专用机械，采取点线结合，打隔离带、封锁带的形式，一次性投饵，防治草原鼠害发生的技术措施。

根据县草原站鼠害监测和预报情况，2017年全县鼠害发生危害面积50万亩，严重危害面积20万亩。计划全县灭鼠总面积在10万亩以上。

按照内蒙古自治区农牧业厅、通辽市草原站《关于切实做好2017年草原鼠虫害防治工作的通知》精神，为了准确地预测2017年开鲁县草原鼠害的发生发展情况，便于采取相应的防治措施，3月下旬对全县北沼、太平沼、保安沼的草牧场鼠害情况进行了测定，共随机抽取了20个样方以查有效洞法进行测定。结果表明：开鲁县常见鼠种为长爪沙鼠。北沼的义和他拉镇、建华镇的部分草场每公顷有效洞口数平均510～630个，危害较重。全县危害面积50万亩，严重危害面积20万亩。

为了切实做好2017年的草原鼠害的防治工作，成立了开鲁县草原鼠虫害防治领导小组，制定了防治方案。由县草原工作站负责全市草原鼠虫害防治的技术指导；承担全县草原鼠虫害监测和等级确定；及时分析反映全县草原鼠虫害发生趋势和防治情况；提出全县草原鼠虫害防治措施及建议；协助组织全县草原鼠虫害防治工作。负责组织统一购买和供给农药机械检查指导防治工作、验收防治效果。

自4月下旬鼠害发生后，通辽市草原站及时下拨灭鼠药品，立即对鼠害发生地投药灭鼠。采取生物防治的方法，对发生鼠害较为严重的义和塔拉镇的北沼草牧场进行重点防治。抓住草原害鼠活动频繁但食物缺乏时期，在鼠洞、鼠道和鼠类经常活动的场所投放毒饵，毒饵由生物制剂D型肉毒素原液按照0.1%的比例兑水喷洒到小麦上，制成毒饵，每亩投毒饵100克左右，同时采用大型机械防治，在农田边缘、农牧交错地带都可灵活运用，节省了人力物力，起到了较好的灭鼠效果。

经过半个多月的努力，全县共投放灭鼠药品2吨，投入人工63人（次），出动机动车59台（次），已在建华镇、义和塔拉镇进行生物防治面积5万亩，控制面积10万亩，灭效率为94.3%，使草原鼠害的发生发展得到了有效控制。

工作建议：

一是继续做好草原鼠害的监测工作。在每年春季对重点草牧场进行重点监测，并及时上报，便于发生鼠害时及时防治。

二是在药物灭鼠的基础上，采取标本兼治的措施，加强草原建设，围栏封育，建立人工草地的方法，改变鼠害发生地的环境条件，从根本上消除鼠害的发生。

三是加大资金的投入。由于防治资金、物资的缺乏，部分发生鼠害的草牧场得不到有效的防治，建议各有关部门应加大防治鼠害的投入力度，以取得较好的防治效果。

3. 草地螟防治情况

2014年草地螟成虫在开鲁县普遍发生

5月下旬以来，县草原站对北沼草牧场、林间草地、人工草地、农田与草牧场交错地带等重点地区和地块进行了越冬代草地螟成虫发生情况调查。在建华镇北部、开鲁镇北部、义和塔拉镇北部、东风镇南部的草牧场上均有草地螟成虫发生，尤其以人工草地发生情况为重。其中东风镇南部刘林和建华镇北部张文柱两家的紫花苜蓿草地越冬代草地螟成虫发生情况最为严重，最高百步惊蛾 1 000 头左右，最低 70 头左右，平均百步惊蛾 400 头左右，雌雄比例为 1:1，报卵级别：2 级占 30%，3 级占 70%。据开鲁县中心植保站 5 月 25 日测报，单灯诱蛾量达 12 000 头，雌雄比例为 1:1，报卵级别：1 级占 12.5%，2 级占 40%，3 级占 47.5%。5 月的气候条件和蜜源植物的长势都比较有利于草地螟成虫产卵和卵的孵化，草地螟幼虫在开鲁县有大发生的可能。下一步，县草原站将继续做好草地螟虫情测报工作，加强与农牧民义务测报员的联系，加大虫情测报工作力度。同时也恳请上级业务部门在资金和灭虫药品调拨上给予大力支持。

2014 年开鲁县草原蝗虫防治工作总结

一、草原蝗虫虫情发生发展情况

为了准确地预测 2014 年开鲁县草原虫害的发生发展情况，根据上级业务部门的安排，县草原站成立了专门的草原蝗虫虫情测报组织，于春季对全县的草牧场进行了虫情测定。其中，对前几年连续发生虫灾较重的义和塔拉镇、建华镇的草牧场进行了重点监测。在相应的嘎查（村）及牧铺设立测报员，提高了蝗虫测报的准确性。从 2013 年秋季到 2014 年夏季，市、县业务部门实地测查虫卵 3 次，了解蝗虫越冬及孵化情况。结果表明：全县草原蝗虫卵平均卵块数为每平方米 1.1 个，平均卵粒数 24.5 粒，虫卵越冬率为 70.9%。

自 6 月中旬以来，由于持续的潮湿高温天气，蝗虫卵陆续孵化，到 7 月初，开鲁县草原蝗虫大面积发生，蝗虫种类主要为亚洲小车蝗，平均密度每平方米 30 头，最高的每平方米 80 头。主要涉及小街基镇、建华镇、义和塔拉镇、开鲁镇、东风镇、幸福镇等地。全县草原蝗虫发生面积为 118 万亩，其中严重危害面积 60 万亩，危害饲料地及农田面积 60 万亩。小街基镇草原蝗虫发生面积 30 万亩，严重危害面积 20 万亩，危害饲料地及农作物面积 20 万亩。义和塔拉镇草原蝗虫发生面积 35 万亩，严重危害面积 10 万亩，危害饲料地及农作物面积 10 万亩。幸福镇草原蝗虫发生面积 5 万亩，严重危害面积 3.7 万亩，危害饲料地及农作物面积 3 万亩。建华镇草原蝗虫发生面积 25 万亩，严重危害面积 13 万亩，危害饲料地及农作物面积 15 万亩。开鲁镇草原蝗虫发生面积 13 万亩，严重危害面积 6.5 万亩，危害饲料地及农作物面积 9 万亩。东风镇草原蝗虫发生面积 5 万亩，严重危害面积 3 万亩，危害饲料地及农作物面积 1 万亩。保安农场草原蝗虫发生面积 5 万亩，严重危害面积 3.8 万亩，危害饲料地及农作物面积 2 万亩。

二、草原蝗虫防治工作情况

草原蝗虫发生后，市草原站及时下拨灭蝗药品 4.5% 氯氰菊酯 5 吨、苦参碱 1 吨，并指派专门的技术人员到开鲁县实地指导蝗虫防治工作。县委、县政府高度重视，拨出专项资金 50 万元，购买专用防治草原蝗虫的药品，一定程度上缓解了草原蝗虫防治药品不足的矛盾。县农牧业局协调辛硫磷 6 吨。灭蝗药品及时下放到有关镇（场），对蝗虫虫情较重、虫口密度大、危害较严重的草牧场进行重点防治。从 6 月 30 日开始，全县草原蝗虫防治工作全面展开，至 8 月 10 日防治结束，历时近一个半月。全县共出动劳动力 6 752 人（次），机动车 1 089 台（次），大型喷雾机械 236 台（套），背负式喷雾器 1 320 台（套），投入灭蝗农药 30 吨，总投资 711.6 万元（包括人工、车辆燃油等费用），进行药物灭蝗的草原面积 80 万亩，使草原蝗虫的发生发展得到了有效控制。其中小街基镇防治面积 26 万亩，出动人员 2 230 人，出动机动车 368 台（辆），出动大型防治机械 77 台（套），投入药品 9.6 吨，投入资金 234 万元。义和塔拉镇防治面积 23 万亩，出动人员 1 606 人，出动机动车 320 台（辆），出动大型防治机械 68 台（套），投入药品 8.7 吨，投入资金 207 万元。幸福镇防治面积 3 万亩，出动人员 381 人，机动车 50 台（辆），大型防治机械 8 台（套），投入药品 1.1 吨，投入资金 18.6 万元。建华镇防治面积 20 万亩，出动人员 1 020 人，出动机动车 235 台（辆），出动大型防治机械 60 台（套），投入药品 7.5 吨，投入资金 180 万元。开鲁镇防治面积 4 万亩，出动人员 460 人，出动机动车 61 台（辆），出动大型防治机械 12 台（套），投入药品 2 吨，投入资金 36 万元。东风镇防治面积 2 万亩，出动人员 650 人，出动机动车 29 台（辆），出动大型防治机械 6 台（套），投入药品 0.8 吨，投入资金 18 万元。保安农场防治面积 2 万亩，出动人员 405 人，出动机动车 26 台（辆），出动大型防治机械 5 台（套），投入药品 0.8 吨，投入资金 18 万元。

　　小街基镇为有效控制虫害的蔓延，控制虫害的危害，先后多次召开镇村干部会议，安排部署防虫工作。一是做到统防统治与自防相结合。动员各村各户统一时间喷洒药物，发挥全民参与的作用，村集体出动机动车重点喷洒公共地块，各户出动机车做好自家地块的药物喷洒。二是保证人员、技术到位。在包村干部全部到位的同时，每片配备一名农业技术人员指导灭虫工作，实地发放明白纸，指导药物配比，确保药物喷洒科学，保证人畜安全。三是保障防虫物资到位。自虫害发生以来，先后 3 次向草原站、农业推广中心等部门申请，共调拨发放农药 11 吨，全部登记造册，发放到受灾户手中，防止虫害损毁草场、农田。

　　义和塔拉镇成立了由镇长为组长、分管领导为副组长、农科站人员和包村镇干部为成员的领导小组，单独召开会议安排此项工作，县草原站技术人员多次深入实地查看并讲解蝗虫的危害性和如何防治，并发放防虫药物，安排一辆大型喷药机车，及时进行蝗虫防治。对涉及蝗灾的 13 个嘎查（村）、10 万亩耕地、35 万亩草牧场，通过嘎查村集中防治、农牧户自防等形式，取得了较好的防治效果。

　　防治方法：抓住蝗蝻 3 龄前防治最佳时期进行灭杀。防治药剂以 4.5% 高效氯氰菊酯乳油为主，亩用量为 30～45 毫升。在灭杀前采集蝗虫标本，确定蝗虫的种类和年龄，确定灭蝗面积及路线。3 龄以上的蝗蝻及成虫，则适当加大药剂的浓度，亩用量为 50～60 毫升。喷药后 24 小时与 48 小时，及时检查灭蝗效果，观测灭效。

　　三、防治措施

　　一是强化领导，周密组织。县、镇、村分别成立了由主要领导任组长的草原蝗虫防治工作领导小组。发生蝗灾后，县草原蝗虫防治工作领导小组立即下拨灭蝗药品，包片技术人员及时奔赴蝗灾发生地指导灭蝗，各镇场蝗虫防治领导小组以村为单位，统一组织人力、物力、财力，统一调配防治药品及器具进行集中防治。自治区草原站、市农牧业局、市草原站、县委及政府等相关部门的领导和技术人员也亲临灭蝗现场，指导协调，保证灭蝗工作顺利开展。

　　二是积极筹集防治物资。在防治重点区域多渠道积极筹措资金及药品，本着"谁受益，谁出力"的原则，鼓励农牧民投资投劳，加大了自筹投入力度，扩大了防治面积。

　　三是做好技术保障工作。及时制定《开鲁县草原蝗虫防治方案》，落实和完善了虫情报告制度。指定专人值班，每周上报 1 次虫情发生及防治情况。对发生蝗虫密度较高的草牧场要全面喷洒灭蝗药品进行灭杀。对于人工草地、青贮及饲料田的周边以及与农田交错地带周围的草牧场进行药物防治，以防止草原蝗虫危害人工草地及农作物。县草原站技术人员采取分片包镇场划分责任区的方式，在发生蝗灾的草牧场进行现场技术指导，并根据工作实绩进行考核奖惩。

四、存在问题

一是资金问题。由于开鲁县近几年草原虫害发生面积大，资金不足成为防治蝗虫的限制因素，防治方法只能以农牧民自有的小型喷洒机械为主。

二是开鲁县属农牧交错地带，草原蝗虫直接威胁农田，不利于大型机械作业，只能依靠背负式喷雾器进行药物灭蝗，导致灭蝗速度缓慢。

三是灭蝗药品机械等物资较为紧张，不能满足草原虫害防治工作的需要，蝗虫防治的机械化水平及装备急需加强。

四是配药比例问题。要求使用的防治草原蝗虫的药品与水的比例是 1∶1 500，可是在实际操作中，各户随意加大喷洒药品的比例，防治草原蝗虫效果立现，但浪费草原蝗虫防治药品也是不容忽视的。本次灭蝗投入的灭蝗农药统计报表上报数量为 30 吨，实际使用农药量在 40 吨以上。

五是"等、靠、要"现象。草原蝗虫灾害发生后，各个地方的行动不尽一致。错过了草原蝗虫防治的最佳时期，也影响了草原蝗虫防治的整体效果。首先是药品不足，县委、县政府高度重视，拨出专项资金 50 万元，购买专用防治草原蝗虫的药品，一定程度上缓解了草原蝗虫防治药品不足的矛盾。其次是喷洒药品的机械问题，多年以来，防治草原蝗虫喷洒药品的大型机械太少，只能利用农牧民已有的小型喷洒机械，效率低，效果不明显，同时浪费药品。实际防治面积与应该达到的防治面积相差很远，只能达到 50% 左右。再就是药品和机械都到位的情况下，防治草原蝗虫所产生的各项费用随之而来。

总之，草原蝗虫灾害突发性强，发生时期、虫龄极不统一，防治起来困难很大，所以防治费用巨大，特别是如若药品、机械及人工费用等问题不能很好地解决，会极大程度地影响草原蝗虫灾害的防治工作。

五、工作建议

一是切实做好 2014 年秋季的查虫卵及次年春季的虫卵越冬情况测查和虫卵孵化测报工作，采取预测预报、监测与防治相结合的办法，控制草原虫害的发生。

二是相关部门应加大草原防治资金的投入力度，购置 7~8 台大型机动喷雾机及一定数量的背负式机动喷雾器，以便发生虫灾时及时有效地扑灭。

三是草原蝗虫灾害重点发生在草原上，对农田来说，只是有潜在的威胁，目前还没有发现有实质性的危害，关键还是草原蝗虫防治。所以，加大草原上的草原蝗虫的防治力度才是根本。

附：草原蝗虫防治知识简介

草原蝗虫发生期：在开鲁县，每年 5 月中旬至 6 月下旬，是草原蝗虫虫卵的集中孵化时期，一旦环境条件适宜（如高温潮湿），草原蝗虫便有了大面积发生发展的可能。经观察确认，每平方米范围内实有的蝗虫数量达到 10~20 头，并且发生面积较大时，应当立即向所在的当地政府或县级主管部门报告虫害发生位置、危害情况。

草原蝗虫防治重点：一是对发生蝗虫密度较大的草牧场要全面喷洒灭蝗药品进行灭杀；二是对于人工草地、青贮及饲料田进行严防死守，以防止草原蝗虫危害人工草地及饲料作物；三是对与农田交错地带的草牧场进行药物防治，设置防虫隔离带。

草原蝗虫防治方法：草原蝗虫发生后，要抓住蝗蝻 3 龄前防治的最佳时期进行灭杀。集体组织、集中防治。主要利用药物防治的方式，药物以 4.5％的氯氰菊酯乳油为主，亩用量 35～45 毫升，常量喷雾药水比例为 1∶（1 000～1 500）。喷雾机械可采用大型喷雾机、背负式机动喷雾机及手动喷雾机 3 种。小型防治机械并排行走作业。喷洒农药时间一般在上午或下午，避开中午阳光强烈照射以及雨天。防治人员要穿上防护服，戴上口罩及手套，要缓慢地往容器内倾倒药液，小心不要溅到皮肤及脸上。喷药结束后，用肥皂水清洗沾染农药的部位，要按规定的路线前进，行走方向要与风向垂直。不许出现未喷药的空白地带，影响防治效果。

在防治过程中，本着"节约用药、安全用药"的原则，确保防治效果，杜绝事故发生。喷药后 24 小时与 48 小时，及时检查灭蝗效果，观测灭效。防治区域应及时发出通告、设立警告牌，实施灭虫区域禁牧 15～20 天，防止人畜中毒。

二、开展草地监测与草原普查，科学管理草原

（一）人工草地监测

主要包括多年生牧草的返青监测、生长状况及产量监测，一年生牧草的生长状况及产量监测。每年春季调查多年生牧草返青状况，发现问题及时上报。夏、秋季对牧草的生长过程及产量进行测定，进行分析对比，保证牧草正常生长。

（二）毒害草监测

外来入侵生物少花蒺藜草和刺萼龙葵发生面积逐年扩大，已威胁到开鲁县的生态安全。因此，弄清楚毒害草的生长特点、分布区域、危害状况极为重要，为今后有效控制毒害草的发生与防控提供数据支撑。对全县外来入侵生物发生发展情况进行了实地勘察，明确了危害面积及发生发展情况，制定了开鲁县外来入侵生物防治实施方案。

（三）草原普查工作

为了全面掌握草原资源现状及动态变化，落实《草原法》关于进行实行草原调查统计制度的规定，及时为草原资源保护与生态建设提供最新的本底数据，2009—2010 年，按照自治区草原普查领导小组的安排部署，在全县范围内进行一次全面的草原普查。查清全县草原资源状况，测算草原产草量及载畜能力，分析评价近 20 年来草原资源变化情况。

普查结果：参加草普技术人员 25 人，出动车辆 42 台（次），完成主样地观测 26 个，观察样地 54 个，描述测产样方数 78 个。2009 年 10 月开鲁县草原普查外业调查任务圆满完成，通过了自治区专家组的验收并获得好评，被评定为优秀。草原普查数据及图表资料等已全部通过自治区有关部门的验收和认定。本次调查，主要成果有：开鲁县草场资源调

查报告、开鲁县"三化"草场调查报告、全县草原类型图、草原"三化"图和草场等级图、草场等级、现状、类型的面积和生产力统计资料。通过这次草原普查，摸清了开鲁县天然草原面积及利用情况，为今后全县合理地利用草原和进行畜牧业生产提供科学依据。经普查，开鲁县现有草原总面积195.89万亩，可利用草原面积169.42万亩，分为2个大类、5个亚类、18个型。

（四）重点监测普查情况报告及简报

开鲁县紫花苜蓿受灾情况调查报告

一、调查时间

2014年5月5—8日。

二、调查地点

2013年种植紫花苜蓿500亩以上的地块。

三、基本情况

2013年开鲁县新种紫花苜蓿2万亩，种植品种有"敖汉苜蓿""阿尔冈金苜蓿""WL319苜蓿"等。据调查情况看，牧草普遍返青率较低。张文柱奶站的苜蓿草地、正昌草业的部分草地未返青；新华化工靳福成的草地部分返青，返青率在40％左右；开鲁镇的王洪元草地返青率在10％左右；林辉草业刘林2013年新种的3500亩紫花苜蓿，返青不足千亩。未返青草地主要表现为根系生长点普遍腐烂，导致死亡。预计全县受灾死亡紫花苜蓿面积在1万亩左右。

四、受灾原因

由于不同品种的苜蓿均有受灾，可以排除种子本身的问题，死亡原因主要是外部气候环境。目前认定的死亡原因是2013年冬季降雪太少，气温较低，非常干旱，为历年少见。2014年4月初到5月初牧草返青时，又遇罕见的倒春寒，气温骤降至零度以下，并且如此反复几次，致使根系刚刚萌发的生长点被冻死，造成苜蓿死亡。另外，部分草地缺少及时有效的灌溉设备，牧草灌溉不及时，降低了草地抵御自然灾害的能力。风吹沙打也是紫花苜蓿草返青率低的一个重要原因。有的地块风蚀非常严重，甚至整个耕作层连带牧草根系都被风吹走。再就是盐渍化程度较高的地块，没有适宜紫花苜蓿草的种植条件，不仅当年新种的未返青，原有保存面积中也有部分没有返青。

五、工作建议

一是要种植适合当地的种子，从开鲁县十几年的种植情况看，敖汉苜蓿具有抗寒抗旱、产量高的特性，适合大面积推广种植；二是要加强草地以节水灌溉配套设施为主的基础建设，增强草地抵御各种风险的能力；三是要通过耕作、浇冻水等措施提高紫花苜蓿抗灾越冬能力，保证返青率。

优质禾本科牧草——燕麦草

燕麦草又叫铃铛麦，多年生禾草，须根入土深，草呈棕黄色。燕麦草用途广泛，既可做药材，也可作饲料，还具有观赏价值。近年来，随着人工草地的建立，燕麦开始在各地大量种植，发展很快，已成为当地枯草季节的重要饲料来源。燕麦籽粒中含有较丰富的蛋白质，其脂肪含量大于 4.5％，比大麦和小麦高 2 倍以上。其籽粒粗纤维含量高，能量少，营养价值低于玉米，适合于喂马、牛，不常作猪、禽的饲料。青刈燕麦则柔嫩多汁，适口性好，无论作青饲、青贮或调制干草都适宜。燕麦除饲用外也可食用，是营养价值较高、易消化的优质食品。

燕麦干草作为我国国产化的优质禾本科牧草，解决了国内奶牛养殖普遍出现的粗饲料比重低，奶牛利用年限短、淘汰率高，牛奶成本高"三大门槛"问题。在奶牛日粮中添加燕麦草，既可满足奶牛营养需要，提高奶产品品质，又可显著提高奶牛对粗饲料的利用率。降低饲养成本。泌乳奶牛粗饲料的最佳配比是全株青贮玉米＋优质苜蓿＋燕麦干草（或其他禾本科干草）。

燕麦草由于其含糖量高，适口性好，植株高大，茎细，叶量较多，宜于刈割后调制干草。含粗蛋白质中等，无氮浸出物丰富，粗纤维含量中等同其他植物纤维来源相比，燕麦干草的中性洗涤纤维的含量更低，并且比其他含更高中性洗涤纤维的干草更为适口。燕麦干草口味很甜，并富含高度的水溶性碳水化合物（WSC≥15％，进口苜蓿一般在 9％）。燕麦干草有近似黑麦草的含糖量，但更具有适口性和饲料价值，拥有"甜干草"的美誉。

另外，燕麦干草的钾含量平均低于 2％。这对于奶牛业主调饲料的配份是相当重要。更低含量的钾同时能降低因食用包括燕麦干草在内的饲料而引起的产乳热的风险。

2016 年 6 月 20 日，开鲁县草原站技术人员对林辉草业当年新种植的 2 200 亩燕麦草生产能力进行了测定。随机选择了 6 个 GPS 点，10 个样方，测得平均株高 85 厘米，鲜重 4.5 千克/平方米。亩产鲜草 3 吨，折合干草 0.66 吨/亩。

外来入侵生物——刺萼龙葵发生发展情况

开草字〔2017〕8 号

县农牧业局：

2017 年 8 月 21 日，县草原站技术人员对街基镇三棵树村（原三棵树乡三棵树村），外来入侵生物——刺萼龙葵发生发展情况进行了实地勘察。勘察结果如下。

地理坐标：北纬 43°48′40″—43°50′1″，东经 121°39′30″—121°41′58″，刺萼龙葵均有不同程度的分布。

地理坐标：北纬 43°48′51″—43°49′40″，东经 121°39′35″—121°40′58″，为刺萼龙葵发生的核心区域。

开鲁县刺萼龙葵发生的区域范围如图 3-1 所示。

刺萼龙葵发生的核心区域近 5 000 亩，现已向外扩展，形成优势种类和景观植物的区域面积已经扩展到近 7 000 亩。另外，随着人员的流动和放牧牲畜活动范围的扩大，向外扩展的趋势已相当明显。

目前，刺萼龙葵还没有能够彻底治理的方式方法，只能进行试验性的药物治理。

工作建议：针对街基镇三棵树村刺萼龙葵发生发展情况，建议采取人工机械翻耙加喷洒除草剂相结合的方式，进行彻底的、决定性的灭杀刺萼龙葵处理。同时，头 3 年种植单子叶禾本科的农作物，起到生物压制的作用，收效会更好。诸如青贮玉米、大麦、燕麦

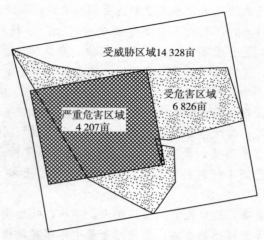

图 3-1 刺萼龙葵发生的区域范围

等,可以选择喷洒除杀双子叶植物的除草剂。可使用 200 克/升规格的氯氟吡氧乙酸 70 毫升/亩或 41％草甘膦 366 毫升/亩,也可根据当地用药品种习惯选择高效化学药剂进行行间茎叶喷雾防治。据观察,刺萼龙葵具有出苗不整齐的特点,一般在降雨后会有一个出苗的小高峰,根据出苗情况可适时进行 2～3 次施药防治。

3 年以后,可采取替代防治的方式方法:种植沙打旺、沙棘、紫穗槐、紫花苜蓿、羊草、披碱草等植物,生长速度快,且多年生,易形成密丛,种植后可对刺萼龙葵有良好的控制效果,也可提高牧草产量,一举两得。从而以人工草地确权的形式,确定为基本草原。

据实地考察,麦新镇区域范围内刺萼龙葵主要以南河(西拉木伦河)、北河(新开河)这 2 条河流的河床、河滩地为主要分布入侵的地域。西至好力歹村以西,东至团结村以东,有不断延伸趋势。南河河滩地、迎水坝上的分布以十三排村南边的河段为重要发生地。2017 年遇上了十几年未有的河水冲刷,刺萼龙葵呈现零星分布趋势,绵延几千米,面积无以计数。北河以团结村北河滩地最为严重,集中成片有 300 亩范围。刺萼龙葵已形成绝对的优势种类和景观植物,并且沿着入村的水泥路两侧蔓延至团结村的村屯内。据当地人介绍,在林间、田间地头也已经有所发现,蔓延趋势明显。

刺萼龙葵在麦新镇蔓延入侵扩散,主要是人们还不认识该物种,还不知道其潜在的巨大的危害性。而且该物种开黄色的花朵,十分鲜艳好看,人们并没有把它当作毒害草来看待。

刺萼龙葵在麦新镇蔓延入侵扩散,以南北河两条河流的河滩地为主要的入侵扩散地域,隐蔽性非常的强。

目前,全县还缺少必要的防护意识和防除措施,没有从根本上树立彻底铲除刺萼龙葵在麦新镇蔓延入侵扩散的源头,没有采取坚决果断的措施及切实可行的办法,坚决彻底的消灭刺萼龙葵。

开鲁县草原普查工作实施方案

根据《中华人民共和国草原法》有关规定,自治区人民政府决定利用 2 年时间

（2009—2010 年）在全区范围内进行 1 次全面的草原普查。为保证草原普查工作高效、有序、顺利开展，通辽市人民政府办公厅发布《关于印发通辽市草原普查工作实施方案的通知》，结合开鲁县实际，特制定本方案。

一、草原普查任务

本次调查的草原范围是指《中华人民共和国草原法》所界定的草原，主要普查任务是：查清全县草原资源状况，主要包括草原类型、面积、分布、群落特征、生产能力、载畜量、草原等级；调查草原生态状况，包括退化、沙化、盐渍化空间分布及面积；调查草原利用现状，包括利用方式、利用强度，开垦、占用情况以及草原保护、建设情况等；完善草原数据库系统，逐步搭建不同尺度的数据库管理共享平台。

二、技术方案

（一）技术流程

在"3S"技术的支持下，采用地面调查结合遥感信息提取的方法，以遥感卫星数据为主要信息源，依据地面 GPS 定位调查数据，对照历史图件、统计资料及气象资料等，按调查内容及技术要求，对全县草原数量、质量状况及其变化趋势进行翔实调查。

（二）调查方法

1. 收集资料

主要收集资料包括：植被图、草地资源图、土地利用图、土壤图、气候图等；动植物名录，濒危、保护以及其他具有重要生态或经济价值的动、植物资料；气象、水分、土壤等资料；农牧业等经济社会发展规划；购买遥感影像、基础地理数据等。

2. 地面调查

调查路线要横穿主要地形要素及草原各类型的主要断面，选择典型地段布设样地。地面调查以样方调查为主，采用重点区域均匀布点结合路线调查进行，主要获取草原植被特征、草原分布界线、草原类型、覆盖度、产草量、地表状况以及水文、土壤等要素。草原类型调查选择草原利用方式变化小和各类草原典型地段设置调查样地；草原退化、沙化、盐渍化调查按退化、沙化、盐渍化梯度变化分别布设调查样地，进行植物群落及土壤的相关指标调查及化验样品的采集，以及草原基本情况的访问调查等。

3. 遥感调查

遥感的信息提取方法包括遥感判读与植被指数计算。利用遥感影像判读的方法，调查草原各项内容的面积与空间分布状况；应用遥感植被指数值结合草原类型图，估测草原类型的产草量。草原类（亚类）型及退化、沙化、盐渍化的遥感调查，主要利用 2009 年 TM 卫星假彩色波段合成图，依据地面调查建立的遥感影像判读标志，进行草原状况遥感判读及图形编辑。产草量遥感调查，采用近期 MODIS 卫星植被指数最大值合成图，参考部分 TM 植被指数图，建立地面牧草产量与植被指数值对应的关系，估测产草量。

4. 数据整理与精度验证

数据整理及统计：按照统一标准，分别按调查内容进行原始调查数据的电子化、制作各类图件、数据汇总统计，以及不同时期调查数据的对比分析等。成果精度验证：对调查的结果，采用抽样检查的方法，到实地直接验证结果的准确性；依靠其他来源的数据与本次调查结果相对比验证。终审：由有关方面专家组成审核小组，对调查成果进行抽查、修正，直到合格。依照相关法规及政策，及时公布本次调查成果。

（三）技术要求

严格执行国家及行业相关标准和技术规程，并根据需要制定和完善技术规程。

基础底图采用 1∶100 000 或 1∶50 000 地形图，遥感数据以 TM 影像数据为主，ETM、SPOT 影像数据为辅助。遥感影像几何校正精度误差不超过 2 个像元，图斑解译过程中边界漂移小于 2 个像元。样地密度根据调查区域的自然、交通条件和影像特征确定。一般平均 100～150 平方千米布设 1 个样地。

图件采用 1∶100 000 或 1∶250 000 比例尺，最小图斑面积为 1∶100 000 比例尺图件为 10 平方毫米，1∶250 000 比例尺图件为 4 平方毫米，面积平差根据国家测绘规范、规定进行，误差小于 1％；草地类型划分精度达 95％以上；产草量测定精度达 90％以上；草原退化调查精度达 85％以上。

（四）草原数据库系统建设

在结合已有的数据库基础上，根据本次调查建立的数据库规范全县草原信息管理系统，逐步开展镇场等不同尺度的数字化草原体系的建设。实现信息输入、查询检索、数据处理、信息发布等功能的草原信息化管理。

三、调查成果

开鲁县草原资源调查报告。开鲁县草原退化、沙化、盐渍化调查报告。开鲁县草原资源类型图。开鲁县草原资源等级图。开鲁县草原退化、沙化、盐渍化分布图。开鲁县草原资源数据库。

四、组织保障

为保证开鲁县草原普查工作如期保质保量完成，县政府成立以分管副县长为组长的草原普查工作领导小组，领导小组办公室设在县农牧业局，办公室主任由县农牧业局副局长同志兼任。领导小组负责草原普查组织领导，协调解决草原普查重大问题。办公室主要职责是落实领导小组决定的事项，组织调查队伍，编制工作方案，培训技术人员督促检查普查进度和质量。

五、工作进度

按照自治区人民政府的要求，草原普查工作于 2009 年 2 月开始，到 2010 年 12 月底完成。根据自治区及通辽市的统一部署，结合开鲁县实际，草原普查工作大体分为 3 个阶段进行。

1. 准备工作阶段

2009 年 6 月至 7 月初。这一阶段的主要工作是建立组织机构、制定工作方案、培训技术人员、落实工作经费、购置所需的仪器设备等。

2. 外业调查阶段

2009 年 7 月至 9 月底。这一阶段的主要工作是确定地面调查路线，布设样地，调查植被特征、草原类型、覆盖度、产草量、地表状况、水文土壤、草原"三化"等。

3. 内业工作与汇总阶段

2009 年 10 月至 2010 年 9 月；这一阶段的主要工作是整理调查结果，统计汇总、对比分析、绘制图件、成果精度验证、草原数据系统建设等。

2010 年 10 月进行自查自验，11 月汇总总结，接受内蒙古自治区及通辽市的验收。

六、技术保障

为了掌握先进的普查技术手段和方法，开鲁县组织专业技术人员参加自治区的草原普查工作集中技术培训，还要参加市里组织的草原普查技术培训。同时，内蒙古自治区及通辽市都分别成立了草原普查技术指导小组，由自治区内、外有关草原专家组成，主要负责草原普查的分类系统、技术规程的制定，解决调查过程中出现的技术疑难问题，并负责督促检查和验收工作。开鲁县草原普查办公室成立 4 个技术指导小组和 1 个后勤保障组。

附：县草原普查技术指导小组名单

第一组（负责保安沼）

组长：王国超（开鲁县农牧业局总畜牧师、草原股股长）。

成员：李忠秀、杨红军。

第二组（负责太平沼）

组长：郭福纯（开鲁县草原站站长）。

成员：李江洲、于连生。

第三组（负责北沼）

组长：于振清（开鲁县草原监理所所长）。

成员：郭晓庆、张秀玲。

第四组（负责农田周围零星草地）

组长：王海滨（开鲁县草原站副站长）。

成员：任树林、百岁。

后勤保障组（负责后勤保障、野外救援工作）

组长：韩纯明（县农牧业局副局长）。

成员：齐勇、李维喜。

七、资金保障

按照自治区人民政府的要求，本次草原普查工作经费按照分级负责的办法解决，开鲁县本级财政要根据工作实际需要安排，主要用于购买遥感影像、仪器设备、野外数据采集器；购买和收集复制相关资料；绘制县级地形图；培训普查技术人员和工作人员；技术指导组和督促检查费用支出等。要保证资金及时到位，确保普查工作保质保量顺利进行。

第二节　大力发展人工种草，缓解草畜矛盾，改善生态环境

人工种草是防止水土流失、改良土壤结构的有效措施，种草养畜将会有效缓解天然草原退化的压力，为畜禽提供更高效更经济的饲料来源，推进舍饲养畜的推广。积极开展优质牧草种植技术培训和牧草种子调运工作，加强人工草地的种植、灌溉、收割等田间管理工作，提升人工草地管理整体效果，充分发挥人工草地的效益，调动了广大群众种草养畜的积极性，保证了开鲁县人工种草种植工作的及时开展。开鲁县的多年生牧草品种以紫花苜蓿、中科羊草、沙打旺为主，饲用灌木以小叶锦鸡儿为主，一年生牧草以青贮专用玉

米、燕麦草为主。多年生牧草每年保存面积始终稳定在万亩以上，饲用灌木每年保存面积在 3 万亩以上，一年生牧草每年种植面积在 5 万亩以上。

一、围绕种草养畜，积极发展草业生产

为了满足人工种草对牧草种子和发展农区畜牧业对优质饲草料的需求，1999 年重点抓了 2 处牧草种子基地建设和 1 处引草入田、种草养畜试验示范基地建设。在太平沼林场建立了千亩草籽基地，种植品种为紫花苜蓿、沙打旺、锦鸡儿、草木樨。在原俊昌乡俊昌村建立了 500 亩优质牧草种子基地，种植品种为紫花苜蓿、沙打旺、草木樨。在原建华乡建立了"引草入田、种草养畜试验示范基地"，种植品种为紫花苜蓿、串叶松香草、小黑麦、籽粒苋、墨西哥玉米等 8 个品种，筛选出了适宜本地种植及饲喂的紫花苜蓿、籽粒苋、英国红玉米等品种。引草入田种植饲料饲草可以实现增草增收，促进农区草食家畜发展的有效措施，增加生产牛羊肉的能力，改变人们的食物结构，进而改变农业的产业结构。最终通过改变耕地农业系统，来减轻草原的压力。2000 年建立种畜场 400 亩紫花苜蓿种子基地，通过连续几年的管理和观测，牧草长势良好并收获种子，获得成功。2001年建立义和科技示范园，种植牧草 3 300 亩，种植品种为紫花苜蓿、沙打旺。经过几年的探索努力，种草养畜积累了一定的经验，2002—2005 年间，主抓了 400 个种草养畜示范户建设以及围绕畜牧业养殖基地建设，提高了人工种草的经济效益。

附：重点工作情况报告及简报

1999 年建华乡优质牧草引种情况报告

1999 年，开鲁县委、县政府对发展农区畜牧业十分重视，为了解决农区养畜的饲料问题，探索种草养畜的新途径，在建华镇建立了 80 亩引草入田试验示范基地，种植品种有豆科的紫花苜蓿；禾本科的墨西哥玉米、小黑麦、英国红玉米、美国白顶玉米、苏丹草；菊科的串叶松香草；苋科的籽粒苋计 8 种牧草，基地选在镇农科站及林场两处，阳光充足，土质肥沃，且均有井浇条件，利于牧草的正常生长发育。这几种牧草的引种情况介绍如下。

一、种植面积

开鲁县 1999 年各品种种植面积如表 3 - 2 所示。

表 3 - 2　开鲁县 1999 年各品种种植面积

单位：亩

品种	紫花苜蓿	串叶松香草	小黑麦	籽粒苋	墨西哥玉米	苏丹草	英国红玉米	美国白顶玉米
面积	20	2.5	3	30	8	9	6	1.5

二、各种牧草试验数据的测定方法

测定内容：各种牧草的生长发育时期及特点。

株高的测定：取 10 株样品，分别测定自然高度，取平均值。

亩保苗数测定：测定 1 平方米保苗数×667 平方米，重复 3 次，取平均值。

茎叶比的测定：分别测定单株茎、叶重量，再进行对比，重复 3 次。

平均单株重：分别取粗、中、细样本各 3 株，称重，取平均值。

鲜草产量的测定：玉米、籽粒苋用单株重×亩保苗数，其他牧草测定 1 平方米鲜草产量×667 平方米，重复 3 次。

种子产量的测定：玉米、籽粒苋用单株种子产量×亩保苗数，其他牧草测定 1 平方米牧草种子产量×667 平方米，重复 3 次。

三、测定结果与分析

（一）紫花苜蓿

5 月 17 日播种，播深 4～5 厘米，行距 40 厘米，覆土 1～2 厘米，播量 0.75 千克/亩，5 月 30 日出苗，6 月 8 日全苗。苗期株高 3.5 厘米；6 月 20 日进入分枝期，株高 35 厘米；7 月 15 日为初花期，7 月 28 日进入开花末期，株高 50 厘米，亩产鲜草 1 000.5 千克；9 月 18 日全部刈割，收鲜草 1 500 千克。由于是第一年种植，结实率低，因此未采收种子。

紫花苜蓿营养丰富，适口性强，易于消化，各种畜禽均喜食，开花期叶片中含粗蛋白质 23.00%～27.67%，可作为蛋白饲料饲喂牛羊且鲜草产量高。从第二年开始，每年平均产量均在 3 000 千克左右，饲喂基础母牛，可保持良好的膘情，适时发情。每日每头饲料配方：微贮饲料 10 千克，干秸秆粉 5 千克，紫花苜蓿（鲜草）3 千克，玉米面 0.25 千克，盐 0.05 千克。

（二）籽粒苋

5 月 17 日播种，播深 2～3 厘米，覆土 1～2 厘米，播量 0.15 千克/亩，行株距 50 厘米×30 厘米，6 月 15 日全苗。苗期株高 10 厘米，之后进入营养生长期，株高 23 厘米。7 月下旬进入开花盛期，株高 173 厘米，茎叶比为 2.1∶1，平均茎粗为 6.5 厘米，每株有叶片 22 片，平均单株重 1.3 千克，亩保苗 4 600 株，开花期亩产鲜草 5 980 千克。8 月中旬为结实初期，9 月 20 进行刈割，此时株高 238 厘米，茎粗 10.6 厘米，单株重 1.6 千克，亩产鲜草 7 360 千克，兼收种子 350 千克

籽粒苋为高蛋白饲料，鲜草产量、种子产量均很高，生育期 120 天左右，适于在本地生长，各种畜禽均喜食，尤其适合于打浆后喂猪，并可代替紫花苜蓿饲喂牛羊鹅等草食家畜，以补充维生素及蛋白质之不足。就其经济效益而言，开花期收鲜草出售，以每千克 0.20 元计算，每亩可收入 1 560 元（0.20 元/千克×7 800 千克），除去生产成本，每亩可纯收入 1 400 元左右。如果出售种子，按每千克 10.00 元计算，每亩可收入 3 500 元（350 千克×10.00 元/千克），除去生产成本，每亩可纯收入 3 400 元左右。

（三）小黑麦

4 月 3 日、4 月 15 日分别播种，播深 2～3 厘米、覆土 1～2 厘米，播量 6 千克/亩、7.5 千克/亩，行距 40 厘米，4 月 28 日同时进入全苗期。苗高 7 厘米，亩保苗数分别为 15 万株、18 万株。5 月 17 日进入分蘖期；6 月中旬开始抽穗，苗高 132 厘米，6 月末进入结实初期，亩产鲜草 550 千克；7 月 28 日完全成熟，亩收干秸秆 260 千克，种子 94 千克。小黑麦在本地生育期为 100 天左右，且播种时间比本地小麦要晚 10 天左右为宜，只适合于在抽穗初期刈割饲喂牛、羊，但由于其产量太低，导致效益低下，550 千克鲜草折

款 110 元（0.20 元/千克×550 千克），与生产成本相抵消，可以说无效益可言。

（四）串叶松香草

4 月 3 日、5 月 17 日播种，播深 5～6 厘米，覆土 2～3 厘米，播量 0.4 千克/亩，行株距 80 厘米×30 厘米。营养生长期平均株高为 16.0 厘米，亩保苗 6 000 株。第一年只生长丛生叶，第二年才能抽薹结实。故其生长发育及生产特性需进一步观察测定。

（五）墨西哥玉米

4 月 28 日播种，亩播量 1.25 千克，播深 7～8 厘米，覆土 4～5 厘米，行株距 40 厘米×40 厘米，亩保苗 4 000 株，5 月 17 日全苗。株高 6 厘米，6 月 7 日进入分蘖期，分蘖数 9 个，株高 30 厘米；7 月 10 日进入拔节期，平均株高 104 厘米，此时亩产鲜草 2 668 千克。9 月下旬进行刈割，在本地不能开花结实。

（六）苏丹草

5 月 17 日播种，亩播量 2.0 千克/亩，播深 4～5 厘米，覆土 2～3 厘米，行株距 40 厘米×20 厘米，亩保苗 10 672 株。5 月 25 日出苗；6 月中旬进入分蘖期，分蘖数为 5 株，6 月下旬进入拔节期，平均株高为 80 厘米；7 月中有进入开花期，7 月末为开花盛期，此时平均株高 267 厘米，亩产鲜草 2 600 千克；8 月中旬为结实初期，株高为 267 厘米；9 月末进行刈割收种，亩收秸秆 1 734 千克，种子 150 千克。生育期为 130 天左右。苏丹草可在抽穗初期进行刈割饲喂家畜，此时秸秆鲜嫩多汁，产量高，年可刈割 2～3 次，到结实期，秸秆质地较硬，宜于青贮后再进行饲喂，可作为夏季舍饲牲畜青饲料的来源之一。

（七）英国红玉米

4 月 28 日播种，亩播量为 2.5 千克，行株距为 40 厘米×30 厘米，播种 7～8 厘米，亩保苗 5 336 株。5 月 25 日进入全苗期，紧接进入拔节期，平均株高 108 厘米。7 月中旬为开花始期，7 月 28 日进入开花末期，此时平均株高 253 厘米，单株重 1.7 千克，亩产鲜草 9 071 千克。8 月中旬进入结实初期，株高为 3.17 米。9 月 20 日进行测产，亩产种子 1 344 千克，秸秆 3 354 千克。

英国红玉米生育期为 130～140 天，秸秆产量及种子产量均很高，适用于制作青贮饲料喂牛、羊等家畜。

（八）美国白顶玉米

5 月 17 日播种、亩播量为 2.5 千克，行株距为 40 厘米×30 厘米，播深 7～8 厘米，覆土 4～5 厘米，5 月 25 日全苗。亩保苗数 4 669 株，随之进入拔节初期，株高为 65 厘米。7 月 28 日为拔节末期，平均株高 239 厘米，亩产鲜草 9 338 千克。8 月中旬进入结实初期，9 月末进行刈割，结实期株高为 308 厘米，此时可收青秸秆 4 622 千克，种子 1 320 千克。

美国白顶玉米生育期 130 天左右，秸秆产量及种子产量都很高，而且在结实末期秸秆仍然很绿，特别适宜于青贮。

四、结论

由以上分析可以看出，紫花苜蓿、籽粒苋鲜草及种子产量都很高，蛋白质含量高，家畜喜食，适于本地引种种植，可解决青饲料和蛋白质饲料来源；英国红玉米、美国白顶玉米适宜于制作青贮饲料；墨西哥玉米、苏丹草适宜于在拔节期刈割饲喂；串叶松香草需进一步观测；小黑麦产量较低，效益较差，不宜种植。

1. 各种牧草播种日期及播量

各种牧草播种日期及播量见表 3-3。

表 3-3　各种牧草播种日期及播量

牧草品种	播种日期（月.日）	行距/厘米	播深/厘米	覆土/厘米	播量/（千克/亩）
紫花苜蓿	5.17	4	4～5	1～2	0.75
串叶松香草	4.3 及 5.17	80	5～6	2～3	0.4
小黑麦	4.3 及 4.15	40	2～3	1～2	6.0
籽粒苋	5.17	50	2～3	1～2	0.15
墨西哥玉米	4.28	40	7～8	4～5	1.25
苏丹草	5.17	40	4～5	2～3	2.0
英国红玉米	4.28	40	7～8	4～5	2.5
美国白顶玉米	5.17	40	7～8	4～5	2.5
鲁梅克斯	5.27	60	2～3	1～2	0.01

2. 各种牧草生长发育时期及特点

各种牧草生长发育时期及特点见表 3-4。

表 3-4　各种牧草生长发育时期及特点

牧草品种	生长时期	株高/厘米	鲜草产量/（千克/亩）	种子产量/（千克/亩）
紫花苜蓿	分枝期	35		
串叶松香草	营养生长期	16		
小黑麦	结实期	132	260	94
籽粒苋	营养生长期	23		
	开花期	173	7 800	
	结实期	238	4 200	350
苏丹草	拔节期	80		
	开花盛期	267	2 668	
	结实期	267	1 734	150
墨西哥玉米	分蘖期	30		
	拔节期	104	2 668	
英国红玉米	拔节期	108		
	开花末期	253	9 071	
	结实期	317	3 354	1 344
美国白顶玉米	拔节期	239	9 338	
	结实期	308	4 622	1 320

优质牧草种子基地建设全面启动

根据分管县长与林业局、畜牧局协调会精神，经畜牧局领导出面同太平沼林场领导协商，在全县治沙重点工程中划出3个大格，位于治沙工程20米路林的北侧，东西长1500米，南北长380米，约850亩。

按照草籽基地的立地条件及地形地貌，制订了具体的种植计划，并于1999年6月8—13日进行了实施，共种植多年生牧草850余亩。具体情况如下。

一、播种方法

1. 种植牧草品种

紫花苜蓿、沙打旺、锦鸡儿、草木樨计4种优质豆科牧草。

2. 播种方式及播量

采用大型机械"804"拖拉机，为动力进行机械播种，均采取条播的方法，行距为55厘米。锦鸡儿采取大小垄种植，即小垄行距为55厘米，小垄与小垄之间距离为1.20米，播种深度为5～6厘米，覆土2～3厘米，播量为2千克/亩。紫花苜蓿、沙打旺、草木樨的播深为3～4厘米，覆土1～2厘米，播量分别为0.55千克/亩、0.50千克/亩、0.75千克/亩。

二、种植方法及面积

在草籽基地的四周，靠近林带留6米宽的环形路，按东西走向每500米处留1条6米宽的南北路，共计2条。

在地的西侧、北侧和东侧环形路内种植34米宽的锦鸡儿，同时，按南北两条路的左右种植10米宽的锦鸡儿。按南北走向每隔150米左右种植10米宽锦鸡儿，共6条。上述锦鸡儿以带状形式种植，面积大约150亩，力求尽快形成防风固沙带和锦鸡儿采种田，并将草籽基地分隔成9个方格（图3-2）。草籽基地种植牧草面积：紫花苜蓿350亩，锦鸡儿150亩，沙打旺200亩，草木樨150亩。

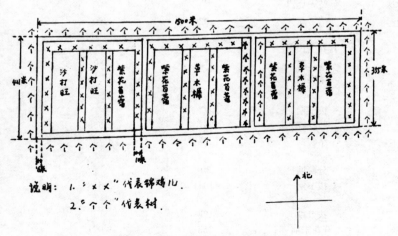

图3-2　太平沼草籽基地示意图

三、资金投入

种子投入：6 660.00元。

翻地费：10 元/亩×70 亩＝700.00 元。

播种费：6 元/亩×800 亩＝4 800.00 元。

合计：12 160.00 元。

种植牧草经济效益分析见表 3-5。

表 3-5　种植牧草经济效益分析

	每亩投入	产量（鲜草）/千克	饲喂牛经济效益	出售干草经济效益
紫花苜蓿	70 元包括：种子 9.60 元（12 元/千克×0.8 千克）	2 750	①可喂牛 140 天（按每头牛日食 20 千克计）②每头牛按 100 天出栏计，获利 400.00 元，并剩余鲜草 750 千克 ③获纯利：490.00－70＝420.00 元	①折合干草 1 100 千克 ②干草折款 0.30 元/千克×1 100 千克＝330.00 元 ③获利 330.00－70.00＝260.00 元
草木樨	63.20 元包括：种子 3.20 元（3.20 元/千克×1.0 千克/元）	2 250	①可喂牛 110 天 ②110 天出栏获利 400.00 元 ③纯利：400.00－63.00＝337.00 元	①折合干草 900 千克 ②干草折款 0.30 元/千克×900 千克＝270.00 元 ③纯利：270.00－63.00＝207.00 元
沙打旺	64.00 元包括：种子 2.00 元（4.00 元/千克×0.5 千克/元）	4 000	①可喂牛 200 天 ②100 天出栏 400.00 元，剩余鲜草 2 000 千克 ③纯利 640.00－64.00＝576.00 元	①折合干草 1 600 千克 ②干草折款 0.30 元/千克×1 600 千克＝480 元 ③获利 480.00－64.00＝416.00 元

四、其他配套工程

打井、喷灌、围栏等其他配套工程正在积极筹划和运作。

引草入田、优质牧草栽培及利用技术（1999）

引草入田是指利用农田种植优质牧草饲料作物，通过出售草产品或舍饲养畜以获得较好的经济效益。一般优质牧草亩可产鲜草 3 000 千克左右，最高可达 10 000 千克以上，如果按每千克 0.30 元出售，每亩可收入 900 元，除去种草成本，可获纯利 800 元左右。如果进行种草养畜，每亩优质牧草每年可提供 5 个羊单位的精饲料供给，经济效益更为可观。

一、适合开鲁县种植的优质牧草品种

草本：紫花苜蓿、沙打旺、草木樨、羊草、披碱草、苏丹草、籽粒苋。

饲料作物：青贮玉米（英国红玉米、科多玉米系列）、甜高粱、健宝牧草、饲料甜菜。

二、几种主要牧草的栽培及利用

（一）紫花苜蓿

1. 品种特性

紫花苜蓿为豆科多年生草本植物，喜温暖半干旱气候，日均温 15～20℃最适宜生长，高温高湿对其生长不利。苜蓿抗寒性强，对土壤要求不严，除太黏重、瘠薄的土壤或强酸、强碱的土壤外都能生长，宜在干燥、温暖和高燥疏松，排水良好的沙质带黏性土壤中生长，适宜降水量在300～800毫米之间，抗寒、抗旱性强。紫花苜蓿枝叶丰富柔嫩，产量高，营养丰富，开花期叶片含粗蛋白质23%～27.67%，有"牧草之王"的美誉，是牛、羊、马等上等的蛋白饲草。水肥条件好的地块，亩产鲜草3 000～4 000千克，利用年限在6～8年。

2. 栽培要点

①选地

选择地势平坦、春季不犯风、雨季无积水、地下水位较深的地块，并有较好的灌溉条件及保护措施。

②整地

紫花苜蓿种子小，苗期生长缓慢，易受杂草危害。所以在播种前要对地块进行翻耕、做畦、耙碎土块，做到地平、土细、墒足。

③播种

播种时期分为春播和夏揪，春播在4月下旬至5月中旬，夏播在5月下旬至7月中旬。播种方法通采用条播，播种量一般每亩0.5～0.75千克，行距40～50厘米。播种时施农家肥1 000～1 500千克做种肥，也可亩施二铵3.5千克加尿素1.5千克，播种不宜过深，以3～4厘米为宜，覆土1～2厘米。在平整好的土地上用犁铧子开沟，然后用点葫芦头进行人工播种或播种机进行机械播种，播后稍覆土镇压即可。

在田间管理上，进行适当灌溉与除草。出苗后7天左右可用"精禾草克"进行化学除草；10厘米高时，进行人工除草1次，每次除草后，进行灌溉1次。在封冻前及早春返春前各灌溉1次，利于正常生长。在病虫害防治上，可用甲胺磷防治蝼蛄、草地螟等害虫。

3. 利用

紫花苜蓿每年可刈割3～4次，一般在初花期进行刈割较适合，这样产量及营养都很高，留茬高度在4～5厘米，最后一次刈割留7～8厘米，种子田收种时间一般在大部分豆荚已由绿色变成黄色或褐色时，即有1/2～3/4豆荚成熟时可收割。正常情况下，一般亩收种子40～50千克。

紫花苜蓿可以放牧、青饲、调制干草、青贮或加工干草粉等，均属上等饲料。青饲和放牧时要预防家畜患膨胀病，尤其是牛羊不要空腹饲喂或喂得过饱。在初花期刈割饲喂牛、羊，增膘快，出栏早，用来饲喂基础母牛，可保持良好膘情，适时发情。紫花苜蓿单独青贮很难成功，与玉米秸或高粱秸混贮效果良好。

每日每头基础母牛参考饲料配方：秸秆饲料15千克，紫花苜蓿（鲜草）3千克，玉米面0.25千克，盐0.05千克。

（二）健宝牧草

健宝牧草是从澳大利亚引进的高产优质一年生牧草，是高粱与苏丹草杂交种。在3次收割的情况下，鲜草产量可达9 000～10 000千克。

1. 品种特性

健宝牧草突出优点在于晚抽穗特性，9月末不抽穗，营养生长期长，鲜草产量高，品质好，分蘖和再生能力强，分蘖可达 8～22 个。营养丰富，不同收割期，健宝牧草的粗蛋白含量达 13%～22.59%，粗脂肪 1.04%～2.01%，粗纤维 25.05%～39.72%，无氮浸出物 36.90%～43.79%。育成牛喂健宝牧草后，每天可节约精饲料 5 千克，膘情好，每天每头奶牛产奶量增加 2.5 千克。

2. 栽培要点

选地：选择土质较肥沃地块，并有水浇条件。

播量：该杂交种每千克种子 30 000～35 000 粒，每亩用种量 1～1.5 千克。

播种：播种时亩施农家肥 3 000 千克以上，磷酸二铵 5～10 千克。适时早播，整地要细，行距 40 厘米，覆土 4～6 厘米，播后镇压，以利保墒。土温稳定在 10℃ 以上即可播种。

出苗后及时中耕除草，并间苗定苗，株距 8～10 厘米，亩保苗 1.5 万～2 万株，每平方米 25～30 株。如缺苗断垄，可座水移栽补苗。

浇水与追肥：在分蘖期和拔节期，根据土壤墒情及时浇水、追肥，每次追施尿素 5 千克左右为宜。

收获：在出苗后 40～45 天，植株长到 1.2～1.5 米高时，可第一次刈割草饲喂；30～40 天后可长到 1.5～2 米，进行第二次割草；第三茬到秋后还可以长到 2 米多高。养牛大户可在一块地进行轮割，保证每天有青饲草供应。

3. 利用

青饲：鲜草的营养价值最高，是牛、羊、兔优质青饲料，但由于植株中含有一定量的氢氰酸，鲜草应晾晒后饲喂，防止家畜中毒。初次使用时先少量饲喂，饲喂成功后逐渐增加到正常量，发现牲畜有不良反应立即停喂。建议使用健宝牧草时，与其他饲料搭配使用，防止单独饲喂。

干草：秋后割草晒成干草粉碎，是冬春牛羊的好饲料。

青贮：可单独青贮，也可以与其他牧草、玉米秸秆等混贮。

生产草粉、颗粒饲料，为草加工业提供优质原料。

（三）英国红玉米

英国红玉米为禾本科一年生饲用植物，是家畜、家禽优质的精饲料和青饲、青贮原料。英国红玉米秸秆粗，高 2～3 米，叶宽大，种子为红色。

1. 栽培要点

英国红玉米生育期为 130～140 天，播前须平整土地，亩施农家肥 3 000 千克或磷酸二铵 5～10 千克。4 月下旬进行播种，亩播量为 2.5～3 千克，行株距为 40 厘米×30 厘米，播深 7～8 厘米，亩保苗 5 500～6 000 株，拔节期平均株高可达 110 厘米，开花期达 250 厘米，结实初期可达 300 厘米以上。

2. 利用

英国红玉米适宜在乳熟期至腊熟期收割制作青贮饲料，此时可产青绿秸秆 9 000 千克左右，而且营养丰富，是牛、羊、马等的优质饲料。

（四）籽粒苋

籽粒苋是一种新型的一年生粮食、饲料、蔬菜兼用型作物，也是一种高蛋白饲料。开花初期叶子含蛋白质 21%～28%，茎含蛋白质 8%～16%，抗旱，抗盐碱，适应性广。

1. 品种特性

籽粒苋又名苋菜，属苋科苋属一年生草本植物。籽粒苋植株高大，枝叶繁茂，再生能力强。出苗 40 天后进入快速生长期，株高每日增长 3～6 厘米，2 米株高有 20～40 个分枝，适合饲喂猪、禽、牛、马、兔等家畜禽。

2. 栽培要点

地块选择：应选择地势平整、肥力好、有井浇条件的地块，播前进行精细整地。

播种：籽粒苋生育期 120 天，日均气温高于 10℃才能出苗，一般播种日期在 5 月 15 日左右；播种方式可直播，也可育苗移栽。直播亩播量在 0.2～0.3 千克左右，亩施农家肥 1 000～1 500 千克或磷酸二铵 5 千克加尿素 2.5 千克；播深 2～3 厘米，覆土 1～2 厘米，行株距 50 厘米×30 厘米，下籽后用脚轻镇压。育苗移栽要提前 15～20 天进行温床育苗，盖塑料薄膜，移栽要浇水或雨后移栽。

田间管理：苗期要除草 2～3 次，干旱时要进行灌溉。当株高 1～1.5 米时植株体高大，开始有花穗，这时由于头重，遇风易使植株倾倒，要在根际培土，种植时不要连茬，可用甲胺磷防治蝼蛄、金龟子等害虫。

利用：第一次刈割在播种后 75 天左右，留茬 30～40 厘米；第二次在第一次刈割后 30 天进行，留茬高度同上。青割时必须避开雨天，一般能有 30 小时无雨，刀口即结合好，一般可亩收鲜草 7 500 千克。

籽粒苋蛋白质含量高，因此喂牛、羊、猪、兔、禽、鱼皆有明显效果。如喂仔猪，增重率提高 3.3%，饲料成本降低 10%；青贮喂鹅，饲料成本降低 12%；养奶牛，产奶率提高 5.29%。

籽粒苋可随割随喂，可打浆喂，也可与青贮玉米混贮，还可用籽粒苋种子制作饼干、糕点、饴糖、挂面等食品，对老人降低血脂、血糖及儿童补血有帮助作用。

2005 年开鲁县人工种草工作总结

2005 年开鲁县的人工种草工作，紧紧围绕建设畜牧产业大县的战略目标，围绕"四个一"工程实施，主抓了多年生优质牧草及青贮玉米的种植工作。在技术部门及各苏木（乡、镇、场）的共同努力下，全县共完成种草面积 22.44 万亩，其中多年生牧草 6.74 万亩，完成任务的 112.3%；饲料作物（青贮玉米）完成 12.6 万亩，完成任务的 105%；饲用灌木完成 3.1 万亩，完成任务的 103.3%，圆满地完成了通辽市下达的人工种草任务。

一、2005 年人工种草工作的特点

（一）围绕养殖业基地建设，发展草业生产

围绕奶牛养殖基地建设，做好紫花苜蓿的种植工作。市里为了发展奶牛业，出台了"扶持奶牛产业发展牧草种子补贴"的优惠政策，调拨专项资金用于购买优质牧草种子，无偿拨给开鲁县紫花苜蓿种子 3 475 千克、沙打旺种子 3 150 千克，扶持奶牛养殖户进行优质牧草的种植，保证奶牛青草的供应。开鲁县的北兴镇、新华镇、小街基镇等单位的 109 个奶牛养殖户共种植紫花苜蓿 3 250 亩、沙打旺 550 亩，其中以北兴镇增胜村种植面积大、效果好。增胜村现存栏奶牛 280 头，建有奶站 1 座。2001 年种植紫花苜蓿 120 亩。2002 年开始刈割饲喂，当时增胜村存栏牛 60 余头，按饲养牛的头数，分摊到户，饲喂紫花苜蓿后，基础母牛膘情好，提前发情配种。奶牛每头每天平均多产奶 1.5～2 千克，产奶量提高 10%～15%，奶牛的乳脂率也相应提高。奶站还被蒙牛评为全市 15 个优质奶站之一。在认识了种草的好处后，种草面积逐年扩大。2005 年经村上统一组织，划定了3 000 亩比较好的地块进行了围封，较为平坦的种植紫花苜蓿，起伏较大的准备明年种植沙打旺。7 月中旬集中连片种植紫花苜蓿 1 600 亩，承包给 55 个奶牛养殖户，户均 30 亩，这样便于田间管理，确保种草质量。紫花苜蓿出苗率在 90% 左右，长势良好，为该村饲养的奶牛提供了充足的优质青饲料。另外，新华镇的张文柱，饲养奶牛 204 头，承包6 000 亩草牧场，并种植紫花苜蓿 350 亩、沙打旺 150 亩。保安农场牧业分场的 15 个养牛户，种植紫花苜蓿 1 100 亩。义和塔拉苏木柴达木嘎查的前德门及白斯琴，每户家中均饲养新西兰奶牛 5～6 头，羊 100 多只，为了给奶牛提供营养全面的饲草料，各自集中连片种植了 150 亩紫花苜蓿。开鲁镇的刘林，种植紫花苜蓿 150 亩。

　　围绕养羊基地建设，做好人工种草工作。三棵树乡、东风镇、建华镇、小街基镇等地的养羊大户共种植紫花苜蓿优质牧草 1 500 亩左右，东风镇金宝屯村的 20 个养羊户，集中连片种植紫花苜蓿 300 亩。三棵树乡小方子地村的养羊大户刘增军种植紫花苜蓿 100亩、青贮玉米 300 亩。建华镇的养羊示范小区种植紫花苜蓿 100 亩。优质牧草的种植，解决了禁牧后羊的青饲料供给不足的问题，为开鲁县羊产业的健康发展提供了物质保障。

　　围绕养鹅基地建设，做好奇可利牧草的种植利用工作。为了加快种草养鹅步伐，县农牧业局从外地引进了奇可利牧草种子。全县养鹅户共种植 600 亩，均在自家园田里种植。种植时间在 5 月末至 6 月初，经过一个多月的生长即可利用，每年可刈割 4～6 次，亩产鲜草 10 000～15 000 千克。保安农场种植奇可利面积较大，共种植了 180 亩，场部的贾忠家养鹅 278 只，种植 1.65 亩。在 5 月末播种，播后 1 个多月开始刈割利用，以后每隔 15 天左右刈割一次，亩产鲜草 19 000 千克，满足了鹅的青草需求，每日可节省其他饲料（干秸秆、玉米面、精料）投入 22 元左右，亩效益比种植玉米高 1 400 元左右。二分场的杨久荣养鹅320 只，种草 1.5 亩。向阳分场的毕国林养鹅 336 只，种植 0.5 亩。北兴镇明仁村的杨树生养鹅 350 只，5 月 20 日种植 1 亩奇可利，可供 200 多只雏鹅的青草供应。王树堂种植 1 亩，亩产鲜草 10 000 千克，庄汉金种的奇可利亩产鲜草 19 000 千克。道德镇的七家子村，200 个养鹅户种植奇可利 50 亩，平均每户种植 0.25 亩，养鹅 50 只左右。奇可利牧草的种植，节省了饲料投入，增加了经济效益，为舍饲种草养鹅业的健康发展提供了有益的经验。

　　（二）依托工程建设，加强人工草地建设

　　开鲁县 2004 年度退牧还草工程从 2005 年 6 月份开始施工，为了进一步改善生态环境，保护草牧场，在围栏内种植了沙打旺。全县在北清河乡、义和塔拉苏木、兴安乡项目区投入沙打旺种子 32 760 千克，其中以北清河乡的双井子村、二十家子村、嘎海庙村、大甸子村种植面积最大。双井子村在 6 月中旬种植 2 000 余亩，长势良好。二十家子村种植 6 000 余亩。项目区内种植的沙打旺，加大了人工草地建设力度，改良了草场，增加了围栏内优质牧草的质量，增加了产草量，提高了植被盖度，达到了围封育草、遏制风沙、保护环境的目的。

　　（三）以效益为前提，向规模化生产、产业化方向发展

　　2005 年夏天，清河牧场沙地生"金"，种植的 4 900 亩紫花苜蓿出口日本。霍林郭勒

市正昌草业有限公司以每亩地每年15元的价格承包4 900亩沙地，承包期限为50年，地方财政可收入367.5万元。公司购买机器设备、承包费和种草费用共投入近500万元，紫花苜蓿每亩地每年可出1吨干草，市场价每吨600元，1年收入为294万元，种一次可利用7年。2005年已割出2茬，出口日本3 000余吨。同时，近5 000亩地集中连片种植紫花苜蓿，也成了草原上一道亮丽的风景。实践证明，通过集中连片大面积种植优质牧草，并以龙头加工企业为依托，进行牧草回收、销售，大大增加了种草经济效益，调动了群众种草的积极性，是草业向产业化方向发展的有效途径。

二、人工种草工作的主要做法

（一）抓好种草地块的基础设施建设工作

坚持不整地、不种草的做法，在4月初即落实种草地块，购入牧草种子，本着因地适草的原则，平整土地，修建畦田，打井配套，做好种草地块的基础设施建设工作。

（二）抢抓机遇，突出重点，全面推进

2005年，开鲁县的人工种草工作紧紧围绕养殖业基地建设，依据退牧还草，退耕还林还草工程建设，以及市里"扶持奶牛产业发展牧草种子补贴"等优惠激励政策，抓住了这些有利于草业发展的良好机遇，重点抓了北兴镇、义和塔拉苏木、保安农场、新华镇、建华镇、小街基镇、三棵树乡等地的以紫花苜蓿、沙打旺为主的多年生牧草种植工作。种草地块以平坦、起伏小、具备井浇条件的为主，进行平整土地，利用播种机械或人工进行播种，牧草出苗率在90%左右。经过努力，全县共种植多年生牧草6.74万亩，其中紫花苜蓿2.63万亩，沙打旺3.1万亩，奇可利等其他牧草1.01万亩。除集中连片及沙沼种草外，各农牧户分散种植多年生牧草4.6万亩。青贮玉米种植工作，主要以义和塔拉苏木和北清河乡为重点。义和塔拉苏木是开鲁县唯一纯牧业乡镇，抓住2005年6月中、下旬雨季的有利时机，种植青贮玉米8 400亩。北清河乡的二十家子村也种植英红等青贮玉米1 500亩。全县的10个重点奶站共有挤奶奶牛890头，种植青贮玉米1 900亩，保证了奶牛青饲料的供应。其他的苏木（乡、镇、场）也分别种植了科多系列、英红、健宝、牧特利等优质饲料作物，使全县青贮饲料种植面积达到了12.6万亩。

（三）加强人工种草工作的组织领导和技术服务

县委、县政府及农牧业局十分重视人工种草工作。年初即将工作任务层层分解，落实到各苏木乡镇。各苏木乡镇根据当地的实际情况，逐级分解到村、到户、到地块，并建档立卡。针对2005年家畜饲养量大、种草任务重的实际，农牧业局在3月初专门成立了由分管副局长任组长的人工种草工作组，负责全县人工种草工作。3月下旬，工作组的8名专业技术人员即分片包苏木（乡、镇），调查了解各地上年牧草保存利用及当年人工种草安排落实情况，协助当地政府做好此项工作。在种草期间，技术人员深入到田间地头，现场指导种植，并做好牧草出苗后的田间管理工作，发现问题及时加以解决，加快了人工种草工作步伐。

三、存在的问题及工作建议

（一）存在的问题

1. 种草养畜的重视程度不够

近几年，虽然养畜户对种草养畜都有了一定的认识，但还没有完全转变观念。特别是养奶牛，没有充足的青绿多汁饲料，优质牧草以及青贮饲料等，难以发挥出应有的效益。从认识到实践最后落实到实际还有很大的差距，因此，开鲁县奶牛生产和奶业发展在饲草饲料方面存在着很大的发展潜力。

2. 贪多贪大，种草靠天的现象依然存在

如按退牧还草工程项目要求，草地改良种草的面积非常大，但管理措施难以到位。2005 年没有水浇条件的地块，遇到夏秋季的持续干旱，造成了大面积幼苗的死亡。加之当年新建的草地围栏还没有完全发挥出禁牧的作用，人工草地管理上也存在一定的问题，致使在退牧还草工程项目中，人工种草保苗面积很小，花费了很大的人力、物力和财力，却没有达到预期的目的。

3. 由于经费不足等原因造成技术服务相对滞后

主要是牧草新品种的引进、试验示范工作，科学养畜模式等都存在着许多服务不到位的现象。

（二）工作建议

一是人工种草工作，特别是退牧还草工程建设过程中，草地改良及人工种草工作一定要落实到户，要有一定的水浇条件做保障，加强管护，同时种草与养畜相结合，发挥出应有的效益。

二是奶牛养殖上要把确保每头挤奶牛"三亩田"（1 亩紫花苜蓿和 2 亩青贮饲料）落到实处。

三是加大牧草新品种的引进、试验和示范工作，避免养殖户走弯路，造成不应有的损失，推动牧草新品种的推广应用，为养殖业的发展作出更大贡献。

种植奇可利牧草饲养白鹅技术简介（2005）

奇可利牧草属于高品质精细型饲草，粗纤维含量相对较少。再生能力强，一般 13～15 天就可刈割利用 1 茬，高度达到 30～40 厘米，产量每亩地 1 茬可刈割鲜草 2 500～3 000 千克。换句话说，每天可刈割 150～200 千克的鲜草。

实践证明，奇可利牧草特别适合于饲喂白鹅，从雏鹅到育成鹅，基本不需要添加任何饲料，且无需加工制作，刈割后直接饲喂即可，真正是随收割、随饲喂、随生长。少量种植饲养鸡、鸭也可以。但对于饲养猪、牛、羊等，由于日需求量过大，只能作为补充青绿多汁饲料之用。饲喂效果还需要进一步的摸索和研究。

奇可利牧草在开鲁县种植，播种时间在 4 月上旬，也就是清明前后就可以播种，到 5 月下旬，草高达到 30 厘米左右就可刈割利用了。到 9 月末至 10 月初的霜冻时节，利用时间大约 100～110 天，可以刈割 5～6 茬，每亩地鲜草产量可达 15 000～20 000 千克，可养 0.5～1 千克的雏鹅 150～200 只，1.5～2.5 千克的育成鹅 100～150 只，3～3.5 千克的育肥鹅 50～60 只。

奇可利牧草对于土地的要求比较高，水肥条件更要充足。种玉米产量在 750～1 000 千克的好地，年亩产鲜草 15 000～20 000 千克，折合干物质 1 000～1 500 千克，相当于一亩中等土地的紫花苜蓿的干草产量；次地则难以达到预期效果。土质以中等肥力以上的沙壤土为最好。奇可利种植方法与白菜、胡萝卜类似。播深 1 厘米左右，太深不易破土出苗。下种前底水充足，墒情要好，为了播种均匀，可以把种子与细沙土、小米等混合后播种，下种之后覆土镇压。采取条播方式为最好，1米宽的畦子种4行，行距30～40厘米，株距10～15厘米。萌芽期要注意经常浇水，保持土壤湿润。如果采取育苗移栽，幼苗长到十几厘米，5～6个叶片时就可以移栽了。

奇可利牧草是杂交品种，长秆不能正常结籽，反而会导致鲜草减产，种植失败。因此，田间管理主要是做到及时收割，水肥充足。抽薹长秆的原因主要是干旱缺水和收割不及时，特别是第一次长秆没及时割掉的。越早割掉越容易控制。如果第一次长秆很高才割掉，粗壮的根茬周围会不断长秆，秆儿长得过高还会中间变成空心，雨水灌进去引起烂根死亡。奇可利牧草长到接近30厘米时就开始收割，此时营养最丰富。为了防止抽薹长秆，吃不完的鲜草也应该及时割掉，只留2～4厘米左右的底茬。

正常水肥条件的地块播种后50天左右就可以长到30厘米。为了配合饲养周期，草长到20厘米高也可以进行收割。在水肥条件好的情况下，每隔13～15天就可以收割一茬。全年以第二茬产草量最高，第三茬与第一茬鲜草产量接近，均比第二茬低25％～30％。以后每个茬次的鲜草产量均有不同程度的下降，呈递减趋势。奇可利牧草喜水但怕水淹，种植的地块要排水通畅，不积水。刈割时还要避开雨天，防止雨水浸入刀口，引起草头霉烂，植株死亡。可以在下雨前一天多收割出几天的用量，或者收割后用塑料膜覆盖。株行距不能过密，保证通风和日照，合理施肥，增加根部养分，提高抗病能力，防止根腐病（烂根）。

播种时要考虑到收割问题。奇可利的最佳收割高度是30厘米。为了使整块地的草都能在30厘米收割，建议分批播种。通常做法是一亩地分几次播种，中间间隔10天左右。这样随着收割进展，草逐渐长到最佳高度，可以避免后面的草长得过高，出现长秆现象。

另外，还要考虑到利用问题。白鹅对于奇可利牧草的需求量与鹅体重的增长成正比，随着鹅雏体重的增长，需要饲喂的奇可利牧草的量也随之增长。一般来说，100只雏鹅，体重0.5～1千克时，需0.5亩地奇可利牧草；1.5～2千克时，需要1亩地的奇可利牧草；到2.5～3千克时，则需要1.5～2.0亩地种植的奇可利牧草。而奇可利从第三茬开始产量逐渐降低，所以奇可利牧草的鲜草产量与饲养白鹅的生长需求有一定的矛盾。这个矛盾就要靠合理安排奇可利牧草的种植时间和数量来解决。以饲养100只白鹅为例，从出雏（或购进）开始到出栏大约需要2亩地的奇可利牧草。从4月初种植奇可利0.5亩以后，每隔半个月左右种植0.5亩，种植总面积达到1.5～2.0亩就可以满足100只商品鹅从出雏（或购进）到出栏时对奇可利鲜草的需求总量。到5月中旬奇可利牧草可以利用，大约需要40～50天。所以购进鹅雏的时间应该在5月初，自孵自育的，可与奇可利牧草种植同期进行，即4月初入孵种蛋，5月初出雏，到5月中旬正好开始利用奇可利牧草饲喂。如果想提前购进鹅雏（或孵化出雏），需要采取地膜覆盖、大棚种植或暖室育苗移栽等农技方法种植奇可利牧草，以满足鹅雏对奇可利牧草的需求（表3-6）。

表 3-6 奇可利牧草生产能力调查结果

采样地点	姓名	刈割时间	刈割次数	植株高度/厘米	鲜草重量实测/（千克/平方米）	亩产鲜草重量/千克	全年刈割次数	全年鲜草产量/（千克/亩）	每千克鲜草风干重/克	干鲜比/%	年产干草/（千克/亩）	备注
保安农场场部	贾忠	8月19日	第3次刈割	49	7.2	4 800	4	19 000	75	7.5	1 425	播种时间均为5月末
北兴镇明仁村	王树堂	8月24日	第4次刈割	41	2.4	1 600	5	8 000	80	8	640	
北兴镇明仁村	王树堂	8月24日	第4次刈割	47	3.3	2 200	5	11 000	79	7.9	869	
北兴镇明仁村	庄汉金	8月24日	第5次刈割	48	4.8	3 200	6	19 000	77	7.7	1 478.5	
平均				46	4.43	2 950		14 300	78	7.8	1 103	

增胜村：奶牛养得好 种草热情高（2005）

开鲁县北兴镇增胜村位于镇东北方向 6 千米处，全村现存栏奶牛 280 头，黄牛 320 头，羊 4 000 只，鹅 1.6 万只，并建有奶站一处，是全县 10 个奶牛养殖重点村之一。该村从 2001 年开始种植优质牧草紫花苜蓿 120 亩，当年牧草长势良好。2002 年开始刈割饲喂，当时该村存栏牛 60 余头，按饲养牛的头数，分摊到户，经紫花苜蓿饲喂后，基础母牛膘情好，提前发情配种。奶牛每头每天平均多产奶 1.5～2 千克，产奶量比不喂青草的提高 10%～15%，牛奶的乳脂率也相应提高。奶站还被蒙牛评为全市 15 个优质奶站之一。在充分认识了种草的好处后，开鲁县种草面积逐年扩大。2005 年经村上统一组织，划定了 3 000 多亩比较好的地块进行了围封：较为平坦的地块种植紫花苜蓿，起伏较大的沙沼地准备 2006 年种植沙打旺。目前，已集中连片种植紫花苜蓿 1 600 亩，55 户奶牛养殖户户均 30 亩。青贮玉米以及健宝、牧特利等青饲草料的种植和饲喂，在该村也已普及。实际饲喂证明：饲喂青贮饲料或夏秋季节饲喂健宝牧草为主的等青饲料，每天每头牛也可增加牛奶产量 1.5～2 千克。现全村共种植青贮玉米 430 亩，健宝牧草 80 亩。同时为了大力发展养鹅业，提高养鹅的经济效益，种植了牧特利 100 亩，进行种草养鹅。为了便于田间管理，种植的紫花苜蓿承包给 55 个奶牛养殖户，实行分户管理，确保种草质量。紫花苜蓿的出苗率在 90% 左右，长势良好。优质牧草的种植，为该村饲养的家畜尤其是奶牛的生产提供了优质充足的青饲料，促进了畜牧业持续、快速、健康的发展。

开鲁县草原建设及饲草料基地建设情况汇报（2012）

一、草原保护和建设情况

2012 年，开鲁县已完成退耕还草任务 1 万亩，退耕还草面积 2 万亩。

草原生态奖补机制落实情况：已落实 178.3 万亩，涉及 11 个镇场库，37 661 户，生产资料补贴落实 7 994 户。

2011 年牧草良种补贴情况：2010 年前保留多年生牧草面积 4.62 万亩，每亩补贴 10 元；新建多年生牧草面积 1.71 万亩，每亩补贴 50 元；一年生牧草种植面积 23.67 万亩，每亩补贴 10 元。国家直接补贴种草农牧民资金 368.39 万元。按照实施方案的要求，所有的种草地块信息录入、抽查、监测、审核、汇总都已完成，并且已经通过通辽市的验收。

（一）草原保护工作

1. 草原鼠害的防治

2012年，开鲁县发生鼠害面积为50万亩，严重危害面积20万亩。以义和塔拉镇、建华镇北沼最为严重。及时对鼠害发生地投药灭鼠，每亩投放毒饵80～100克。经过努力，历时半个多月，全县共投放灭鼠药品3吨，投入人工112人（次），出动机动车25台（次），进行生物防治面积6万亩，控制面积10万亩，灭效为94.3％，使草原鼠害的发生发展得到了有效控制。

2. 草原虫害防治工作情况

2012年6月初以来，由于持续的阴雨潮湿高温天气，使草原虫害有了大面积发生发展的可能。6月26日，开鲁县草原黏虫大面积发生，发生面积超过了50万亩，其中严重危害面积20万亩，危害人工草地面积10万亩。草原黏虫发生后，从6月27日开始，全县草原黏虫防治工作全面展开，至7月10日防治基本结束。全县进行药物灭虫的草原面积10万亩。使草原黏虫的发生发展得到了有效控制。

草原蝗虫的防治工作正在进行中。

（二）饲草料种植完成情况

全县建设人工草地32.1万亩，其中多年生牧草2.3万亩，饲料作物（青贮田）完成28.8万亩。

2012年在多年生牧草的种植上，主抓了十大种草工程，其中开鲁镇1处，建华镇2处，小街基镇2处，义和塔拉镇2处，东风镇2处，清河牧场1处。种植品种为紫花苜蓿，从5月末陆续开始播种，到7月上旬结束，出苗率达90％以上。目前，牧草长势良好。全县已播优质牧草面积为2.3万亩。

在一年生牧草的种植上，主要以青贮玉米为主，种植面积为28.8万亩，全部播种完毕。

在饲草料储备上，预计2012年全年可打青干草0.3万吨，制作青贮饲料3.5万吨，进行秸秆转化6.5万吨。预计生产的全部饲草可饲养180万个羊单位。

（三）棚舍、窖池建设完成情况

2011年，底实有棚舍面积238.6万平方米，现有牛舍可养牛10万头，可养羊130万只。预计2012年年底棚舍面积达250.6万平方米，其中牛舍面积达50.1万平方米，羊舍面积达200.5万平方米。目前已建成面积2.4万平方米，正在建设面积9.6万平方米，预计全年完成12万平方米。

2011年，底实有窖池容积44.8万立方米，现有窖池可养牛1.5万头，可养羊11.2万只。预计2012年年底窖池容积达46.8万立方米。

二、采取的措施

（一）行政措施

开鲁县委、县政府高度重视，召开专门会议，研究落实工作任务。县农牧局专门成立了人工种草及饲草料储备工作领导小组，负责全县人工种草及饲草料储备工作。各镇（场）也把任务层层分解，落实到嘎查（村）及户。保证了各项工作的顺利开展。

（二）采取的技术措施

农牧业局抽调 16 名技术人员下乡入村到户，协助当地政府做好牧草种植及窖池、棚舍建造工作。技术人员深入各种草地块，从牧草种植到牧草收获、利用进行跟踪服务，保证了种草质量，调动了广大农牧民种草的积极性。对于建造棚舍、窖池的养殖户，技术人员从建造选址、设计、施工到科学利用进行全程服务，确保建造一处、成功一处。

青贮玉米引种试验情况简介（2014）

为进一步筛选出适合开鲁县种植的青贮玉米品种，在开鲁镇禅家窑村张景福的农田里进行了青贮玉米引种试验，共种植金山系列青贮玉米品种 10 个，每个品种都进行了百粒重、发芽率的测定。每个品种的种植面积为 1 亩，4 月末播种完毕，出苗良好。据观测，"金岭 1467"产量最高，"金岭 1458"及"金岭 27"次之。同时种植饲用甜高粱草（健宝牧草系列）10 亩，共计 5 个饲用甜高粱草（健宝牧草系列）品种。总的来看，"海牛"最好，"百战""杰宝"产量也可以，但粗纤维比较多，综合来看不如"海牛"（表 3 - 7～表 3 - 10）。

表 3 - 7　青贮玉米品种百粒重测量

单位：克

品种	百粒重			平均百粒重
	重复 1	重复 2	重复 3	
金岭 418	45	41	44	43.3
金岭 1472	39	39	39	39
金岭 1458	31	31	30	30.7
金岭 1466	29	29	29	29
金岭 10	29	29	29	29
金岭 410	25	24	23	24
金岭改良 410	30	27	29	28.7
金岭 27	49	49	48	48.7
金岭 1467	24	28	25	25.7
金岭 377	31	28	28	29
金岭 17	42	37	41	40

表 3 - 8　青贮玉米品种发芽率测量

单位：%

品种	发芽率			平均发芽率
	重复 1	重复 2	重复 3	
金岭 418	65	86	63	71.3
金岭 1472	12	44	27	27.6
金岭 1458	82	51	90	74.3
金岭 1466	89	73	105	89

（续）

品种	发芽率			平均发芽率
	重复1	重复2	重复3	
金岭 10	72	98		56.6
金岭 410	89	72	88	89.6
金岭改良 410	93	66	79	79.3
金岭 27	27	21	47	31.6
金岭 1467	101	75	40	72
金岭 377	58	41	63	54
金岭 17	54	58	40	50.6

表 3-9　青贮玉米不同品种产量测定（观测日期：2014.9.1）

品种	播种时间	行距/厘米	株距/厘米	平均株高/米	产量/（千克/平方米）			平均产量/（千克/平方米）	平均亩产量/（千克/亩）	平均亩产量/（吨/亩）
					重复1	重复2	重复3			
金岭 418	4.24	54	12	3.2	6	6.95	8.4	7.115	4 746.815	4.75
金岭 17	4.24	54	12	3.3	8.15	10.6	9.7	9.485	6 325.385	6.33
金岭 27	4.24	54	12	3.4	11.9	6.6	11.55	10.015	6 681.115	6.68
金岭 377	4.24	54	12	2.83	6.65	6.55	5.9	6.365	4 246.565	4.25
金岭 1472	4.24	54	12	3.3	12.35	6.7	12.65	10.565	7 047.965	7.05
金岭 1458	4.24	54	12	3.1	6.7	7.5	8.15	7.45	4 969.15	4.97
金岭 10	4.24	54	12	3.3	9.7	7.25	6.75	7.9	5 269.3	5.27
金岭 1467	4.24	54	12	3.8	8.4	16.65	15.2	13.415	8 948.915	8.95
金岭 1466	4.24	54	12	3.5	10.25	10.9	8.7	9.95	6 636.65	6.64
改良 410	4.24	54	12	3.4	9	8.8	10.95	9.585	6 392.085	6.39
金岭 410	4.24	54	12	3.7	9.15	8.05	8.6	8.6	5 736.2	5.74

表 3-10　健宝牧草不同品种产量测定（观测日期：2014.9.1）

品种	播种时间	行距/厘米	第一次刈割				第二次刈割						平均产量/（千克/平方米）	平均亩产量/（吨/亩）
			时间	株高/米	平均产量/（千克/平方米）	平均亩产量/（吨/亩）	时间	株高/米	产量/（千克/平方米）			平均产量/（千克/平方米）	平均亩产量/（吨/亩）	
									重复1	重复2	重复3			
大卡	5.30	50	9.1	2.15	10.835	7.23							10.835	7.23
海牛	5.30	50	7.26	2.31	7.5	5.00	9.10	2.28	7.6	3.35	6.3	5.75	3.84	13.25	8.84
百战	5.30	50	7.26	2.33	6	4.00	9.10	2.51	9.65	8.25	7.95	8.615	5.75	14.615	9.75
牛魔王	5.30	50	7.26	2.27	5.25	3.50	9.10	2.31	8.85	4.00	7	6.615	4.41	11.865	7.91
杰宝	5.30	50	7.26	1.73	7.5	5.00	9.10	2.67	9.35	6.15	8.45	7.985	5.32	15.485	10.32

二、实施风沙源治理种草项目，保护生态环境

针对 2000 年春季多次发生沙尘暴的实际，国家于当年启动了京津周边地区风沙源治理紧急工程，开鲁县也是项目治理区之一。2000—2001 年，全县沙源治理共集中连片种植多年生牧草 1.4 万亩，种植品种为紫花苜蓿、沙打旺、锦鸡儿。工程实施后，工程区林草植被盖度与 2000 年相比提高约 20%，生态状况开始整体好转，部分地区明显改善，土地沙化趋势得到初步遏制，沙尘天气逐年减少。

附：重点工作情况报告及简报

开鲁县京津风沙源治理工程种草作业设计（2000 年）

一、基本情况

（一）全县基本情况

开鲁县位于北纬 43°9′—44°10′，东经 120°25′—121°52′，地处科尔沁沙地的中心地带，总面积 4 488 平方千米，其中草牧场面积 331 万亩。属温带大陆性干旱季风气候，平均气温 5.9℃，无霜期 148 天，年均降水量 338.3 毫米，年均日照 3 095 小时，年均风速 3 米/秒。1999 年年底，全县大小畜存栏 66.19 万头（只）。

（二）沙源治理基本情况

项目建设实施区在开鲁县东北部、北部和西北部较为集中连片的太平沼、北大沼和义和沼沙区，总区域面积 349.9 万亩，总沙地面积为 176 万亩，其中未治理沙地面积 100.6 万亩，分属于大榆树镇、东风林场、道德镇、三棵树乡、开鲁镇、北清河乡、太平沼林场、义和塔拉苏木 8 个苏木（乡、镇、场），项目区以半固定、固定沙地为主，多数属洪积、淤积的风沙土和栗钙土型风沙土，土壤营养差、肥力低，生物产量低，植被以旱生半旱生草本植物为主，主要有蒿类，麻黄草，针茅草，胡枝子等草种组成。

二、设计规模及内容

（一）设计规模及时间

主要在北清河乡、三棵树乡、太平沼林场、道德镇、义和塔拉苏木、所属的沙沼上治沙种草 15 600 亩，草种以沙打旺、紫花苜蓿为主。建设时间为 2000 年。

（二）设计内容

基础设施建设，新打机电井 10 眼，草原机井 39 眼，安装喷灌设施 30 台（套），安装柴油机及配套设施 4 台（套），安装网围栏 55 500 米。

购进优良牧草紫花苜蓿种子 3 650 千克，沙打旺种子 12 600 千克，草木樨种子 250 千克。

加强对草地的管理、防治牧草病虫害，除杂草加强喷灌管护等技术措施。

三、投资概算

本项目计划总投资 172.5 万元，具体细则见表 3-11。

四、技术措施

该项目于 2000 年 4 月开始实施，进行平整土地打井配套。5 月 10 日进行牧草的播种，

表 3-11　2000 年开鲁县京津风沙源治理工程投资概算

单位：万元

项目	基础建设	种子投入	平整土地	播种	田间管理	其他	合计
金额	44.35	25.61	33.16	10.6	57.4	1.38	172.5

播种为条播，亩播量为 1～1.25 千克，采用犁铧子开沟播种（或机械播种），播深 3～4 厘米、覆土 1～2 厘米，行距为 40 厘米。出苗后 6 月 5 日人工除草 1 次，除草后浇水 1 次；7 月 5 日化学除草 1 次，除后浇水 1 次。

8 月 5 日进行化学除草 1 次，除草后浇水 1 次；8 月 25 日进行人工除草 1 次，除草后浇水 1 次；9 月 1 日后做好秋、冬季牧草管理工作。

开鲁县沙源治理项目建设进展情况（2001 年）

一、任务指标及完成情况

2001 年沙源治理任务为：围封草场 2.26 万亩，项目区位于义和塔拉苏木、北清河乡。其中义和塔拉苏木围封草场 0.5 万亩，种草 0.2 万亩，北清河乡围封 1.76 万亩。

（一）围封完成情况

项目区位于义和塔拉苏木政府所在地南侧，围封总面积近万亩。在围封草场内，部分地块进行了打井及配套设施的安装，最终实现水、草、林、机、料五配套，恢复自然植被，保持生态平衡，自围封以来，取得了较为明显的成效。

（二）种草完成情况

义和塔拉苏木种草地块共分 3 块。围封总面积 3 300 亩，种草面积 2 100 亩。第一块为刘万海种草地块，总面积 1 300 亩，实际种草 1 000 亩；其中紫花苜蓿 400 亩，沙打旺 600 亩。2001 年 5 月 25 日播种，2002 年 4 月 10 日开始陆续返青，紫花苜蓿返青率 75%，沙打旺为 100%。第二块为布林白乙拉种草地块，围封总面积 1 000 亩，种草面积 800 亩，牧草品种为沙打旺；2001 年 6 月 7 日播种，2002 年 4 月 10 日开始返青，返青率为 100%。第三块为义和联户种草地块，围封总面积为 1 000 亩，种草面积为 300 亩。其中紫花苜蓿 50 亩，沙打旺 250 亩，2001 年 6 月 11 日播种，2002 年 4 月 15 日返青，紫花苜蓿返青率 50%，沙打旺 100%。

2002 年春已做好平整土地及草籽调剂工作，即将进行牧草的播种。

二、存在问题

第一，农牧民种草技术水平待提高。布林白乙拉的种草地块，播种时由于覆土过深，导致部分种子未能出苗，出苗率仅为 60%。

第二，2001 年冬季干旱少雪导致部分牧草死亡。由于 2001 年冬极度干旱，再加上 2002 年春季多风，导致紫花苜蓿部分根系营养耗尽，牧草生长点水分不足返青时腐烂，返青率低。

三、工作建议

一是加大种草技术培训工作力度，通过广播、电视、报纸等新闻媒体，大力宣传优质牧草栽培技术，使农牧民真正掌握此项技术。

二是提高牧草地的栽培管理水平，做好田间管理工作，主要做好封冻水及返青水的浇灌，确保牧草生长良好。

开鲁县京津风沙源治理工程草原工作站优质草籽基地规划作业设计

一、基本情况

（一）地理位置

为了适应风沙源治理工程需要，开鲁县草原站在开鲁县种畜场建设优质草籽基地。项目区位于开鲁县最北端 70 千米处，总面积 3 万亩（图 3-3）。

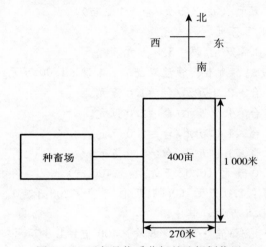

图 3-3　开鲁县优质草籽基地规划位置

（二）自然条件

建设优质草籽基地项目的种畜场，位于乌力吉木仁河以南、新开河以北，地势平坦，属温带大陆性半干旱季风气候，气候适宜，年均气温 5.9℃，无霜期 148 天，年均降水量 338.3 毫米，年均日照 3 095 小时，平均风速 3 米/秒。该项目区总面积 3 万亩，土壤类型为沙土，土层厚度 200 厘米，有机质含量较高，水利资源丰富，地上地下水充足，水位较浅，水质较好，易开发利用，适宜种树种草。

（三）社会经济条件

建设优质草籽基地所在项目区的种畜场，现有职工 180 人，劳动力充足，而且对人工种草有着较高的积极性，适合种草业生产。县草原站作为技术指导部门，有较强的技术服务能力，加之种畜场职工有着多年发展种草的经验，因此在该场区域内建设草籽基地是适宜的。

为了适应开鲁县被列入全国治沙重点县工程建设，改变固沙草类单一、质量较差的状况，需要加快优质草籽基地建设，培育数量充足、品种对路、质量优良的草籽，这对于加快全县沙区的生态建设、沙源治理、改善和保护生态环境将会产生巨大的推动作用。

二、建设规模及内容

（一）建设规模

按照规划设计要求，在种畜场区域内划定统一地块租用土地，新建高标准优质草籽基地 400 亩。

（二）建设内容

• 基础设施建设。新打机电井 5 眼，购进牧草播种机、收割机、打捆机、种子清选机各 2 台。安装喷灌配套设施。

• 平整改良土地 400 亩。

• 引进优良牧草品种阿尔冈金苜蓿 200 千克。

• 加强对草籽基地管理，提高牧草病虫害防治、除杂草、喷灌及管护等技术措施。

三、投资概算

（一）建设草籽基地总计划投资 47.9 万元

• 土地使用费：8.0 万元（0.02 万元/亩×400 亩）。

• 基础设施投资：18.5 万元。

  机电井：5 眼×0.7 万元/眼＝3.5 万元。

  提水灌溉配套设施、喷灌、管灌双配套：4 眼×1.00 万元/眼＝4.0 万元。

  牧草播种机：2 台×2.0 万元/台＝4.0 万元。

  牧草收割机：2 台×1.0 万元/台＝2.0 万元。

  牧草打捆机：2 台×1.0 万元/台＝2.0 万元。

  种子清选机：2 台×1.5 万元/台＝3.0 万元。

• 平整改良土壤：8.0 万元（0.02 万元/亩×400 亩）。

• 引进优良牧草种子：2.0 万元（0.01 万元/千克×200 千克）。

• 田间管理费用：10.8 万元，其中：

  浇水 0.001 5 万元/（亩·次）×8 次×400 亩＝4.8 万元。

  化学除草 0.001 5 万元/（亩·次）×2 次×400 亩＝1.2 万元。

  人工除草 0.002 万元/（亩·次）×6 次×400 亩＝4.8 万元。

• 项目管理及服务费：0.000 5 万元/亩×400 亩＝0.2 万元。

• 不可预见费：0.4 万元。

（二）资金来源

项目总投资 47.90 万元，其中国家投资 19.35 万元，农牧民自筹资金 28.55 万元。

四、效益分析

（一）生态效益

该草籽基地建成后，可为全县治沙种草提供优质草籽，加快生态治理步伐，可有效阻止风沙蔓延，保护草场植被，防止水土流失，保持生态平衡。

（二）社会效益

草场建成后，由于其生态效益明显，可带动周边地区乃至全县人工种草工作的开展，掀起人工种草治理荒沼的高潮。同时利用其生产的牧草饲喂家畜，可为种草养畜，发展农区畜牧业提供宝贵的经验。

（三）经济效益

草场建成第一年可收获优质牧草（鲜草）40 万千克，折款 16 万元。从草场建成第二年开始，每年可生产牧草种子 0.8 万千克，折款 24 万元，同时可提供优质牧草（鲜草）60 万千克，折款 24 万元。由此可见，所投资金第二年即可全部收回，且可盈利 16 万元。

从第三年开始，除去当年生产的各项费用，年可纯收入 30 万元，其经济效益十分可观。

五、保证措施

（一）加强领导，强化资金管理

成立由县政府牵头，由分管牧业的副县长任组长县计委、畜牧局、财政局参加的沙源治理种草领导小组。县草原站负责项目实施，并层层签订责任状，确保资金及时到位，全部投放到沙源种草基地项目上。

（二）加大科技含量

为保证建成高标准、高起点、高质量的草籽基地，实施过程中，将大力推广应用先进的育苗科技成果和适用技术，引进新品种，提高育苗的科技含量，达到优质高产高效。

（三）采取必要的技术措施，确保项目尽快建成

由县草原站抽调技术骨干，负责从牧草种植到收获的一系列技术服务，播种日期为 2001 年 5 月 10—15 日，播种时可利用播种机起垄开沟播种，垄距为 50 厘米。出苗后要及时灌溉、除草。收割时全部采用机械化作业，保证及时收获牧草和种子，确保基地建设顺利实施。

三、实施牧草良种补贴项目，加大优质牧草种植面积

2011—2015 年开鲁县实施牧草良种补贴项目，通过实施牧草良种补贴政策，大力发展优质人工草地，做大做强草产业，有效解决草畜矛盾，减轻天然草原压力，改善和恢复草原生态环境，保障畜产品和生态安全，构建"草原增绿、牧业增效、牧民增收"的共赢局面，推进牧区人与自然和谐发展。5 年中，享受补贴的农牧户 9 000 余户，累计受补贴面积 101 万亩。通过国家政策的促进作用，开鲁县的优质牧草由最初的 3 000 亩发展到 2015 年的 30 000 亩，面积扩大了 10 倍。

附：重点工作情况报告及简报

开鲁县 2011 年草原生态保护补助奖励机制牧草良种补贴实施方案

主管单位：内蒙古自治区农牧业厅

承担单位：开鲁县农牧业局

编写单位：开鲁县农牧业局

编制时间：二〇一一年六月

领 导 小 组

组　　长：张　华（开鲁县人民政府县长）

副组长：王国锋（开鲁县人民政府副县长）

成　　员：崔满友（开鲁县农牧业局局长）

　　　　　贾　和（开鲁县财政局局长）

　　　　　宋中华（开鲁县发展与改革委员会主任）

　　　　　韩纯明（开鲁县农牧业局副局长）

领导小组下设办公室，办公室设在县农牧业局

办公室主任：崔满友（兼）

项目技术负责人：郭福纯

项目财务负责人：冯彦彬

为落实好国家及自治区"草原生态保护补助奖励机制"中牧草良种补贴政策，发挥农牧民主体作用，加快牧草良种推广，改善草原生态，促进增草增收，转变生产方式，提高农牧民生活水平，根据开鲁县生产实际，制定 2011 年开鲁县"牧草良种补贴"实施方案。

一、基本情况

（一）自然概况

开鲁县位于内蒙古通辽市西部，介于东经 120°25′—121°52′，北纬 43°9′—44°10′之间，东与科尔沁区毗邻，西与翁牛特旗、阿鲁科尔沁旗接壤，南与奈曼旗、科左后旗相连，北与扎鲁特旗、科左中旗交界。全县总区域面积 4 488 平方千米，县内地势平坦，现有耕地面积 155.6 万亩，林地面积 172 万亩，草牧场面积 222 万亩。土壤主要为草甸土和风沙土，草场类型以沙地温性草原及平原丘陵草原为主。

开鲁县地处松辽平原，属西辽河冲积平原的一部分，平均海拔 241 米。新开河、西辽河等 5 条河流经开鲁县，开鲁县属大陆性温带半干旱季风气候，年平均气温 5.9℃，平均降水量 338.3 毫米，无霜期 148 天。

开鲁县陆路交通方便，铁路京通线、集通线，国道 303 线、111 线通贯全境。邮电通信快捷准确，电力供应充足。农产品主要以玉米为主导产品，高粱、小麦、水稻、甜菜、红干椒各种豆类为辅产品。每年粮食总产量 127.5 万吨，其中玉米 90 万吨。红干椒年产 1 万吨左右。地下水储量丰富，水质良好，地表水新开河、西辽河、西拉木伦河、乌力吉木仁河、教来河五条河流经开鲁，境内河流总长 318 千米。2010 年牧业年度全县牲畜存栏头数达 233.39 万头（只），其中：牛存栏 14.74 万头，羊存栏 126.09 万只。

（二）人工草地发展现状

开鲁县现有人工草地保存面积为 4.62 万亩。多年生牧草以紫花苜蓿为主，一年生牧草以青贮玉米为主。

开鲁县紫花苜蓿的种植已经走上了产业化发展之路。林辉草业从 2003 年开始种植紫花苜蓿到现在，种植面积已从当初的 400 亩发展到 3 000 多亩，种植从种到收全部实现了机械化作业。所产牧草供不应求，销往全国各地。清河牧场外商投资的正昌草业也在投资建设 3 000～5 000 亩的紫花苜蓿生产基地。近两年紫花苜蓿干草价格较高，每吨 1 600 元以上，每亩紫花苜蓿可产鲜草 3 吨，折合干草 1 吨左右，扣除成本，亩盈利也在千元以上。效益的提高大大地激发了紫花苜蓿种植的积极性，使全县的紫花苜蓿种植近两年达到了一定的规模，形成了一个新兴的产业，逐步走上了一条新型的产业化发展之路。

二、总体思路

（一）指导思想

开鲁县以科学发展观为指导，坚持"稳定面积、优化结构、提高单产、科学利用、促进发展、保障安全"的原则，鼓励生产者使用优良牧草品种，加快优良草品种推广步伐，促进草产业稳定发展和农牧民持续增收，保障现代畜牧业可持续发展和草原生态安全，推进生态效益、经济效益和社会效益的协调统一，逐步实现牧区经济社会又快又好的发展。

（二）实施原则

1. 持统筹规划，分类指导，突出重点，稳定发展的原则

根据开鲁县自然气候的特点，编制牧草良种种植区划，要因地制宜、适地适种；以发展多年生人工草地为重点，稳定面积，在退耕地、弃耕地大力发展人工草地；鼓励在中低产田实施粮草轮作。

2. 坚持优化结构，提高单产，注重效益的原则

调整种植结构，鼓励发展优质多年生牧草，大力推广高产优质新草品种；要加大增产技术的推广应用，着力提高单产，切实提高人工草地的质量和效益。

3. 坚持科学利用，生产发展，生活提高的原则

紧密围绕草原畜牧业生产，为养而种。要注重推广牧草适时收获和加工利用技术，提高饲草品质和利用率，增草增畜，发展生产，转变方式，提高生活水平。

4. 坚持公平、公正、公开的资金分配原则

做到"补贴政策公开、补贴面积公开、补贴标准公开、补贴农牧户公开、资金直补到户"，确保补贴资金及时足额发放到位。

5. 坚持促进发展，保障安全，和谐共赢的原则

通过实施牧草良种补贴政策，大力发展优质人工草地，做大做强草产业，有效解决草畜矛盾，减轻天然草原压力，改善和恢复草原生态环境，保障畜产品和生态安全，构建"草原增绿、牧业增效、牧民增收"的共赢局面，推进牧区人与自然和谐发展。

三、任务目标

（一）2011 年开鲁县良种补贴任务

多年生牧草保留补贴面积：2010 年保留面积补贴共 46 200 亩。

多年生牧草新建补贴面积：2011 年新建多年生牧草面积 17 100 亩。

一年生牧草补贴面积：2011 年一年生牧草补贴 236 694.65 亩。

（二）2011 年新建多年生、一年生牧草质量目标

1. 多年生牧草质量标准

播种地块要有井浇条件，进行精细整地，地块要有专人管理，以基本苗数和产量指标确定给予补贴。种植当年基本苗数每延米有效苗数不低于 9 株。第二年以后产量指标每亩产干草不低于 150 千克。做好牧草生长时期的除杂草、追肥、灌溉等管理工作，保证牧草生长良好。

2. 一年生牧草种植质量标准

播种地块进行精细整地，要有专人管理，出苗率在 90% 以上，做好生长时期的除杂草、追肥、灌溉等管理工作，保证长势良好。

四、项目地点、内容及规模

（一）项目地点

项目共涉及全县 11 个镇（场）、1 个牧场、1 个种畜场、1 个水库，计 9 560 户。

1. 多年生牧草保留补贴面积地点

包括东风镇、小街基镇、建华镇、义和塔拉镇、清河牧场。

2. 多年生牧草新建补贴面积地点

包括东风镇、小街基镇、建华镇、义和塔拉镇、清河牧场、开鲁镇。

3. 一年生牧草补贴面积地点

包括东风镇、小街基镇、建华镇、开鲁镇、种畜场、黑龙坝镇、大榆树镇、幸福镇、麦新镇、他拉干水库、东来镇、义和塔拉镇、保安农场。

（二）补贴内容及规模

1. 补贴内容

多年生牧草、一年生牧草。

2. 补贴规模

全县多年生牧草保留补贴面积 46 200 亩，多年生牧草新建补贴面积 17 100 亩，一年生牧草补贴 236 694.65 亩。

五、补贴方案

（一）补贴范围

2011 年牧草良种补贴对全县优质多年生牧草和一年生牧草实行全覆盖补贴。补贴牧草种类如下。

1. 多年生牧草

敖汉苜蓿、阿尔岗金苜蓿、黄花苜蓿、直立型扁蓿豆、普通沙打旺、杂花沙打旺、东北羊草、扁穗冰草、披碱草、无芒雀麦、老芒麦等。

2. 一年生牧草

苏丹草、饲用高粱、甜高粱、草谷子、高粱苏丹草杂交种、御谷以及其他禾本科一年生牧草等品种。

（二）补贴对象

对生产中使用牧草良种的农牧民和其他生产者给予补贴。

（三）补贴标准

新建优良多年生牧草每亩补贴 50 元，在 1 年内补给。2010 年以前的保有面积补贴标准为 10 元/亩（达到亩产干草 100 千克以上给予补贴）。

优良一年生牧草补贴标准为 10 元/（亩·年）。

（四）补贴方式

符合补贴条件农牧民可向各镇政府、村委会组织提出牧草补贴申请；提出申请后，由农牧业部门进行核实查证，经确认符合条件者，由县财政部门和农牧业部门把补贴资金以一卡通或现金的形式发放给农牧民。

六、工作内容及要求

（一）公开推荐优良品种

开鲁县草原站具体负责本地区牧草良种的选定，良种确定后，由开鲁县农牧业局公开向社会发布。

（二）严格核实种植面积

由开鲁县草原站负责以嘎查（村）为单位，协同镇（场）政府及嘎查（村）委员会核实、监测、登记人工草地的所属（户主）、位置（GPS 定位，50 亩以上打 4 个以上的点）、品种、面积和产量等内容；由通辽市草原站对上报数据进行核查、监测、汇总并成图；由内蒙古自治区草原站对全区进行抽查、监测、审核、汇总成图后，报自治区农牧业厅和财政厅。

（三）严格补贴资金发放程序

人工草地采取补贴资金直接发放的方式。对牧草良种补贴实施后，在村级进行公示制，将补贴农户、补贴面积、补贴标准、补贴金额等进行 5 天公示，公示期间设立监督电话，接受群众监督，确保补贴足额到户。公示无疑议后，由县财政部门、农牧业局按照程序直接打到种植户一卡通账号上。

（四）健全牧草良种补贴档案

加强牧草良种补贴项目管理，建立健全牧草良种补贴档案。开鲁县草原站要将人工草地户清册、属性表、相关文件、方案、公示资料、影像资料等建档立案。

七、技术支撑

为切实做好牧草良种补贴的实施工作，由开鲁县草原站完成人工种草的技术支撑工作，对全县人工种植优良牧草进行技术指导和服务，并负责起草技术手册。

八、经费概算及时间进度

优良多年生牧草新建每亩补贴 50 元。2011 年每亩补贴 50 元，项目区新建牧草总面积 1.71 万亩；2012 年合计补贴 85.5 万元。2010 年以前的牧草保有面积每亩补贴 10 元，项目区保留面积为 4.62 万亩，合计补贴 46.2 万元。优良多年生牧草 2011 年总计补贴 131.7 万元。

优良一年生牧草每亩补贴 10 元。全县项目区种植总面积 23.669 465 万亩，合计补贴 236.69 465 万元。

其他费用：包括购买仪器设备费、技术培训费、交通费等费用，合计 8.1 万元。

项目共需资金 376.49 465 万元。其中国家直接补贴种草农牧民资金 368.39 465 万元，地方配套资金 8.1 万元。

项目从 2011 年 6 月开始建设，年底结束。

九、保障措施

（一）明确职责，强化协调配合

人工草地牧草良种补贴项目涉及范围广、部门多、任务重，承接千家万户，需要各部门协调配合，明确分工，履行职责，形成合力，保证补贴资金发放到位，技术普及到位，切实为农牧民搞好服务。

（三）健全制度，规范管理

建立健全人工草地良种补贴项目的管理制度、品种推介制度、补贴面积审核制度、补贴资金发放制度、信息档案管理制度、监督检查制度及项目验收制度，规范项目管理。

（四）强化资金管理，配套工作经费

项目资金要专款专用，切实按照国家规定严格使用。任何地方、单位和个人都不得虚报人工草地良种补贴面积，不得套取、挤占、挪用补贴资金。

（五）制定相关配套政策，推动草产业发展

实施牧草良种补贴项目是加快草产业发展的难得机遇。牧草良种补贴项目尽管补贴规模比较大，但就单位面积而言，补贴资金相对较少，需要政府继续加大或制定实施人工种草优惠政策，与牧草良种补贴项目一并落实，充分发挥水热资源优势，大力推广苜蓿等优质牧草，有效解决优质牧草，特别是蛋白饲草短缺的问题，更进一步推进草产业的发展。

十、效益分析

（一）社会效益

种草主要目的是养畜，大力种植优质牧草，必然促进草食牲畜——牛、羊等更快发展，优化畜牧业内部结构，推进畜牧业产业化，促进食品加工、制革、生化等工业发展，实现贸、工、农一体化经营。

（二）经济效益

发展种草养畜，加速农民增收。发展优质牧草养畜，优化配置畜牧业生产要素，降低经营成本，加速畜牧业经济发展，增加了农民收入。种植优质牧草紫花苜蓿2亩或青饲玉米1亩，可提供成年奶牛1年的蛋白饲料需求，既节省了蛋白饲料又可提高产奶率10%以上，年可增加收入1 500元以上，即使卖商品鲜草，每亩也可收入800元左右。由此可见，种草养畜效益比较高，是农民快速增收的一条新的重要途径。

（三）生态效益

发展种草养畜，促进生态建设。大力种草养畜，既发展草食牲畜，又培肥地力，改善土壤结构，保水保土，减灾、防灾、抗灾，加快林草复合型生态建设，推动国民经济持续发展。

总之，大力发展优质牧草，可使养畜效益增加，促进畜牧业生产方式的根本转变，最终实现生态、社会、经济效益的有机统一。

第三节　加大秸秆转化力度，大力发展农区畜牧业

20世纪90年代中期，由于草牧场的不断退化、沙化，以及超载放牧等多种因素的制约，单一的草原畜牧业已不能适应形势的需要。为了摆脱困境，只有走农区养畜、秸秆转化之路。开鲁县年产各类秸秆18万吨，主要包括玉米秸秆、麦秸、稻草、豆秸等。综合利用农作物秸秆资源，制作各种秸秆饲料，不仅会减少精料的投喂量，降低养殖成本，减轻焚烧秸秆带来的环境污染，提高乳肉品质，促进畜牧业的发展，使得人畜争粮的问题得以解决，而且减少放牧，使草场得以保护；同时加大饲草料加工收贮力度，确保牲畜安全越冬，为畜牧业的健康发展打下坚实的物质基础。

一、秸秆饲料制作方法简介

物理方法：利用人工及机械进行切短、粉碎、揉搓等处理。改变秸秆的物理性状，使秸秆破碎、软化、降解，从而便于家畜咀嚼和消化。

化学处理：把秸秆放入密闭的容器内（窖池等），经过微生物的发酵作用，达到长期保存其营养成分的一种处理技术方法，具有营养损失较少、饲料转化率高、适口性好、保存期长等优点。

长期推广使用的是秸秆"三化两贮"饲料，包括青贮饲料、微贮饲料、盐化饲料、糖

化饲料、氨化饲料。

青贮饲料：是将切碎的新鲜玉米秸秆，通过微生物厌氧发酵和化学作用，在密闭无氧条件下制成的一种适口性好、消化率高和营养丰富的饲料，是保证常年均衡供应家畜饲料的有效措施。用青贮方法将秋收后尚保持青绿或部分青绿的玉米秸秆较长期保存下来，可以很好地保存其养分，而且质地变软，具有香味，能增进牛、羊的食欲，解决冬春季节饲草的不足。同时，制作青贮饲料比堆垛同量干草要节省一半占地面积，还有利于防火、防雨、防霉烂及消灭秸秆上的农作物害虫等。

青贮的方式有很多种，根据饲养规模，地理位置，经济条件和饲养习惯可分为：窖贮、袋贮、裹包青贮、池贮和塔贮，也可在平面上堆积青贮等。常见的为窖贮和裹包青贮。

微贮饲料：是在农作物秸秆中加入微生物发酵剂，放入一定的容器（水泥池、土窖、缸、塑料袋等）中发酵或在地面进行发酵，经过一定的发酵过程，使农作物秸秆变成带有酸、香味，家畜喜欢食用的粗饲料。具有秸秆利用率高、成本低、增重快，无毒害等特点，可以作为一种处理秸秆的新技术，生产的饲料广泛应用于草食家畜的饲养。可采用水泥窖或土窖进行制作。这一技术的成功应用，为我国农区作物秸秆的有效利用和发展农区畜牧业开辟了新的途径。

盐化饲料：将秸秆铡碎成 1～2 厘米或丝状，用 1% 盐水搅拌均匀后，装入密闭的容器内，经过 1～2 天的发酵制作而成的饲料。可以软化秸秆纤维，改善适口性，提高利用率，补充畜体内钠、氯元素。可缸贮、池贮、塑料袋或水泥地堆贮。

糖化饲料：把秸秆、玉米芯（或秕谷、稻壳、糠麸等）粉碎掺上一定比例的玉米面（淀粉），加入一定比例的糖化酶制剂，通过酶解作用，把饲料中的碳水化合物转化为单糖，以提高饲料的适口性和消化率。可进行堆贮、池贮、缸贮及小型工厂化生产。

氨化饲料：是将农副秸秆收割后，待水分下降到 20%～45% 时，切碎、装窖、压实、密闭在氨化池内，经氨解反应，调制成一种柔软易消化的氨化饲料。秸秆经氨化处理后，能提高饲料中粗蛋白的含量。再者，氨化处理后的粗饲料柔软，适口性好，因此提高了动物的采食量。可采用堆垛法、池窖和袋装法等。

（一）秸秆微贮技术操作规程

秸秆微贮饲料就是在农作物秸秆中加入微生物高效活性菌种——秸秆发酵活干菌，放入密封的容器（如水泥窖、土窖）中贮藏，经过一定的发酵过程，使农作物秸秆变成具有酸香味，草食家畜喜食的饲料。

1. 秸秆微贮饲料的主要特点

（1）提高秸秆的利用率

农作物秸秆经微贮处理，可使粗硬秸秆变软，适口性增强，并且有酸、香味，刺激家畜的食欲，加大采食量。同时，还能够提高消化率和秸秆可利用的营养价值。

（2）成本低，效益高

每吨干秸秆可制成 2 吨微贮饲料（可供 1 头成年牛饲喂 4～5 个月的时间），只需用 3 克秸秆发酵活干菌（价值 12 元），而每吨秸秆氨化则需用 30～50 千克尿素。在同等饲养条件下，秸秆微贮饲料对牛羊的饲喂效果优于或相当于秸秆氨化饲料，而且使用秸秆发酵活干菌可解决畜牧业与农业争化肥的矛盾。牛、羊采食微贮饲料，增重快，牛每头每日可提高增重 250～350 克，羊每只每日可提高增重 30～80 克。

（3）秸秆来源广泛，制作简便

玉米秸、麦秸、稻秸等，无论是干秸秆还是青秸秆，都可用秸秆发酵活干菌制成优质微贮饲料。制作季节长，与农业不争劳力、不误农时。开鲁县除冬季外，春、夏、秋 3 季都可制作微贮饲料。秋季（9—11 月）玉米秸秆微贮（趁鲜微贮）→春季（翌年 3—4 月）干玉米秸秆微贮→夏季（7 月中下旬）麦秸微贮→秋季（9—11 月）玉米秸秆微贮，以实现秸秆微贮饲料常年均衡供应。其中秋收后的 10 月中、下旬为最佳制作时间。制作技术简单，与传统青贮相似，易学易懂，容易普及推广。微贮饲料可长期保存，且无毒无害，安全可靠。另外，秸秆微贮饲料取用方便，随需随取随喂，不须晾晒。

2. 制作秸秆微贮饲料的具体步骤

（1）微贮窖（池）的准备

制作微贮饲料与青贮方法相似，可以用砖石结构的永久性窖池，也可用土窖。但由于微贮饲料发酵时间较短（一般 21～30 天），以永久性窖池为好，利于多次重复使用。

微贮窖的规格和大小要根据饲养牛羊的头数来定。从实际操作情况看，微贮窖不要太宽、太深，一般宽度以 1.5 米左右为宜，深度不宜超过 2 米（地下水位高的地方可以宽 2.0 米，深 1.5 米）。这样既可防止截面过大，饲喂时微贮饲料发生腐烂变质，又可避免窖太深，取用贮料不便。微贮窖的长度可以根据贮量和窖址的具体情况而定，长短均可以。最好每 2 米建 1 个隔墙，既可避免取喂时造成局部霉烂变质，又可以交替使用。

每立方米微贮窖可容纳 200～300 千克干秸秆（能制作出 400～600 千克微贮饲料，可供 1 头成年牛 30～40 天食用）。

微贮窖的建造，一般选在地势高、排水容易、土质坚硬、离畜舍近的地方，便于取用。

（2）菌种的复活和菌液的配制

秸秆发酵活干菌每袋 3 克，可处理麦秸、稻秸、玉米干秸秆 1 吨或青秸秆 2 吨。在处理秸秆前，先将菌剂倒入 200 毫升 1% 的白糖水中充分溶解。放置 1～2 小时，使菌种复活，然后再将复活好的菌剂倒入充分溶解的 0.8%～1.0% 的食盐水中拌匀。4 立方米用秸秆发酵活干菌 1 袋（3 克），食盐 6～8 千克。水 1 000 千克左右。必须首先将食盐溶于水后加入菌剂，避免后加食盐，溶解时水温下降，影响菌种的活性。复活好的菌剂一定要当天用完，不可隔夜使用。

（3）微贮原料的准备

制作微贮饲料的秸秆，无论干秸秆还是青秸秆，都必须铡短，养羊用 3～5 厘米，养牛用 5～8 厘米。

（4）踩实封严

将配制好的菌液按比例均匀喷洒在秸秆上，一层 30～40 厘米为宜，拌匀踩实（也可以在窖外将秸秆拌匀后，铺在窖中踩实），同时撒上秸秆量 0.5% 的玉米面（进行麦秸微贮时，可洒上秸秆量 1.5% 的玉米面），反复几次直到高出窖口 40 厘米。一定要踩实，踩得越实，装得越多，效果越好，既提高了微贮窖的利用率，又可保证微贮质量。

微贮饲料含水量要求在 60%～70% 最为理想。因此，在装窖时，要随时检查秸秆含水量是否合适，各处是否均匀一致，特别要注意层与层之间水分的衔接，不得出现夹干层。含水量的检查方法是：抓取秸秆试样，用双手扭拧，若有水往下滴，其含水量约为 80% 以上；若无水滴，松开手后看到手上水分很明显约为 60% 以上；若手上有水分（反光）约为 50%～55%；感到手上潮湿约 40%～45%；不潮湿在 40% 以下。

微贮窖装满后，在最上面一层均匀撒上食盐粉（每平方米用量 250 克），以防止微贮饲料上面发生霉烂变质。充分压实后，盖上塑料薄膜，再盖上 20～30 厘米厚的稻秸或麦秸等，然后覆土 20～30 厘米，不要用泥抹。

秸秆微贮后，窖池内贮料会慢慢下沉，需要及时加盖土，使之高出地面；并在周围挖好排水沟，以防雨水渗入。

（5）秸秆微贮饲料的利用

农作物秸秆微贮饲料应以饲喂草食家畜为主，可以作为家畜日粮中的主要粗饲料，饲喂时要与酒糟、玉米面、干草或干秸秆粉等搭配使用，不宜单独饲喂。开始时，家畜对微贮饲料有一个适应过程。应循序渐进，逐步增加微贮饲料的饲喂量。一般每天每头（只）的饲喂量为：牛 15～25 千克，羊 1～3 千克，马、驴、骡 5～10 千克。

秸秆微贮 25～30 天即可取喂。取料时要从窖池一角开始，按截面顺序水平取喂，也可按平面顺序从上到下逐层取喂；每次饲喂微贮饲料时，要将饲槽打扫干净。为了防止和减少变质，微贮饲料要随取随用，不可一次取出过多，堆放室内外，喂用多天；坚持每天取喂，不能间断，最好每天取喂微贮料 10 厘米以上。每次取喂完微贮饲料后，必须立即将窖口封严，并用草帘或干玉米秸等覆盖好，以降低窖内温度，同时也可防止掉进泥沙；冬季饲喂家畜时，冻结的微贮饲料必须化开后再饲喂。最好是暖舍饲喂，从窖中刚刚取出的微贮饲料温度相对较高，遇到冷空气形成冻霜，再饲喂牲畜时，容易造成下痢或引起流产；妊娠母畜可以少喂，临产前的母畜或发生拉稀的牲畜应停喂。另外，由于微贮饲料在制作时加入了食盐，这部分食盐应在饲喂牲畜的日粮中扣除（表 3-12）。

表 3-12　食盐、水、菌种、玉米面饲喂量的计算方法

秸秆种类	秸秆重量/千克	秸秆发酵活干菌用量/克	玉米面用量/千克	食盐用量/千克	自来水用量/千克	贮料含水量/%
稻麦秸秆	1 000	3.0	15	9～12	1 200～1 400	60～70
黄玉米秆	1 000	3.0	5	6～8	800～1 000	60～70
青玉米秆	2 000	3.0	5		适量	60～70

（二）青贮饲料调制技术

1. 青贮原料的准备

玉米青贮分为两种，一种是专门为青贮而种的玉米，这种青贮要求在乳熟后期收割，将茎叶与玉米棒子一起切碎进行青贮；另一种是收获籽实以后用秸秆青贮，这种玉米秸秆失水约 20%～30%，因此，青贮时需要加水，使含水量达 70% 才能保证青贮质量。在利用农作物秸秆调制青贮饲料时，为了减少秸秆营养损失，应在不影响作物产量的情况下，

尽量争取提前收割。

2. 青贮窖地址的选择与建造

青贮窖的地址应选择地势较高，排水流畅，土质坚硬，地下水位低，距畜舍较近，取用方便的地方。青贮窖的形状因地制宜，目前最常用的是长方形青贮窖。这种青贮窖的最大优点是可以从一头开窖、取用方便。从建筑材料区分，可分为土窖和永久性窖两种。利用土窖调制青贮饲料时，在窖的底部和四周一定要铺一层塑料薄膜，防止青贮原料直接接触土壤，造成霉烂变质。青贮窖的大小，根据要饲养的牲畜头数来定。每立方米青贮窖可容纳原料 500～600 千克，压得越实，装得越多。

3. 制作青贮饲料的具体步骤

（1）铡碎秸秆

青贮时，先将秸秆铡碎，铡碎长度 1～2 厘米为宜，这样青贮时易于踩实和提高青贮窖的利用率，保证青贮饲料的制作质量。

（2）装窖

先在青贮窖底部铺放 30 厘米厚的秸秆，上面用水瓢均匀浇水后踩实，切忌用水倾倒。然后再铺放 30 厘米厚铡碎的秸秆，踩实。铺放塑料薄膜的窖池，可以直接铺放青贮原料。若秸秆较干，需浇水搅拌均匀后踩实。等到青贮原料高出窖口 40 厘米左右封口。

（3）封窖

青贮窖内的秸秆高出窖口 40 厘米左右时，再充分踩实，覆盖塑料薄膜后，在上面覆土 30 厘米再踩实。覆土后的窖顶呈馒头状，中间高、四周低。若泥土下沉或出现裂缝时，应及时填土踩实。平时要加强管理，防止牲畜踩蹈和拱出坑洞。

4. 青贮饲料制作成败的关键

（1）准确掌握含水量

青贮饲料的含水量为 60%～70%，装窖时，每层秸秆踩实前都要随时检查其含水量。注意含水量是否合适，各处是否均匀一致，层与层之间是否有夹干层。检查含水量的简单方法是用手攥紧青贮饲料，从指缝流出水滴但不滴水为宜。

（2）踩实

青贮原料装窖后，必须踩实，踩的越实越好。如果踩实不紧，窖内残存的空气有利于霉菌、腐败菌的生长，造成青贮饲料霉烂变质。

（3）密封

封窖时，窖口必须用塑料薄膜覆盖后，上面压上 30 厘米厚的土，以保证空气不能进入窖内。如窖口密封不好，容易造成窖上部一层霉烂变质。

（三）（全株玉米）青贮饲料制作技术

1. 制作原理

碳水化合物（糖分）在乳酸菌作用下产生乳酸的过程。

2. 青贮的概念

青贮是指把青绿多汁的青饲料（鲜玉米秸秆、牧草等）在厌氧的条件下（经过微生物发酵作用）保存起来的方法。

青贮饲料是将切碎的新鲜玉米秸秆，通过微生物厌氧发酵和化学作用，在密闭无氧条件下制成的一种适口性好、消化率高和营养丰富的饲料，是保证常年均衡供应家畜饲料的有效措施。用青贮方法将秋收后尚保持青绿或部分青绿的玉米秸秆较为长期地保存下来，可以很好地保存其养分，使其质地变软，具有香味，能增进牛、羊食欲，解决冬春季节饲草的不足。同时，制作青贮料比堆垛同量干草要节省一半占地面积，还有利于防火、防雨、防霉烂及消灭秸秆上的农作物害虫等。

人类利用青贮的方法来保存饲料有着几千年的历史，青贮饲料已在世界各国畜牧生产中普遍推广应用，是饲喂反刍家畜（奶牛、肉牛、奶羊、肉羊、鹿、马、驴等）重要的青绿多汁饲料。

3. 青贮的意义

（1）营养丰富

青贮可以减少营养成分的损失，提高饲料利用率。一般晒制干草养分损失 20％～30％，有时多达 40％以上，而青贮后养分仅损失 3％～10％，尤其能够有效地保存维生素。另外，通过青贮，还可以消灭原料携带的很多寄生虫（如玉米螟、钻心虫）及有害菌群。

据测定，在相同单位面积耕地上，所产的全株玉米青贮饲料的营养价值比所产的玉米籽粒加干玉米秸秆的营养价值高出 30％～50％。

（2）增强适口性

青贮饲料柔软多汁、气味酸甜芳香、适口性好；尤其在枯草季节，家畜能够吃到青绿饲料，自然能够增加采食量。同时还促进消化腺的分泌，对提高家畜日粮内其他饲料的消化也有良好的作用。实验证明：用同类青草制成的青贮饲料和干草作比较，青贮料的消化率有所提高（表 3－13）。

表 3－13　青贮料与干草消化率比较

单位：％

种类	干物质	粗蛋白	脂肪	无氮浸出物	粗纤维
干草	65	62	53	71	65
青贮料	69	63	68	75	72

（3）提高产奶量

大量的饲喂实验表明：饲喂青贮饲料可使产奶家畜提高产奶量 10％～20％，提升幅度受青贮原料的营养含量及青贮后品质的影响。

（4）制作简便

青贮是保持青饲料营养物质最有效、最廉价的方法之一。青贮原料来源广泛，各种青绿饲料、青绿作物秸秆、瓜藤菜秧，高水分谷物、糟渣等，均可用来制作青贮饲料；青贮饲料的制作不受季节和天气的影响；制作工艺简单，投入劳力少；与保存干草相比，制作青贮饲料占地面积小，易保管。

（5）保存时间长

青贮原料一般经过 40～50 天的密闭发酵后，即可取用饲喂家畜。保存好的青贮饲料可以存储几年或十几年的时间。

生产实践证明，青贮饲料不但是调剂青绿饲料欠丰，以旺养淡，以余补缺，合理利用青饲料的一项有效方法，而且是规模化、现代化养殖，大力发展农区畜牧业，大幅度降低养殖成本、快速提高养殖效益的有效途径。与此同时，也是提高畜产品品质，增强产品在国内、国际市场竞争力的一项有力措施。

4. 制作青贮料的关键

（1）技术关键

制作青贮料的技术关键是为乳酸菌的繁衍提供必要条件：一是在调制过程中，原料要尽量铡短，装窖时踩紧压实，以尽量排除窖内的空气。二是原料中的含水量在 65%～70% 时（即用手刚能拧出水而不能下滴时），最适于乳酸菌的繁殖。青贮时应根据玉米秸的青绿程度决定是否需要洒水。三是原料要含有一定量的糖分，一般玉米秸秆的含糖量符合要求。

（2）青贮饲料制作成败的关键

①原料要有一定的含水量

一般制作青贮的原料水分含量应保持在 65%～70%，低于或高于这个含水量，均不易青贮。水分高了要加糠吸水，水分低了要加水。

②原料要有一定的糖分含量

一般要求原料含糖量不得低于 2%。

③青贮过程要快

缩短青贮时间最有效的办法是快，一般小型养殖场青贮过程应在 3 天内完成。这样就要求做到快收、快运、快切、快装、快踏、快封。

④压实

在装窖时一定要将青贮料压实，尽量排出料内空气，不要忽略边角地带，尽可能地创造厌氧环境。

⑤密封

青贮容器不能漏水、露气。一定要注意日后的维护工作。

5. 青贮饲料制作流程及利用

（1）青贮设备的准备

材料：窖池、原料、加工机械、塑料布等。

根据饲养家畜头数的多少设计青贮池的大小，一般每立方米青贮池可容 650～700 千克原料。青贮池应建在离畜禽较近，地势高燥，土质坚实，地下水位低，背风向阳，便于运送原料的地方，要坚固牢实，不透气，不漏水。

（2）原料加工及调制

把新鲜的玉米秸秆铡成 3～5 厘米的长度，然后将切碎的原料填入池中，边入料，边压实，创造无氧条件。每填入 30 厘米时，根据秸秆的水分含量，用喷雾器或手工加入适当的清洁水，使青贮饲料的秸秆湿度达到 60%～75%。装填的原料应高出池面 1 米左右，表面覆盖一层塑料布，并立即用土严密封埋。

（3）开窖评测及利用

青贮饲料经过 40～50 天封存后可开池饲喂。开窖后首先要判定青贮料品质的好坏，若呈绿色或黄绿色，有酸香味，质地软，略带湿润，茎叶仍保持原状，池内压得非常紧密，拿到手里却松散，均为品质优良，即可饲用。如已变质腐败会有臭味，质地黏软等表现，切勿饲喂，以防中毒。开封后不可将青贮饲料全部暴露在空气中，取完后立即封口压实。取出的青贮饲料应尽快喂完，切勿放置时间过长，以免变质。

6. 制作方法

青贮的方式有很多种，根据饲养规模、地理位置、经济条件和饲养习惯可分为：窖贮、袋贮、包贮、池贮和塔贮，也可在平面上堆积青贮等。常用的青贮方式及其方法有以下几种。

（1）窖贮

窖贮是一种最常见、最理想的青贮方式。虽一次性投资大些，但窖坚固耐用，使用年限长，可常年制作，贮藏量大，青贮的饲料质量有保证。

根据地势及地下水位的高低可将青贮窖分为：地下、地上和半地下 3 种形式。

①选址

一般要在地势较高、地下水位较低、背风向阳、土质坚实、离饲舍较近、制作和取用青贮饲料方便的地方。

②窖的形状与大小

窖的形状一般为长方形，窖的深浅、宽窄和长度可根据所养牛羊的数量、饲喂期的长短和需要储存的饲草数量进行设计。青贮窖四壁要平整光滑，最好用砖或石头垒砌，再用水泥抹上。也可以用土坯砌成土窖，但底面和四周要用水泥抹面，或全部用塑料薄膜铺面，一定要注意防止渗水和漏气。要能够密封，防止空气进入，且有利于饲草的装填压实。窖底部从一端到另一端须有一定的坡度，或一端建成锅底形，以便排除多余的汁液。一般每立方米窖可青贮全株玉米 500～600 千克。

③制作过程

原料切割的长度一般为 1～3 厘米（如过长则不利于压实，切的短，装填时可以压得更实，有利于排除其中的空气，利于以后青贮饲料的取用，牲畜也便于采食减少浪费），切短后的青贮原料要及时装入青贮窖内，可采取边粉碎边装窖边压实的办法。

装窖时，每装 20～40 厘米时就要踩实一次（若有机械进行压踏更为理想），特别要注意踩实青贮窖的四周和边角。同时检查原料的含水量（一般要求在 65% 左右），尽可能缩短青贮过程中微生物有氧活动的时间。如果当天或者一次不能装满全窖，可在已装窖的原料上立即盖上一层塑料薄膜，次日继续装窖。青贮原料一般要求含糖不得低于 2.0%（如果原料中没有足够的糖分，就不能满足乳酸菌的需要）。青贮玉米含有较丰富的糖分（一般在 4% 以上），所以青贮时不需添加其他含糖量高的物质。切记在青贮过程中一定要压实，否则氧气残留过多，会导致部分原料发生霉变，这是导致青贮失败的主要原因之一。

尽管青贮原料在装窖时进行了踩压，但经数天后仍会发生下沉。这主要是受重力的影响，导致原料间空隙减少及水分流失。为此，在装窖时，青贮原料装满后，还需再继续装至原料高出窖的边沿 50～80 厘米，然后用整块塑料薄膜封盖，再盖 1～2 层草包片、草席等物，最后用泥土压实 泥土厚度 30～40 厘米并把表面拍打光滑，窖顶隆起成馒头形状。

随着青贮的成熟及土层压力的变化，窖内青贮料会慢慢下沉，土层上会出现裂缝，出现漏气，如遇雨天，雨水会从缝隙渗入，使青贮料败坏。有的因装窖时踩踏不实，时间稍长，青贮窖会出现窖面低于地面，雨天会积水。因此，要随时观察青贮窖，发现裂缝或下沉，要及时覆土，以保证青贮成功。

一般经过 40～50 天（每天平均温度 20～35℃）的密闭发酵后，即可取用饲喂家畜（保存好的青贮饲料可以存贮几年或十几年的时间）。

（2）裹包青贮

裹包青贮是一种利用机械设备完成秸秆或饲料青贮的方法，是在传统青贮的基础上研究开发的一种新型饲草料青贮技术。

①裹包青贮的制作

将粉碎好的青贮原料用打捆机进行高密度压实打捆，然后通过裹包机用拉伸膜包裹起来，从而创造一个厌氧的发酵环境，最终完成乳酸发酵过程。这种青贮方式已被欧洲各国、美国和日本等世界发达国家广泛认可和使用，在我国有些地区也已经开始尝试使用这种青贮方式，并逐渐把它商品化。

②裹包青贮的优点

裹包青贮与常规青贮一样，有干物质损失较小、可长期保存、质地柔软、具有酸甜清香味、适口性好、消化率高、营养成分损失少等特点。同时还有以下几个优点：制作不受时间、地点的限制，不受存放地点的限制，若能够在棚室内进行加工，也就不受天气的限制了。与其他青贮方式相比，裹包青贮过程的封闭性比较好，通过汁液损失的营养物质也较少，而且不存在二次发酵的现象。此外裹包青贮的运输和使用都比较方便，有利于它的商品化。这对于促进青贮加工产业化的发展具有十分重要的意义。

③裹包青贮的缺点

裹包青贮虽然有很多优点，但同时也存在着一些不足。一是这种包装很容易被损坏，一旦拉伸膜被损坏，酵母菌和霉菌就会大量繁殖，导致青贮料变质、发霉。二是容易造成不同草捆之间水分含量参差不齐，出现发酵品质差异，从而给饲料营养设计带来困难，难以精确地掌握恰当的供给量。

（3）堆贮

平面堆积青贮适用于养殖规模较小的农户，如养奶牛 3～5 头或者养羊 20～50 只，可以采用这种方式。平面堆积青贮的特点是使用期较短，成本低，一次性劳动量投入较小。制作的时候需要注意青贮原料的含水量（一般要求在 65％左右），要压实、密闭。这些环节将直接影响青贮料的品质。

7. 采收时间

优质的青贮原料是调制优质青贮饲料的物质基础。青贮饲料的营养价值，除与原料的种类和品种有关外，还受收割时期的直接影响。适时收割能获得较高的收获量和优质的营养价值（注意保持植株的新鲜和清洁，收后防暴晒和堆压发热）。

以玉米为例，一般在乳熟后期至蜡熟前期收获，其间含水量控制在 65％～70％为宜。如果含水量过高，应在切碎前进行短时间晾晒，除去多余的水分。

青贮玉米乳熟中期鲜产量最高，随着籽粒灌浆和成熟度的提高，全株鲜产量及蛋白质含量有所下降。但乳熟后期至蜡熟前期（即 1/4 乳线），全株具有较高的干物质和蛋白质总量，具有适宜青贮的最佳含水量，其青贮后中性洗涤纤维（NDF）和酸性洗涤纤维（ADF）的含量最低，此时消化率最高。

青贮玉米什么时间采收最理想，决定了青贮饲料制作的时间，一般 8 月下旬至 9 月下旬最好。

8. 使用方法

一般情况下，青贮饲料经过 30～45 天的封存即可完成发酵过程，可以开始取用。青贮饲料质量是好是坏，能不能饲用，可以从气味、颜色、触感 3 方面来判定。一般品质良好的青贮料具有酸香味，呈青绿色或黄绿色，拿在手上感觉松散，质地柔软，略带湿润。饲用时应注意几点。

第一，取料应从一角开始，自上而下，取用量以满足当天采食为准，用多少取多少，以保证青贮料新鲜，取后仍要注意密封。

第二，开始饲喂时家畜不大喜欢吃，要进行调教。可以在饲喂青贮料前让牛、羊饿上一两顿，等其饥饿时再喂，也可以在青贮料上面撒一些牛、羊比较喜欢吃的草料，让牛、羊慢慢适应其气味。

第三，喂量要由少到多，逐渐增加，一般情况下每头牛最多每天采食 20 千克，羊 3～5 千克。

第四，青贮料不可单喂，应与牧草或与其他干草搭配饲喂。TMR 技术效果最好。

第五，冬季如果青贮饲料结冰，应融化后再喂。

二、积极推广秸秆饲料制作技术，引导农牧民走为养而种，为加工而养的产业化之路

开鲁县委、县政府高度重视，每年都召开专门会议，研究落实工作任务，并将秸秆转化列为秋季农田基本建设的工作内容之一。专门成立了饲草料调制贮备工作领导小组，负责全县饲草料贮备制作工作。技术人员采取包镇场、包养殖户的方式，重点推广秸秆青贮和微贮饲料制作技术。县镇场也纷纷出台优惠政策，对建造青贮窖池、种植青贮作物或者购买秸秆加工机械进行补贴，调动了广大农牧民利用秸秆饲料养畜的积极性。实践证明：饲喂青贮饲料的奶牛，日产奶量可提高 10%～15%，牛奶的乳脂率也相应提高。1998—2018 年制作青贮饲料 115.75 万吨，转化制作其他秸秆饲料 145.57 万吨，每年调制各类农作物秸秆饲料 12.4 万吨，其中青贮饲料 5.5 万吨，微（黄）贮饲料 1.5 万吨，盐化饲料 3.0 万吨，糖化饲料 2.3 万吨，氨化饲料 0.1 万吨。每年新购进秸秆加工机械 300 台（套）以上，使全县累计机械达到 6 423 台（套）。每年新建用于制作秸秆饲料的永久性窖池 2 000 座左右，使全县永久性窖池达到 18 000 座，总容积达 47.1 万立方米。每年新建标准化棚舍 6 000 间以上，使全县累计棚舍达到 120 800 间以上。

开鲁经过多年的努力，秸秆转化率达到 70% 以上，制作方式从最初的窖池青贮发展到裹包青贮，从单纯的玉米秸秆切碎青贮到玉米全株青贮，从单一品种到混合青贮，有效地缓解了草畜矛盾，稳定了农业生态平衡，促进了农牧民增产增收。

三、重点工作情况报告及简报

王长双玉米秸秆微贮情况介绍（1998年）

王长双，三义井乡育新村村民，回族（与通辽市庆河乡回民村有一定渊源），已饲养育肥牛多年。曾利用青贮、酒糟、黄干贮等多种饲料喂牛，效果都不太理想。1997年11月，在有关部门及领导的支持和帮助下，县草原站技术人员在王长双家，现场指导制作了玉米秸秆微贮饲料2窖、6立方米，并于1998年7月4日对该户进行了回访。王长双说："微贮饲料真叫好，牛特别爱吃，爱上膘，出栏快（仅40天），成本又低，还节省精料（只稍加一点儿即可）。"

王长双家共制作微贮饲料3 000千克。11月14日封窖，30天后开窖，饲料颜色为黄绿色，具苹果香味，并有弱酸味，拿到手里感到很松散，质地柔软湿润，连玉米茎节都很松软，且整个窖无霉坏现象。微贮饲料开窖后即连续饲喂，刚开始时与酒糟搭配饲喂，后仅掺少量玉米面饲喂。10头牛饲喂40天即出栏，平均日增重500克左右，比单独饲喂酒糟的牛要早出栏10~20天（饲喂酒糟的30头牛，育肥期都在50~60天以上不等），而且成本较低，制作3 000千克微贮饲料的成本仅需200元左右，相当于1 000千克酒糟的价格。1 000千克酒糟220元，仅够10头牛吃4天，而且不好保存，容易霉烂。但花同样的钱制作的微贮饲料却能满足10头牛20天的需要，也就是说，微贮饲料的成本仅为酒糟的1/5，而且只要封严就不会腐烂，易保存。

另外，从王长双家制作的微贮饲料来看，也有不足之处，主要是制作时间较晚（11月14日）。一方面是窖的上层有10厘米左右的微贮饲料略有冰碴（未影响饲喂）。另一方面，玉米秸秆较干，玉米秸秆收割后即贮（趁鲜微贮）效果更好。

王长双又说："由于头一次搞微贮，不太认识，没有把握，窖建得比较小，贮量不大。但通过开窖饲喂，发现微贮饲料饲喂育肥牛效果非常好，后悔当初没有听技术人员的话多贮一些。所以在今年（1998年）春季就着手做准备，园子都没种，计划修两个更大的微贮窖，制作更多的微贮饲料，以满足育肥牛的需要，把育肥牛的生产提高到新的水平。"根据这个试点情况，开鲁县秸秆微贮工作提出如下建议和安排：

第一，全面做好玉米秸秆微贮饲料制作的准备工作（县草原站已与有关部门联系好秸秆微贮活干菌，7月10日前到货）。

第二，对全县近两年来的秸秆微贮情况进行全面的摸底调查，总结经验，找出不足，以求重新掀起秸秆微贮工作的高潮。

第三，立即着手准备进行麦秸微贮饲料的制作，以达到广开饲料资源的目的（县草原站拟在王长双家搞试点，一切工作已安排就绪）。

白斯琴家玉米秸秆青贮情况介绍（1998年）

1997年秋，义和塔拉苏木沙日温都嘎查的11户农民共制作青贮饲料14窖，360立方米，18万千克，养牛310头。其中以白斯琴家的玉米秸秆青贮效益最好。

白斯琴家 1997 年种植玉米 50 亩，专门用于青贮。9 月初在玉米乳熟期收割后进行青贮。共制作青贮饲料 3 窖，68 立方米，3.5 万千克。

白斯琴家已连续 3 年制作青贮饲料补饲适龄母牛，并且尝到了甜头。最明显的效益就是适龄母牛补饲青贮饲料后，发情早，而且受胎率高。白斯琴家 1997 年秋制作的青贮饲料，1998 年初开始对 20 头适龄母牛进行补饲，每天每头牛 10 千克左右。青贮饲料开窖后，基本保持原有的绿色，有较浓的酒香味。补饲青贮饲料的适龄母牛，由于膘情好，到 3 月 20 日即开始发情，3 月 23 日进行冷冻精液配种。截止到 5 月末补饲期结束，共冷配发情母牛 12 头，占适龄母牛总数的 60%（据开鲁县家畜改良站黄牛冷配技术人员介绍，3—5 月正是黄牛冷配的最佳时期，因此冷配的 12 头母牛无一反复）。而与其同村的巴特尔家的 16 头适龄母牛，由于没有补饲青贮饲料，膘情较差，到 6 月 24 日才开始发情，仅有 2 头母牛发情达到配种，占适龄母牛总数的 12.5%。据白斯琴介绍，以前没补饲青贮饲料时，由于适龄母牛的膘情不好，发情晚（一般都在 6 月末或 7 月初），受胎率低；当年产犊的适龄母牛基本不发情，得次年发情配种，隔年产犊，牛的繁殖成活率仅为 30%～40%。而对适龄母牛补饲青贮饲料后，由于膘情好，当年产犊，当年发情，当年配种，实现一年产一个牛犊，繁殖成活率达 75% 以上，提高了近 1 倍。补饲青贮饲料 3 年来，20 头适龄母牛每年繁殖成活犊牛都在 14～15 头以上，因此每年都可以卖十几头牛，收入 2 万元左右，效益非常好。白斯琴现在已不满足数量的增加，把眼光放在了提高质量上，决心向质量要效益。所以 1998 年投资上万元，租赁了草牧场，开展了黄牛冷配，以提高质量，提高效益。目前，沙日温都嘎查共组群适龄母牛 120 头，已冷配母牛 42 头。

开鲁县秸秆微贮饲料制作及利用情况的调查报告（1998 年）

秸秆微贮饲料就是在农作物秸秆中加入微生物高效活性菌种——秸秆发酵活干菌（该活干菌是由木质纤维分解菌和有机酸发酵菌通过生物工程技术制备的高效复合干菌剂），放入密封的容器（主要是水泥窖、土窖）中储藏，经过一定的发酵过程，使农作物秸秆变成具有酸香味、草食家畜喜食的优质饲料。具有成本低、效益高、适口性好、采食量大、消化率高、制作容易、无毒无害、作业季节长、与农业不争化肥、不争农时等优点。秸秆微贮技术是我国唯一通过国家级鉴定的处理秸秆的新的生物技术。

开鲁县从 1996 年开始推广秸秆微贮饲料制作技术，当年搞微贮饲料的有大榆树镇、建华乡、义和塔拉苏木、俊昌乡、坤都岭乡、和平乡、幸福乡、黑龙坝乡、清河牧场、他拉干水库 10 个单位，共制作微贮饲料 288 窖，3 192 立方米，1 596 吨，其中以大榆树镇为最好。大榆树镇仅福利村 1996 年就制作微贮饲料 10 窖，1 601 立方米，750 吨。村委会以以物代投的形式为每个制作微贮饲料的户补助 600 元（提供 4 000 块红砖）建微贮窖，微贮窖建成并贮上秸秆后，镇政府又为每户补助 150 元。

1997 年制作微贮饲料的有和平乡、大榆树镇、北清河乡、新华乡、三义井乡、清河牧场、他拉干水库等 7 个单位，共制作微贮饲料 133 窖，1 836 立方米，918 吨。其中以和平乡为最好，全乡 21 个村，有养牛户的 16 个村共制作微贮饲料 33 窖，580 立方米，290 吨。建微贮窖的砖款全部由各村委会统一核销，有的村还补助一定数量的占勤工或报销部分微贮菌苗款。

为了更进一步地了解和掌握微贮饲料的制作和利用情况，县草原站从 7 月 4 日开始对全县制作秸秆微贮饲料的重点乡（苏木、镇）进行了走访调查，计 4 个乡（苏木、镇）、6 个村（嘎查）、11 个制作微贮饲料的养殖户。这些被走访户共制作秸秆微贮饲料 14 窖，188 立方米，94 吨，饲喂牲畜 332 头（只）。同时还对微贮饲料发生腐烂变质的 5 户进行了重点调查，以探求其症结所在。现将调查的基本情况汇报如下。

总体来看，所有的被走访户制作的微贮饲料全部都得到了合理而有效的利用，开窖利用率达到了 100%。这在以前是少有的，可以说是历史性的突破。这是在实行家庭联产承包责任制的形势下，在发展市场经济的今天，出现的新的非常可喜的现象。

在制作技术方面，严格按操作规程（《海星牌秸秆发酵活干菌和秸秆微贮饲料技术》、1996 年畜牧简报第 9 期《秸秆微贮技术简介》、1997 年畜牧简报第 6 期《秸秆微贮技术要点》）进行制作的，均获成功，并且效果相当好。开窖时微贮饲料的颜色为黄白色或黄绿色，具有烂苹果的味道，略带酸香味或酒香味。密封良好的，无论是水泥窖还是土窖，无论窖的容积大小，均无霉坏现象发生。

在制作及利用时间上，1996—1997 年，制作微贮饲料的时间均在 10—11 月，最早为 10 月 12 日，最晚在 11 月 15 日前结束。开窖利用时间都在封窖后的 1 个月左右。大多数都在春节前后，也就是当年的 12 月到次年的 2 月初，陆续开窖饲喂牲畜。饲喂时间为 1 ～5 个月不等，最晚的一直喂到 5 月末结束。

在饲喂牲畜的种类上，主要以牛、羊为主。调查走访的 11 户中，饲喂育肥牛的 5 户，养牛 40 头。饲喂基础母牛的 5 户，养基础母牛 51 头。喂羊的 1 户，有羊 190 只。个别户还饲喂了马、驴、骡，效果均不错。

在取用方式上，主要以从窖一角开始，按切面顺序水平取喂为主，也有的开窖后按平面顺序从上至下取喂，或从窖一头向中间掏着喂。还有的开窖后，以大揭盖的形式，随便取喂。方法各异，效果不同。

在饲喂方法上，饲喂育肥牛的户，以单独饲喂微贮饲料，或与其他饲料（主要是酒糟、干玉米秸秆或玉米面等）搭配使用。饲喂适龄母牛的户则以补饲为主，也有全部饲喂微贮饲料的。总之，由于饲喂目的及饲养牲畜的种类和数量不同，饲喂方法也不尽相同，饲喂效果和收益也不尽相同。

在饲喂效果方面，普遍反映，利用秸秆微贮饲料饲喂育肥牛和基础母牛，省秸秆、省人工、秸秆利用率高，效果都不错。养牛户回答的都是"挺好""非常好""不错""还可以"等，都给予了肯定和非常高的评价。

饲喂育肥牛的户，效果非常明显。一是上膘快、出栏快；二是省精料，有的户基本不用或只添加少量的玉米面（有的户为了加快育肥牛的出栏速度，添加玉米面 1.5～3.0 千克）。其共同特点就是都获得了很高的经济效益。

饲喂基础母牛的户，主要以保膘为目的，通过补饲微贮饲料，保住了秋膘，强于补饲精料。补饲精料的基础母牛都略有掉膘，并且有趴蛋*现象；而补饲微贮饲料的基础母牛，完全保持住了基础母牛秋季的膘情，即使与补饲精料的基础母牛膘情相差无几，但也

---

* 方言。躺倒；不能动弹。——编者注

不趴蛋。而且凡是利用微贮饲料对基础母牛进行补饲的，犊牛的成活率都是 100%。

从各养畜户的情况看，调查走访的 5 个饲养育肥牛户中，以三义井乡育新村王长双、和平乡复兴村田珠和张忠 3 户效果最好。他们都是 1997 年 11 月份在县草原站技术人员指导下制作的秸秆微贮饲料，均在 1 个月后开窖饲喂育肥牛，且都取得了较好的经济效益。

王长双，11 月 14 日制作玉米秸秆微贮饲料 2 窖，6 立方米，3 000 千克。12 月 20 日开窖后即连续饲喂育肥牛，刚开始时与酒糟搭配饲喂，后期只喂微贮饲料并掺加少量的玉米面。10 头牛饲喂 40 天即出栏，平均日增重 500 克左右，比单独饲喂酒糟的牛要早出栏 10～20 天。成本较低，他制作的 3 000 千克微贮饲料的成本约 200 元左右，相当于 1 000 千克酒糟的价格。1 000 千克酒糟 220 元，仅够 10 头牛吃 4 天，而且保存不好还容易霉烂。但花同样的钱制作的微贮饲料却能满足 10 头牛 20 天的需要，也就是说，微贮饲料的成本仅为酒糟的 1/5，而且只要封严，就不会腐烂，容易保存。

田珠，11 月 1 日制作高粱（杂交种高粱）秸秆微贮饲料 2 窖，32 立方米，16 000 千克。6 头牛饲喂近 50 天出栏，每天添加玉米面 1.5 千克，尿素 75 克，盐 300 克，搅拌均匀掺在微贮饲料中饲喂，早 6：00 至晚 6：00 平均饲喂 3 次，每次让牛自由采食 1 个小时（采食量大约在 25 千克以上）。据他自己介绍，高粱秸秆微贮饲料，牛特别爱吃，每次添喂的都被吃得一点儿不剩，而且获得了很好的经济效益，纯收入 4 340.00 元（宰杀出售育肥牛总收入 10 320.00 元－买牛投入 5 500.00 元－饲料折款 480.00 元＝4 340.00 元）。

张忠，11 月 1 日制作玉米秸秆微贮饲料 1 窖，13.2 立方米，6 600 千克（7 亩地的玉米秸秆全微贮了）。共饲喂 14 头育肥牛，先采取酒糟与微贮饲料同喂，牛对饲喂微贮饲料适应后，不再掺喂酒糟，只添加玉米面饲喂。第一批育肥牛育肥期 3 个月，每天每头牛饲喂添加微贮饲料 7.5 千克、酒糟 4 千克，添加玉米面 2 千克。第二批育肥牛为了加速出栏，每天每头牛饲喂微贮饲料 15 千克以上，玉米面增加到 3～3.5 千克，育肥 1 个月即出栏。

由于开始时饲喂酒糟 1 500 千克，造成微贮饲料有了剩余。4 月份温度上升，要霉坏变质，所以采取了与亲戚、朋友、邻居一起合作饲喂的措施，使饲喂速度超过了腐烂速度，没有造成损失。另外，在饲喂牛的同时，还饲喂了马、驴、骡，效果均不错。他的 14 头育肥牛获纯利 5 600.00 元（宰杀出售育肥牛收入 19 990 元－买牛投入 12 000 元－饲料折款 2 390 元＝5 600 元）。每头牛获利都在 400 元左右。

利用微贮饲料饲喂基础母牛的 5 个养牛户，效果也都不错。其共同特点就是使基础母牛保住了秋膘，犊牛成活率高达 100%。

大榆树镇福利村的李守义和李景玉，都在 1996 年 10 月制作了玉米秸秆微贮饲料（每家 1 窖，16 立方米，8 000 千克）。11 月末开窖饲喂。李守义家采取舍饲形式，以饲喂微贮饲料为主，牲畜开始就很愿意吃，添多少吃多少。1996 年冬季至 1997 年春季没喂精料，基础母牛也没有发生掉膘现象。而往年不喂微贮饲料，母牛掉膘非常快。用他的话说："几天就瘦得像刀棱子似的。"饲喂微贮饲料的 2 年中，4 头适龄母牛每年都产 2～3 个牛犊，且全部成活。李景玉家则以放牧和饲喂干玉米秸秆为主，补饲微贮饲料为辅。牛一直处于不适应状态，如果饲喂时添加干玉米秸秆，微贮饲料就会剩下一些残渣（主要是玉米秸秆的硬节子等），反之则一点儿不剩。

和平乡八家村刘凤海，制作玉米秸秆微贮饲料喂羊，与其他养殖户相比，有许多非常特殊和独到的地方，其主要特点有以下几个方面。

第一，利用承包土地多、玉米秸秆多的优势。刘凤海虽然没有牲畜，但与有牲畜而饲料极其短缺的义和塔拉苏木柴达木嘎查牧民图门格日勒进行联合，于1997年10月22日制作了玉米秸秆微贮饲料1窖，24立方米，12 000千克。他们的合作，是一种共同投入、利益均沾的股份式合作。这样做，既解决了畜草矛盾，消除了秸秆集中堆放容易发生火灾等不安全因素，又为提高农牧业效益和抗灾保畜工作闯出了一条新路。

第二，土窖内衬塑料薄膜制作玉米秸秆微贮饲料获得了成功。无霉坏、无变质，与永久性水泥窖（池）制作的微贮饲料并无两样。另外，在制作过程中，由于窖比较长（6米），搅拌一直在一头（窖的南端）进行，造成积水，发酵程度与窖的其他地方不尽一致，但取出微贮饲料后，晾晒一下，仍可饲喂牲畜，并未造成损失。

第三，在取用和利用上非常有特色。由于刘凤海与牧民图门格日勒合作，羊群在距他家18千米的北沼牧场。所以取用微贮饲料时，刘凤海采用羊毛袋子（透气性差，密封效果好）装运微贮饲料，踩实封严，用四轮车运到牧场喂羊（专门新制作了10个饲槽）。四轮车运一次微贮饲料可供190只羊吃一个星期，而且由于制作质量好，饲喂过程中没有发生霉坏变质现象。甚至在种完地之后的5月，仍用此法运送微贮饲料到沼上牧铺喂羊，微贮饲料同样也一点儿没有坏，没有遭受一点儿损失。

第四，在饲喂效果上，刘凤海与农区的养羊户进行了对比：在冬、春季节，农区养羊户主要靠地边地沿放牧和饲喂干秸秆为主，并补饲一部分精料。羊的膘情较差，经常发生羊只死亡的现象。尤其是种完地（5月）以后，羊群已无处放牧，干秸秆也喂得差不多了，沼上牧场的草还没有长起来，形成了一个"青黄不接"的时节，羊的损失较为严重。而他用微贮饲料补饲的那群羊膘情一直不错。同时饲喂时间较长，一直喂到了5月末，190只羊无一死亡。

第五，1998年2月28日开窖时，刘凤海召集了村里两个班子的主要成员及本村的养畜大户到现场参观，加上后期对实际饲喂效果的比较和宣传，使微贮饲料的优点及制作的必要性已得到该村干部及广大村民的认同，并已形成共识，为秋季秸秆微贮饲料制作技术的推广和普及起到了非常积极的推动作用。

刘凤海也得到了收益，牧民图门格日勒为他无偿提供饲料地100亩，并免收机耕费900元，总价值在2 000元以上。他以种植玉米为主，并打算搞一部分玉米秸秆青贮。同时，准备在沼上牧场和家中大量制作微贮饲料，以方便饲喂，使他们的养殖业再上新台阶。

王立忠和刘军都是和平乡核心村村民，他们在利用秸秆微贮饲料饲喂基础母牛时，对于秸秆微贮饲料的取用方法进行了尝试。通过实际取用，发现从上到下逐层取喂，效果最好，霉坏腐烂现象基本得到了遏制。特别是刘军1997年将原来的大窖改成了小窖，取用效果比以往更好。

存在问题及解决办法：

1. 在制作技术方面

微贮饲料制作中出现的问题全都是操作错误，都是由于没有严格按操作规程（同前）

的要求进行制作，出现了制作质量差，甚至腐烂以及造成利用过程中容易霉烂变质等问题。具体表现为：有的没踩实，有的没封严（如大榆树镇福利村李守义家 1997 年秋制作的微贮饲料，微贮窖被老母猪拱开，过后也未重新封严踩实，造成微贮饲料发酵不好、质量差）；有的加水少，有的加水及加菌液时搅拌不均匀；有的制作技术不过关（如大榆树镇福利村在 1996 年制作微贮饲料时，村里共有 3 台铡草机的机手为技术员，其中有一个机手由于技术不过关，导致很多窖腐烂变质）；有的未添加玉米面等造成秸秆微贮后发酵不好，出现制作质量差甚至腐烂的现象。其共同的特点是：制作质量好的微贮饲料，开窖后微贮饲料非常紧实，用手直接取不下来，必须借助工具才能取用。而质量差的，用手一扒就下来发干发散。另外，好的微贮饲料手感较凉，而次的则较热。

　　在制作技术方面，还存在着制作时间以及秸秆切割、粉碎的问题。微贮饲料制作时间上，一是制作时间过晚，秸秆已风干，营养价值低，而且制作微贮饲料后，窖的上层及四周易结冰而导致发酵不好。如三义井乡育新村王长双家与和平乡核心村王立忠家，开窖时，分别有 10 厘米及 60 厘米左右的微贮饲料冻有冰碴。二是春末夏初饲料短缺时（3 月末左右）应及时再制作一期微贮饲料。如王立忠家，4—5 月家畜既无干秸秆可吃，牧场又无青草可供放牧，此时只好靠购买粉碎的干玉米秸秆粉喂牛每天 2 袋（约 40 千克），每袋 3 元，一个月买干秸秆的费用接近 200 元，且牛只能吃半饱。而花同样的钱却能制作 1 窖 5 000 千克左右的微贮饲料，可补饲 10 头母牛 1～2 个月，经济效益提高 1 倍。而且母牛膘情好，发情早，发情率高。从微贮饲料常年均衡供应来看，此时正是制作微贮饲料的黄金时期。在秸秆切割、粉碎方面，普遍利用的机械是铡草机，秸秆的茎节不容易铡碎（玉米的品种不同，秸秆的茎节硬度也不同，以"黄莫 417"玉米的秸秆茎节最软），饲喂牲畜后剩下茎节，造成浪费。如果用揉搓机或粉碎机效果会更好。

　　另外，调查走访过程中还发现，制作质量好的微贮饲料，在利用时也不容易霉坏腐烂。如刘凤海家的微贮饲料，用羊毛袋子（透气性差）装好后运到沼上牧场，饲喂一周都不会变质、霉坏。在土窖中的微贮饲料只要稍盖一下即可，如李守义家 1996 年喂剩的两麻袋微贮饲料，在窖中未动。经过两次雨浇，2 个月后扒开时，中间还未霉坏变质。相反，发酵不好，制作质量差的微贮饲料干燥松散，开窖后容易进入空气而变质。所以，我们要求在制作秸秆微贮饲料时，必须严格按秸秆微贮操作规程（同前）进行制作。

　　2. 在取用方面

　　大多数的养畜户都能按要求取用，但也有个别户在取用上存在错误。有的在开窖时大揭盖，把微贮饲料攘到窖外再取用，造成浪费和霉坏；有的没按切面取用，而是掏洞取喂，造成微贮饲料霉坏腐烂；有的因意外事故造成霉烂变质（如和平乡小榆树村计文贵家，因微贮饲料有香味，牛闻着味儿往窖跟前跑，踩塌了微贮窖，过后又未采取补救措施，造成了微贮饲料的浪费和腐烂变质）。有的微贮饲料过剩造成浪费（如和平乡复兴村田珠家，饲喂 6 头牛的 2 窖高粱秸秆微贮饲料只用去了 1 窖多一点儿，遭损了大半窖的微贮饲料）；有的窖（池）过大，饲喂的牲畜少，取喂速度赶不上微贮饲料霉烂变质的速度，此现象在调查走访的户中较为普遍。所以，微贮饲料的取喂方式及每天取喂量极为重要。

　　在取喂时，应严格遵守操作规程，从窖的一角开始，按截面顺序水平取喂。小窖（4～5 立方米）也可按平面一层一层从上到下取喂；微贮窖封好后，要防止牲畜践踏；窖的大小可根据饲喂的牲畜头数来确定（1立方米微贮饲料可供1头牛吃1个月），特别是养牛头数与取用微贮饲料的截面积要成一定的比例（通过实际调查及理论计算，取用微贮饲料截面积的平方米数是养牛头数的3/10左右为最好）；取料量应以每天能喂完为宜，要坚持每天取喂10厘米以上厚度的微贮饲料，要连续饲喂而不能间断。

3. 在饲喂方面

主要表现为两个方面的问题：一是单独饲喂，二是敞棚冷舍饲喂微贮饲料。

首先，牲畜单独饲喂微贮饲料造成浪费，因为牛对于饲料的需要，除了营养需求外，还要有饱腹感，应添加部分铡碎的干秸秆等粗饲料满足其需求。另外，微贮饲料中含有一定量的有机酸，有轻微的缓泻作用，也不宜单独饲喂家畜。其次，冬季饲喂家畜时，冻结的微贮饲料必须化开后再饲喂，最好是暖舍饲喂，防止从窖中刚刚取出的微贮饲料温度相对较高，遇到冷空气形成冰霜，再饲喂牲畜时，容易造成下痢或引起流产。再次，妊娠母畜可以少喂，临产前的母畜或发生拉稀的牲畜应停喂。4—5月天气转暖，开窖后的微贮饲料表层接触空气或日晒，容易发热变质，产生霉味或臭味，如果气味强烈，霉坏腐烂时，应停止饲喂。为了防止和减少变质，微贮饲料要随取随用，不可一次取出过多，堆放室内外，喂用多天。且窖口应用草捆覆盖，以降低窖内温度，同时也可防止掉进泥沙。

4. 在思想认识方面

靠天养畜，吃草原"大锅饭"，怕麻烦的思想仍然存在，并且直接影响着微贮饲料的加工调制和利用。有些地方冬、春季秸秆相对过剩，夏、秋季依赖放牧。并且提出"青草期可以放牧牲畜5个月（实际不足5个月），每头牛放牧费只需百元左右，膘情也不差。如果制作微贮饲料，在价格上与放牧差不多，但比较费事"。这实际上是对微贮饲料的利用效果及优点缺乏认识的一种表现。由于草牧场超载过牧、退化严重，放牧牛、羊仅能维持生命，尤其是适龄母牛的膘情差，发情晚，发情率低，2～3年才产1个犊。而用借场放牧所需要的费用，可制作微贮饲料2 500千克，也可供1头牛吃5个月。而且用微贮饲料饲喂，基础母牛可常年发情，常年配种，冷配改良，1～2年即可产一个犊，且改良犊的质量好，价格也高（800～1 000元）。

要想从根本上解决养畜户的思想认识问题，除了做好宣传、发动工作外，还要抓好秸秆微贮饲料制作及利用技术的推广普及。以典型示范、辐射带动为主，辅助以一定的行政措施和优惠激励政策。引导和带动广大养畜户加大秸秆微贮工作力度。如大榆树镇福利村，1996年采取了一定的优惠激励政策和行政手段，共制作秸秆微贮饲料101窖，1 601立方米，750吨。1997年在没有任何优惠条件的情况下，仍有半数左右的户制作了微贮饲料60窖，960立方米，480吨。1996年和平乡在8个村搞了秸秆微贮试点工作，共制作微贮饲料12窖，196立方米，98吨。1997年在试点取得成功的基础上，辅助以一定的优惠激励政策，使制作秸秆微贮饲料的村翻了一番，达到了16个，占全乡总村数的80%。共制作秸秆微贮饲料33窖，580立方米，290吨。从调查情况看，1998年该乡秸秆微贮工作一定会迈上新的台阶。

工作建议：

1. 做好1998年下半年秸秆微贮工作安排

一方面要抓好麦秸微贮饲料制作及利用的试点工作。主要以三义井、新华、大榆树、和平、街基、建华、前河等乡（镇）为重点，辐射带动全县麦秸微贮工作的全面展开。另一方面要为即将开始的全县秋季大面积制作秸秆微贮饲料工作做好准备。

2. 搞好秸秆微贮饲料制作技术的推广普及工作

通过对秸秆微贮饲料的制作技术、成本核算、利用效果和经济效益进行实例分析以及典型经验介绍，提出开鲁县秸秆微贮饲料制作及利用的最佳模式，以加快秸秆微贮饲料制作技术的推广普及工作进程，逐步引导和带动广大养殖户步入秸秆养畜的快车道。

3. 抓好"秸秆微贮饲料常年均衡供应示范户"建设

根据调查走访的实际情况，确定在三义井乡育新村王长双和大榆树镇福利村李守义家进行"秸秆微贮饲料常年均衡供应示范户"建设。县草原站将制定出具体的实施方案，实行跟踪服务指导，并定期对饲喂效果进行观测，最后进行效益分析，以探索全县秸秆养畜的新途径。

附件：

附件 1　秸秆微贮饲料的成本核算

一、实际制作成本核算

1. 田珠（和平乡复兴村）

微贮窖的容积为 16 立方米（4 米×2 米×2 米），制作高粱秸秆微贮饲料 8 000 千克。

实际制作费用：秸秆发酵活干菌 55.00 元（11.00 元/袋×5 袋）；玉米面 27.30 元（0.84 元/千克×32.5 千克）；盐 38.00 元（0.76 元/千克×50 千克）；塑料薄膜 15.00 元；加工费（包括人工费）250.00 元；合计 385.30 元。

1 千克微贮饲料成本：0.048 元（385.30 元÷8 000 千克）。

1 立方米微贮饲料成本：24.08 元（385.30 元÷16 立方米）。

2. 张忠（和平乡复兴村）

微贮窖的容积为 13.2 立方米（4.4 米×1.2 米×2.5 米），制作玉米秸秆微贮饲料 6 600 千克。

实际制作费用：秸秆发酵活干菌 44.00 元（11.00 元/袋×4 袋）；玉米面 16.80 元（0.84 元/千克×20 千克）；盐 30.40 元（0.76 元/千克×40 千克）；加工费（包括人工费）200.00 元；塑料薄膜 18.00 元；合计 309.20 元。

1 千克微贮饲料成本：0.047 元（309.20 元÷6 600 千克）。1 立方米微贮饲料成本：23.42 元（309.20 元÷13.2 立方米）。

3. 李景玉（大榆树镇福利村）

微贮窖的容积为 16 立方米（4 米×2 米×2 米），制作玉米秸秆微贮饲料 8 000 千克。

实际制作费用：秸秆发酵活干菌 55.00 元（11.00 元/袋×5 袋）；玉米面 50.00 元（1.00 元/千克×50 千克）；盐 38.00 元（0.76 元/千克×50 千克）；塑料薄膜 25.00 元；加工费（包括人工费）110.00 元；合计 278.00 元。

1 千克微贮饲料成本：0.035 元（278.00 元÷8 000 千克）。

1 立方米微贮饲料成本：17.38 元（278.00 元÷16 立方米）。

以上成本核算，秸秆的成本及微贮窖的折旧费未计算在内。

二、秸秆微贮饲料制作的综合成本核算

秸秆微贮窖的规格为 2 米×1.5 米×6 米（可分为 3 个小窖），18 立方米，制作秸秆微贮饲料 9 000 千克。

制作费用：秸秆发酵活干菌 55.00 元（11.00 元/袋×5 袋）；玉米面 25.00 元（1.00 元/千克×25 千克）；盐 32.00 元（0.80 元/千克×40 千克）；塑料薄膜 20.00 元；加工费 90.00 元（0.02 元/千克×4 500 千克）；人工费 80.00 元；玉米秸秆 450.00 元（0.10 元/千克×4 500 千克）；微贮窖折旧费 80 元（800 元×10%）；总计 832.00 元。

1 千克微贮饲料成本：0.092 元（832.00 元÷9 000 千克）。

1 立方米微贮饲料成本：46.22 元（832.00 元÷18 立方米）。

附件 2　利用秸秆微贮饲料饲喂育肥牛的经济效益分析

1. 田珠（和平乡复兴村）

（1）育肥牛头数：6 头

（2）育肥期：50 天

（3）育肥牛总投入：5 972.84 元

①买牛投入：5 500.00 元

②饲料投入：472.84 元

包括：

高粱秸秆微贮饲料：384.00 元（0.048 元/千克×160 千克/天×50 天＝384.00 元）

玉米面：75.00 元（1.00 元/千克×1.5 千克/天×50 天＝75.00 元）

尿素：2.44 元（0.65 元/千克×0.075 千克/天×50 天＝2.44 元）

盐：111.40 元（0.76 元/千克×0.3 千克/天 50 天＝11.40 元）

（4）育肥牛总收入：10 320.00 元

①出售牛肉 19 000.00 元

②下水：600.00 元（100 元/副×6 副）

③皮张：720.00 元（120 元/张×6 张）

（5）经济效益

纯收入：4 347.16 元（育肥牛总收入 10 320.00 元－育肥牛总投入 5 972.84 元＝4 347.16元）

2. 张忠（和平乡复兴村）

（1）育肥牛头数：14 头

（2）育肥期：1～3 个月

（3）育肥牛总投入：14 392.50 元

①买牛投入：12 000.00 元

②饲料投入：2 392.50 元

包括：玉米秸秆微贮饲料：380.70 元

玉米面：1 695.00 元

酒糟：316.80 元

（4）育肥牛总收入：19 992.50 元

①出售牛肉：16 912.50 元

②下水：1 400.00 元

③皮张：1 680.00 元

（5）经济效益

纯收入：5 600.00 元（育肥牛总收入 19 992.50 元－育肥牛总投入 14 392.50 元＝5 600.00元）

附件 3　精秆微贮饲料制作及利用的最佳模式

根据全县秸秆微贮饲料制作及利用情况，结合开鲁县实际，初步拟定了秸秆微贮饲料制作及利用的最佳模式，谨供参考。

1. 秸秆微贮饲料的制作技术

严格按照《秸秆微贮饲料制作技术操作规程》进行制作。

2. 秸秆微贮饲料的制作时间

（1）秋收时节（每年的 9 月下旬到 11 月上旬）

主要以新收获的较为青绿的玉米秸秆微贮饲料的制作为主体，同时进行杂交高粱秸、稻秸等微贮饲料的制作。

（2）春季大田播种之前（每年的 3 月下旬到 4 月初）

主要进行冬季贮存的干玉米秸秆等微贮饲料的制作，以满足 5—6 月饲草料青黄不接时节家畜对饲料的需要。

（3）麦收时节（7 月中下旬）

主要是麦秸微贮饲料的制作。

最佳制作时间：秋季（9—11 月）玉米秸秆微贮（趁鲜微贮）→春季（翌年 3—4 月）干玉米秸秆微贮→夏季（7 月中下旬）麦秸微贮→秋季（9—11 月）玉米秸秆微贮，实现秸秆微贮饲料常年均衡供应。

3. 秸秆微贮饲料的秸秆来源

玉米秸、杂交种高粱秸、麦秸、稻秸等，无论是干秸秆还是青秸秆，都可用秸秆发酵活干菌制成优质的微贮饲料。

4. 秸秆微贮饲料制作总量及微贮窖的规格

秸秆微贮饲料制作总量由饲养牲畜的种类及数量决定。一般以育肥牛每头日喂量 20 千克、基础母牛每头日喂量 15 千克、羊每只日喂量 3 千克计算，或以 1 立方米微贮饲料（500 千克）可供 1 头牛饲喂 1 个月来计算。根据饲养的牲畜种类及数量计算出制作总量，而后按 500 千克/立方米来计算微贮窖的大小。窖的规格以 2 米×1.5 米×2 米为宜（即长 2.0 米、宽 1.5 米、深 2.0 米，容积为 6 立方米）。可多建几个窖，以便交替使用。

如：饲养 6 头育肥牛，可以建标准微贮窖（2 米×1.5 米×2 米）3 个，总容积为 18 立方米，贮量 9 000 千克，可以饲喂两个半月。

对于目前开鲁县现有的规格为 2 米×4 米×2 米的微贮窖，建议改为 3～4 个小窖，规格分别为 2 米×1.3 米×2 米和 2 米×1 米×2 米。

5. 秸秆微贮的利用方式

取喂微贮饲料时，可以从一角开始，按截面顺序水平取喂，也可按平面顺序从上到下逐层取喂。

无论采取哪一种取喂方式，都必须注意：每天取喂秸秆微贮饲料的厚度必须达到 10 厘米以上，并且要连续饲喂；取完微贮饲料后，窖口要封严，并用草帘或干玉米秸秆等覆盖好，避免阳光直接照射塑料布，造成窖内温度升高，导致秸秆微贮饲料霉坏变质现象的发生。

6. 秸秆微贮饲料的饲喂方法

在饲喂微贮饲料时，要与酒糟、玉米面、干草或干秸秆粉等搭配使用，不宜单独饲喂。

建议饲料配方（每头牛（羊）每日）如下。

①育肥牛

秸秆微贮饲料：20.00 千克

粉碎干秸秆粉：5.0 千克

玉米面：3.0 千克

尿素：12.5 克

盐：50 克

②基础母牛

秸秆微贮饲料：15.00 千克

粉碎干秸秆粉：5.0 千克

玉米面：0.5 千克

盐：50 克

③羊

秸秆微贮饲料：3.00 千克

粉碎干秸秆粉：1.0 千克

玉米面：0.2 千克

盐：10 克

冬季饲喂家畜时，冻结的微贮饲料必须化开后再喂，最好是暖舍饲喂，防止从窖中刚刚取出的微贮饲料温度相对较高，遇到冷空气形成冰霜，再饲喂牲畜时，容易造成下痢或引起流产。

其他注意事项：秸秆微贮饲料一般需在窖内贮 25～30 天才能取喂。每次取出量应以当天能喂完为宜。

附件 4　建设"秸秆微贮饲料常年均衡供应示范户"的设计方案

1. 微贮窖（池）的设计

微贮窖（池）的规格以 2 米×1.5 米×6 米为宜，建议每个窖分隔成 3 个小窖（防止夏季取喂时霉坏变质，并且可以交替使用）。

2. 饲喂牲畜的数量及时间

每窖 18 立方米（2 米×1.5 米×6 米）可制作秸秆微贮饲料 9 000 千克，育肥牛按每天每头取喂微贮饲料 20 千克为标准，可供 10 头育肥牛饲喂 45 天。基础母牛按每天每头取喂微贮饲料 15 千克为标准，可供 5 头基础母牛饲喂 120 天。

各养畜户可根据饲养牛的数量及饲喂周期的长短来确定窖（池）的数量，一般以 2～3 个为宜。

3. 秸秆微贮饲料制作及利用的其他事项参照附件 3 进行。

开鲁县秸秆"三化两贮"工作总结（1999 年）

发展农区畜牧业，已成为开鲁县农村经济新的增长点之一，而饲草料生产是发展畜牧业的物质基础和保障。为此，开鲁县委、县政府高度重视，提出发展以秸秆养牛为主导产业的农区畜牧业，强力推行秸秆转化，提高秸秆的利用率，引导养殖户走舍饲秸秆养畜之路。因此，开鲁县的"三化两贮"工作在开鲁县委、县政府的正确领导、县畜牧局的统一部署下，秸秆饲料的制作总量和质量较往年有了新的突破，现总结如下。

一、基本情况

1999 年，全县共制作"三化两贮"饲料 1.41 万吨，完成任务的 117%。其中，"三化"饲料 0.65 万吨，青黄贮饲料 0.52 万吨，微贮饲料 0.23 万吨，EM 秸秆饲料 0.01 万吨，新建永久性窖池 3 390 座，全县永久性窖池总数达到 6 375 座，总容积 5.1 万立方米。新购进秸秆加工机械 393 台（套），使全县青贮切割等加工机械达到 2 877 台（套）。

1999 年的秸秆转化工作有以下几个特点。一是动手早。3 月下旬天气刚一转暖，幸福镇、北兴镇，建华林场等地的部分养殖户即开始动手制作微贮饲料和 EM 秸秆饲料，使开鲁县的秸秆转化工作有了一个良好的开端。二是群众认识高。开鲁县以秸秆微贮为主的"三化两贮"工作已连续搞了多年了，技术上已基本成型，也积累了一定的经验，干部群众也已形成共识，推广普及面积逐年扩大。到草原站购买"微贮王"及求教养殖技术的养殖户络绎不绝，都说用微贮饲料饲喂牛、羊等牲畜，适口性好、增重快、经济效益高。三是制作数量大。全县所辖 25 个苏木（乡、镇）全部开展了以秸秆微贮为重点的秸秆"三化两贮"工作，推广普及率为 100%，微贮饲料制作总量达 0.23 万吨。其中以麦新镇、黑龙坝镇、街基镇、北清河乡、建华镇、开鲁镇、东来镇、光明乡等较为突出。北清河乡共制作微贮饲料 30 万千克，新建永久性窖池 60 余座。麦新镇 26 万千克，仅永丰村就制作微贮饲料 11 万千克，新建永久性窖池 45 座。黑龙坝镇台河沿村，土法上马，挖土窖，内衬塑料布，共制作微贮饲料 53 窖。

二、主要措施

（一）行政措施

对于"三化两贮"这项工作，在 8 月召开的全县农区畜牧业工作会议上做了具体部署，任务指标分解落实到了各苏木（乡、镇）。县委、县政府的领导与各苏木（乡、镇）的领导签订了目标化管理的责任状。随后召开的县委工作会议上又作了进一步的强调，并纳入到了全县秋季农田基本建设的总体任务指标中，加大了领导和实施的力度。同时各苏木（乡、镇）也把任务层层分解，落实到嘎查（村）及各户，并制定出台了相应的优惠政策，有的苏木（乡、镇）对建微贮窖所用砖款全部由村委会统一核销，有的村补助一定数量的占勤工或报销部分微贮菌苗款。县委、县政府的有关领导也经常深入到重点苏木

（乡、镇）及嘎查（村）进行督促检查，这些都为当年的饲料贮备工作起到了非常积极的作用。

（二）技术措施

县畜牧局为了确保秋季微贮工作的顺利展开，在系统内抽调技术骨干26人，组成了微贮饲料制作技术工作组，抽调的人员首先进行集中培训2天，确保每个人都能掌握秸秆微贮饲料制作技术。针对微贮工作时间紧、任务重、技术要求高的特点，决定由县草原站、草原监理所、畜牧技术培训中心牵头，分为3个工作小组，深入到25个苏木（乡、镇），督促、检查、指导微贮工作。

技术人员下到基层后，对各苏木（乡、镇）、嘎查（村）的科技人员进行了重点培训，主要以理论授课、现场操作、发放技术手册等形式进行。从10月6日开始，黑龙坝镇、建华镇、街基镇、光明乡等地陆续召开了秸秆微贮现场会，通过技术人员的实地操作讲解，使每个嘎查（村）至少有3~4名技术人员及养畜户掌握了此项技术，对于重点苏木（乡、镇）嘎查（村），下乡人员还进行了重点指导，严格按照操作规程进行操作，确保制作的每一窖微贮饲料都能获得成功。

三、存在问题及解决办法

在"三化两贮"的推广工作中，有两个方面的问题较为突出。一是秸秆加工粉碎问题，二是微贮饲料的利用问题。

在秸秆加工粉碎方面，普遍利用的机械是铡草机，秸秆的茎节不容易铡碎，制作的微贮饲料在饲喂牲畜时茎节过硬，不易采食而扔掉，造成浪费。同时加工费用高，每千克秸秆加工费达到0.05~0.10元，导致了饲料成本偏高。针对这一情况，县畜牧局3月中旬在黑龙坝镇召开了全县秸秆养牛现场会，与会人员参观了榆树林村养牛一条街及养牛大户的养牛情况，并实地观看了新购进的大型秸秆粉碎机的生产性能，该机器每小时粉碎秸秆1000千克左右，加工费为20元，使每千克秸秆加工费降低到0.02元，同时秸秆茎节全部粉碎，有效地解决了这一难题。

在微贮饲料的利用上，少数养畜户开窖后，单一饲喂微贮饲料，导致牲畜营养不足，造成消瘦。因此，县草原站及时纠正了这一错误，在饲喂时把微贮饲料与铡碎的干秸秆、玉米面、盐、尿素等混合搅拌均匀饲喂，牛、羊喜食，且上膘快。这为今后的推广工作提供了有益的经验。

注重基础、强化服务，全力做好青贮养畜工作（2006）

近年来，在加快实施农业产业结构调整，大力发展畜牧业的工作中，开鲁县按照"立草为业，以草兴牧"的发展方针，转变观念、注重基础，强化服务，把青贮饲料业作为发展县域经济，增加农民收入的一项重要产业来培育。2006年，开鲁县青贮作物种植面积达到15万亩，主要以活秆成熟的粮饲兼用型玉米品种为主，集中连片百亩以上的青贮专用田2万亩，亩产量达4000千克以上，总产量可达6万吨。截至目前，全县已完成青贮饲料制作2万吨，完成打贮草5000万千克。

一、统一认识，为发展青贮饲料产业奠定思想基础

开鲁县历史上就是传统的农业大县，畜牧业传统的放牧养殖方式和习惯在广大群众中

已根深蒂固。这种长期放牧的资源掠夺式养殖方式使草原植被遭到严重破坏，草原"三化"现象日趋严重，已经影响了经济、社会、生态的协调发展，并且日渐成为制约开鲁县畜牧业可持续发展的瓶颈。面对这种形势，开鲁县党政一班人深刻认识到，要强力推进畜牧产业大县的进程，必须加快青贮饲料产业发展步伐，把青贮饲料从种植业中分离出来，作为支撑畜牧业持续、健康发展的产业予以经营和培育。基于这种认识，县委、县政府在科学审视县情的基础上，在下发的《关于建设畜牧产业大县的决定》中提出了"加快灌草业发展步伐，大力推行引草入田，推广普及秸秆'三化两贮'饲料制作技术"，教育和引导广大农牧民树立科学养畜意识，摒弃传统的散放观念，走舍饲精养之路。为此，县草原站主要做了三件事：一是加强宣传，形成共识。运用各种行之有效的宣传手段，大力宣传青贮饲料产业对缓解草原压力、保护生态环境的重要意义；宣传发展青贮饲料产业是推行科学舍饲，提高奶牛规范化饲养管理水平，增加农牧民经济收入的重要途径；宣传发展青贮饲料产业是调整种植业结构，改善广大农牧民生产、生活条件的需要。通过广泛宣传，全县广大干部群众对发展青贮饲料产业达成了共识。二是外出考察，学习借鉴。为使广大干部群众真正体会到发展青贮饲料产业对涵养草原、保护生态、促进畜牧业健康发展的重要作用，县草原站先后多次组织各级领导干部、养殖大户赴西部农区牧业较发达、规范化养殖水平较高的鄂尔多斯等地区，对青贮种植及加工贮存等技术进行参观、考察、学习。通过考察学习，使广大干部群众深刻认识到自身传统养殖方式的差距及发展青贮饲料产业的迫切性。三是典型示范，科学引导。为进一步促进广大干部和群众思想观念的转变，推进青贮饲料产业发展步伐。县委、县政府还着手培育各类典型，通过典型示范来引导和带动群众。开鲁县黑龙坝镇三道湾村是奶牛专业村，从 2002 年开始，全村 300 多头奶牛全部实行禁牧舍饲，喂饲青贮饲料，奶牛产奶量年平均提高半吨以上，增加了饲养效益。开鲁镇新华村张文柱，于 2001 年投资 300 万元饲养奶牛 230 头，种植青贮玉米 600 亩，通过舍饲精养，使奶牛年平均单产达到 4.7 吨，2005 年仅奶资收入就达 50 万元，2006 年预计奶资收入达 65 万元。保安农场牧业分场有牛 811 头，羊存栏 2 400 只，在饲草料基地建设上，加大了建设力度，种植青贮牧草 1 000 亩。在 2 万亩青贮专用田中，有开鲁镇增胜村 7 个养殖户集中种植的 600 亩，西保等村各奶牛户种植的 700 亩，东风镇东风村关长青种植的 300 亩，建华镇大甸子村夏国云种植的 200 亩、张国明种植的 200 亩，俊昌村北沼陈武彪种植的 340 亩。这些青贮作物的种植，起到了较好的辐射带动作用，满足了青贮饲料的需求。由于典型示范带动，广大干部群众对发展青贮饲料产业的认识进一步深化和提高，坚定了发展青贮饲料产业、舍饲养畜的信心和决心。

二、强力推进，扩大青贮基地建设规模

为加快青贮饲料产业的发展步伐，确保以奶牛业为主的畜牧业健康发展，开鲁县采取切实有效手段，把扩大青贮种植规模、加强基地建设作为中心环节强力推进。一是任务落实。按照上报与核定相结合的原则，在年初，县政府就根据各乡镇的实际情况及上报面积数，合理确定各乡镇的青贮种植任务。自 2002 年开鲁县开始发展青贮饲料产业以来，已累计推广青贮玉米种植面积 40 万亩。二是责任落实。为促进青贮基地的迅速发展，县草原站重新确立了农村经济考核方案，把青贮饲料产业发展情况量化为重要的经济指标，并纳入农村经济目标考核当中进行严格考核，使青贮饲料产业发展成为干部评价体系的一个方面。三是制度落实。为使青贮饲料产业发展有法可依、有章可循、有序进行，制定出台了发展青贮饲料产业的各项优惠政策，于2002年初以县政府文件形式印发了《开鲁县人民政府关于实行禁垦禁牧的公告》（简称《公告》），对阻拦、妨碍草原禁垦禁牧行为的个人和单位都做了明确规定。《公告》的颁布，在一定程度上促进了开鲁县青贮饲料产业的快速发展。另外，各镇还指导各村民自治组织制定了《青贮饲料产业村规民约》，为青贮种植户提供可优先承包机动地，优先审批宅基地等各项优惠政策。同时，还规定了对于连片种植青贮的农户，镇村两级可以为其提供优先调地的政策。通过一系列法律、法规及政策的制定出台，使青贮饲料产业发展走上制度化、法律化的轨道。

三、加大服务扶持力度，确保青贮饲料产业健康发展

为确保青贮饲料产业的健康发展，积极采取了各种有效手段，加大政府服务扶持力度。一是加强科技培训。为使广大群众能够迅速掌握青贮饲料的种植，贮存及喂饲等项技术。开鲁县利用多种形式对广大群众进行面对面培训，重点在青贮种植、田间管理和青贮窖池建设等各方面进行把关，使广大群众能够熟练掌握青贮的种植和贮存技术，大大促进了青贮饲料的规模发展。在加强青贮饲料技术培训的同时，还通过典型示范、举办培训班、对比算账、组织群众外出学习等方式，加强广大群众舍饲精养技术的培训，提高了科学饲养水平。二是加强资金扶持。为鼓励引导农牧民大面积种植青贮作物，投入项目资金150万元，为15万亩青贮饲料作物种植地块每亩地补助资金10元钱，有效地增加了青贮种植面积。同时，还利用优惠政策和项目资金，完善增加青贮饲料生产设施，全县通过一定的补贴已经购进各类秸秆加工机械3 666台（套），其中大型青贮收割机5台（套），秸秆揉搓、打捆、打包系列成套的加工机械4台（套），新购进秸秆加工机械110台（套）。这些机械已经分发到青贮养畜重点村和重点户，邻村邻居调剂使用，最大限度地发挥出应有的作用。

全县已建设永久性窖池11 600座，总容积达30.5万立方米，标准化棚舍11万间。正在建设中的永久性窖池5 000座，标准化棚舍6 000间。从目前看，基础设施能够满足青贮养畜的需要。

发达的畜牧业必须有发达的草业做支撑，我们将认真学习和借鉴兄弟旗、县在青贮饲料产业发展上的好经验、好做法，扎实工作，开拓进取，把青贮饲料产业做大做强。在2006年秋季农田基本建设中，我们将提前规划落实青贮地块，扩大基本农田种植青贮的面积，以保证青贮的品质及产量。2007年，我们有信心、有决心狠抓落实，使全县青贮玉米的种植面积达到20万亩；还要继续争取国家良种补贴项目，对青贮种植户给予一定的经济补助，让青贮深入人心，成为农牧民的自觉行动，使青贮真正成为农村经济新的增长点。

大力发展青贮饲料，推行科学养畜（2008年）

开鲁县在加快实施农业产业结构调整，大力发展畜牧业的工作中，按照"立草为业，以草兴牧"的发展方针，转变观念注重基础，强化服务，把大力发展青贮饲料作为增加农牧民收入的一项重要产业来培育。2008年，开鲁县青贮作物种植面积达到20万亩，主要以活秆成熟的粮饲兼用型玉米品种为主，亩产量达4 000千克，总产量可达8万吨。截至

目前，全县已完成制作青贮饲料 1.5 万吨。

一、实施围封禁牧战略，推行青贮舍饲养畜

2008 年，开鲁县对 150.1 万亩草牧场进行了围封禁牧，并对围封禁牧区农牧民舍饲圈养牲畜的，在新建窖池、圈舍和购买饲草料加工机械方面给予一定的经济补贴，鼓励和支持农牧民种植优质牧草和青贮玉米进行科学舍饲养畜。其中建华镇种植青贮玉米 2.6 万亩，义和塔拉镇种植 2 万亩。义和塔拉镇的阿木其嘎嘎查现存栏牛 2 450 头，羊 600 只，为了确保禁牧后家畜的营养需求，该嘎查由镇、村统一规划，80 户牧民户户建窖池棚舍、家家搞青贮，现已完成新建窖池 16 座，新建标准化棚舍 55 间，制作青贮饲料 90 万千克，窖池及棚舍建设正在紧锣密鼓地进行。

二、受灾玉米青贮制作工作进展顺利

8 月 24 日，开鲁县遭受强雷雨天气的袭击，全县玉米受灾面积共计 51.31 万亩，为了减少玉米茎折造成的损失，农牧业局根据实际情况购进 100 台铡草机发放到受灾镇（场），成立了青贮饲料制作技术指导组，进行青贮饲料的加工制作。草原站技术人员包联开鲁镇、大榆树镇、黑龙坝镇、麦新镇、辽河农场等受灾较重的 8 个镇（场），协助当地政府做好青贮工作。全县已收获受灾玉米秸秆 2 300 亩，制作青贮饲料 18 400 立方米，920 万千克。

三、典型示范，科学引导，做好青贮技术指导工作

按照每头成年奶牛年贮备青贮饲料 6 000～8 000 千克，基础母牛 5 000 千克，每只羊 1 000 千克的要求，从 8 月 25 日开始，开鲁县的青贮饲料制作工作全面展开。重点抓好开鲁镇、建华镇、义和塔拉镇等地青贮制作工作，通过典型示范来引导和带动群众。北兴奶站从 2002 年开始制作青贮饲料，每年的制作量都在 20 万千克以上。东风镇的关长青奶牛场现存栏奶牛 200 余头，种植专用青贮玉米 300 亩，建青贮窖一座 1 000 立方米，2008 年已制作青贮饲料 100 万千克。实践证明：饲喂青贮饲料的奶牛，日产奶量可提高 10% 左右，牛奶的乳脂率也相应提高。由于典型示范带动，广大干部群众对发展青贮饲料产业的认识进一步提高，坚定了发展青贮饲料舍饲养畜的信心和决心。同时农牧业局抽调技术骨干从窖池建造、青贮玉米的收割、青贮饲料的制作进行全方位的技术指导，确保制作质量。

青贮饲料的制作，解决了开鲁县围封禁牧后，牛羊青饲料不足的问题，大大缓解了畜草矛盾，提高了舍饲养畜的经济效益，为畜牧业的健康发展打下了坚实的物质基础。

开鲁县青黄贮工作成绩显著（2008 年）

开鲁县把大力发展青贮饲料作为增加农牧民收入的一项重要产业来培育。2008 年，开鲁县青贮作物种植面积达到 20 万亩，主要以活秆成熟的粮饲兼用型玉米品种为主，亩产量达 4 000 千克，总产量可达 8 万吨。全年制作青贮饲料 3.1 万吨，微黄贮饲料 0.98 万吨。

青黄贮工作呈现如下几个特点。

一是养畜大户，特别是奶牛养殖大户，为了自身的发展，通过包地买地等形式，大面积种植青贮饲料，自种自收大量制作青贮饲料。如东风镇的关长青奶牛场现存栏奶牛 242

头，其中产奶牛 101 头。建青贮窖一座 1 000 立方米。实践证明：饲喂青贮饲料的奶牛，日产奶量可提高 10%～15%，牛奶的乳脂率也相应提高。以 2006 年为例，自己种植青贮饲料 100 亩，又购买了 100 亩，总计投入资金 8 万元，制作青贮饲料 90 万千克。饲喂青贮饲料后，全场产奶奶牛每天共增产牛奶 250 千克，90 万千克青贮饲料饲喂奶牛 6 个月时间增产牛奶 4.5 万千克，每吨牛奶按 3 340 元计算，增收 15 万元以上。饲喂青贮饲料的奶牛膘情好，发情周期正常，犊牛成活率也有很大提高，也间接提高了奶牛养殖的经济效益。借此，2007 年投入 7.5 万元，青贮 95 万千克。2008 年又投入 3 万元购买了 300 亩土地，还花了 15 万元购进大型青贮收割机械，使得青贮饲料从种到收实现了机械化，提高了效率，降低了成本，使青贮饲料的效率发挥到最佳。2008 年共贮备自己种植的青贮饲料 70 万千克，又以每千克 0.10 元的价格购买了 30 万千克，共贮备 100 万千克。青贮饲料的制作，为今冬明春的奶牛养殖奠定了良好的基础。

可见利用青贮饲料饲喂奶牛效果十分明显，投入 8 万元，经济收入可增加 15 万元以上。同时提高了奶牛的繁殖成活率和牛奶的乳脂率，从而获取了更大的间接效益。由于典型示范带动作用，广大干部群众对发展青贮饲料产业的认识进一步提高，坚定了发展青贮饲料舍饲养畜的信心和决心。

二是以义和塔拉镇沼上的几个嘎查为代表的县北沼牧场的养牛户和养羊户，种植青贮饲料已成为解决牛羊饲草饲料短缺最有效的手段。凡养牛养羊户，基本上家家户户都搞青黄贮，就像冬天贮大白菜一样普及。而且大半以上都有永久性窖池，在土质比较坚硬的地方辅以一定数量的土窖池。每年的 1—6 月，青黄贮饲料是牛羊的主要饲草饲料。在干旱少雨的年份，牛羊多饲草少的养殖户，青黄贮饲料更是牛羊的保命草。青黄贮饲料成了北沼牧场户养殖的牛羊的保命、保膘、保犊、保羔最为关键和有效的绝招。

三是牧草缠绕膜裹包青贮技术的引进和普及，为青黄贮饲料的异地远途运输、贮藏、利用、销售带来了方便，为饲草料调剂和防灾抗灾起到重要作用。

自 2006 年开始，每年制作裹包青黄贮饲料 3 万包左右，制作一包青黄贮饲料，大约需要 5 元，不包括青贮原料的成本在内。整个牧草秸秆裹包青黄贮的过程需要 13～15 人。每包销售价格都在 20 元以上，效益非常可观。主要外销锡林郭勒盟、赤峰市以及通辽市的扎赉特旗、霍林河等地。2008 年牧草秸秆裹包青黄贮饲料制作机械达到了 8 台（套），制作的户数 21 个，牧草秸秆裹包青黄贮饲料 5 万包以上。

开鲁县 2016 年青贮工作情况简介

一、基本情况

为确保以养牛、养羊产业为主的畜牧业健康发展，2016 年开鲁县的饲草料种植工作，狠抓了青贮玉米的种植工作。在技术部门及各镇场的共同努力下，全县共种植青贮饲料 50 万亩，其中粮改饲种植 20 万亩，高效青贮作物 30 万亩，主要品种以活秆成熟的粮饲兼用型玉米品种为主，积极推广金岭系列、"京科 301 号""京华 8 号"、海牛甜高粱等青贮专用品种。种植地点以开鲁镇、建华镇、义和镇、小街基镇等地为主。在窖池建设上，全县累计永久性窖池达到 16 000 余座，总容积达 42.5 万立方米。目前全县已制作青贮饲料 12 万吨，极大地缓解了牲畜青饲料不足的问题。

二、采取的措施

县农牧业局专门成立了饲草料贮备工作领导小组，负责全县饲草料贮备制作工作。同时抽调 12 名技术人员下乡入村到户，协助当地政府做好饲草料贮备工作。各镇场也把任务层层分解，落实到嘎查（村）及户。技术人员深入各养畜大户，对秸秆青贮饲料的制作进行现场指导，保证制作质量。并对饲料的利用进行跟踪服务。

三、青贮工作的特点

一是群众认识高，青贮种植及饲料制作技术上已经成熟，为养而种，为种而养，也积累了一定的经验，干部群众也已形成共识，推广普及面积逐年扩大。二是在新建窖池、圈舍和购买饲草料加工机械给予一定的经济补贴，鼓励和支持农牧民种植优质牧草和青贮玉米进行科学舍饲养畜。三是养畜大户，特别是奶牛养殖大户，为了自身的发展，通过包地买地等形式，大面积种植青贮饲料，自种自收大量制作青贮饲料。实践证明：饲喂青贮饲料的奶牛，日产奶量可提高 10％～15％，牛奶的乳脂率也相应提高。饲喂青贮饲料的奶牛膘情好，发情周期正常，犊牛成活率也有很大提高，也间接提高了奶牛养殖的经济效益。四是贮存方式方法新，变单一的地下窖贮为地上堆贮、半地上半地下窖贮、地下窖贮、裹包青贮等多种方式并行，因地制宜，量力而行，注重实效。五是原料种类多，2016年全县种植的专用青贮玉米品种达到 10 多个，主要是金岭系列、京科等，还有青贮专用的饲用甜高粱草（健宝牧草）品种。六是收获方式多，各种各样的青贮收割机械成了青贮饲料制作的生力军，刈割、切碎、装填、镇压全部都是机械化作业，节省了人力，提高了效率，减少了浪费，降低了成本。

四、存在的主要问题

一是开鲁县畜牧养殖业得到了快速发展，但配套基础设施还没有跟上，标准化养殖棚舍窖池建设相对落后，抗灾能力显得不足。

二是一些养畜户的窖池建造过大，且窖中间无隔墙，秸秆饲料长期喂不完导致饲料腐烂变质。

五、工作建议

建议政府加大财政投入或整合农牧业基础设施项目资金，加强棚舍和永久性窖池建设，加大饲料加工机械的补贴购进工作。在窖池利用上，对于窖池较大的养殖户，可将大窖隔成几个 8～10 立方米的小窖，交替利用，避免造成不应有的损失。加大宣传，科学养畜。

第四章

2019—2022 年开鲁县的常规工作

随着国家社会对生态环境的日益重视，草原的具体业务工作也与时俱进，在不断发生着变化。2019 年国家机构改革后，开鲁县草原工作站整体转隶于新组建的开鲁县林业和草原局，业务范围及内容也相应发生了变化。主要工作包括：编制草原生态修复与合理利用技术推广规划；承担草原生态修复、退化、沙化、盐渍化草原治理，草原合理利用技术推广和技术指导工作；承担草原鼠虫害、毒害草等有害生物监测预警并组织开展生物灾害防治工作；承担草原资源动态监测与评价相关工作。

2019 年草原毒害草防控系列试验开始进行，加强草原毒害草治理，有效改善生态环境。草原监测工作顺利开展，确保生态系统的安全性和多样性。

2020 年鼠害防控成效显著。积极推广牧鸡灭蝗技术，收到良好效果。进行中科羊草性能测定，为进一步的种植和推广提供数据支持。完成人工种草定位上图，建立全县多年生人工种草数据库。

2021 年退化草原毒害草治理试验示范项目启动实施并获得成功，有效控制毒害草的入侵，维护草地生态系统的稳定与平衡。

2022 年中科羊草种子基地建设初见成效。草原毒害草防控工作取得新进展。草原鼠虫害防控工作取得全面胜利（表 4 - 1）。

表 4 - 1　2019—2022 年草原建设与保护基本情况

单位：万亩

年份	鼠害		虫害		多年生牧草种植面积	保存面积	一年生牧草种植面积	毒害草治理
	发生面积	防治面积	发生面积	防治面积				
2019	40	9	50	25	1	4.5	48	0.5
2020	40	15	50	19.2	4	5.8	11	0.4
2021	30	12	20.3	13.3	7.9	8	10.1	7.5
2022	30	15	20	10.5	5.3	8.6	8.5	5.6

第一节　草原鼠害防控

2019—2022 年，累计发生鼠害面积 140 万亩，鼠害种类为达乌尔黄鼠。其中鼠害发生较重的年份为 2020 年，鼠害发生面积 40 万亩，严重危害面积 15 万亩。尤其是与扎鲁特旗毗邻的义和塔拉镇艾图嘎查的一块草牧场内，有效鼠洞密度大，群居性显著，危害猖獗且集中连片。四年间，累计防治鼠害面积 51 万亩，投入灭鼠药品 23.6 吨，投入人工

633人次，投入灭鼠机械373台（套）。灭鼠率均在94％以上。

附：重点防治情况报告及简报

2020年草原有害生物防控工作安排

草原有害生物防控工作已成为林业和草原局重点工作之一，是影响草原生态环境，建设绿水青山的重要一环。2019年年底的鼠疫疫情和目前的新型冠状病毒肺炎，都直接或间接地说明了草原有害生物防控工作的重要性。开鲁县的草原有害生物防控工作主要以草原鼠害防控、虫害防控和毒害草防控这3项工作为主。

一、草原鼠害防控工作

根据2019年开鲁县草原鼠害发生情况以及2018年秋季草原鼠害野外调查数据，对于2020年草原鼠害的发生发展情况进行了预测预报，并据此提出相应的草原鼠害防治计划。

开鲁县常见鼠种：长爪沙鼠为主。

分布面积及区域：2020年草原鼠害预计发生面积40万亩，其中严重危害面积10万亩，平均密度为35个有效洞口/亩，最高为50个有效洞口/亩。主要分布在义和塔拉镇、建华镇、小街基镇的部分草牧场。

防治措施建议：一是继续做好2020年春季的鼠害预测预报工作。二是在4月中旬至5月中旬，抓住草原害鼠活动频繁的时期，对发生鼠害的40万亩草牧场，进行全面防治。重点是对预计发生严重危害的10万亩，集中投放毒饵，进行统一防治，以消灭可能发生的草原鼠害。

防治计划及方法：防治时间为4月20日至5月20日。重点防治面积10万亩，辐射面积40万亩。防治方法：主要以生物防治为主，投放C型肉毒素毒饵进行灭鼠，这样既保护了生态环境，又消灭了鼠害。同时加大鼠害防治宣传力度，动员广大农牧民，本着"谁受益，谁出力"的原则，加入灭鼠行动，做到群防群治。

防治所需药物与经费：共需灭鼠毒饵4吨，大型灭鼠机械3台（套），需防护服、防护眼镜、手套、口罩等防护用品50套。需灭鼠人工费及车辆燃油等费用合计25万元。

上级专项资金已拨付到位，急需县里财政及时拨付。

二、草原虫害防控工作

（一）草原蝗虫防治工作

根据2019年开鲁县草原蝗虫发生情况以及2018年秋季草原蝗虫越冬卵野外调查数据，对于2020年草原蝗虫的发生发展情况进行了预测预报，并据此提出相应的草原蝗虫防治工作计划。

开鲁县草原蝗虫主要种类：亚洲小车蝗为主。

分布面积及区域：2020年草原虫害预计发生面积50万亩，其中严重危害面积10万亩，平均虫口密度为8头/平方米，最高虫口密度为20头/平方米。主要分布在义和塔拉镇、建华镇、幸福镇、小街基镇的部分草牧场。

防治措施建议：一是继续做好2020年春季的虫害预测预报工作，在4月初做好蝗虫卵块、卵粒数量及越冬情况调查工作。二是在6月至8月中旬，做好蝗卵孵化监测以及蝗虫防治工作。抓住蝗蝻3龄前防治最佳时期进行灭杀。对发生虫害的50万亩草牧场，进行全面防治。重点是对预计发生严重危害的 10 万亩草牧场，进行重点防治。

防治计划及方法：防治时间为 6 月上旬至 8 月中旬。重点防治面积 10 万亩，辐射面积 50 万亩。防治方法：以化学防治为主，防治药剂以 4.5％高效氯氰菊酯乳油为主，亩用量为 30～45 毫升。

防治所需药物与经费：共需 4.5％高效氯氰菊酯乳油 5 吨，大型喷雾灭虫机械 4 台（套），需防护服、防护眼镜、手套、口罩等防护用品 30 套。需灭虫人工费及车辆燃油等费用合计 35 万元。

上级专项资金已经拨付到开鲁县财政，急等及时拨付。

（二）草原黏虫防治工作

近几年，草原黏虫发生危害的面积和范围虽不是很大，但危害性仍十分严重。2019 年双胜奶站的近两千亩紫花苜蓿草地发生了严重的黏虫灾情，虽极力防治，仍有近 300 亩紫花苜蓿草受到了严重危害，损失惨重。所以早预测、早预防，及时喷洒灭杀防治草原黏虫药剂是十分必要的。

（三）人工草地虫害防治工作

开鲁县目前以紫花苜蓿草为主的人工草地保存面积 3 万亩左右，其虫害主要有草原蝗虫、黏虫，苜蓿蓟马等，对其严密监控，及时喷洒化学药物，防虫灭虫，减少损失也是十分必要的。

三、草原毒害草防控工作

开鲁县急需要防控灭除的草原毒害草主要有少花蒺藜草和刺萼龙葵 2 种。

根据区、市两级草原部门的意见，2020 年要开展这 2 种外来入侵的毒害草在天然草牧场上的防控灭除试点工作。实施方案已上报，目前此项专项资金尚未落实。

（一）少花蒺藜草

据初步调查，2019 年少花蒺藜草在我县普遍发生，发生面积 130 万亩，入侵 12 个镇场及国营农牧林场、水库。

2019 年开展了化学灭除少花蒺藜草小区试验，2020 年将进一步做好防控灭除少花蒺藜草工作，探索大面积防控灭除少花蒺藜草的有效途径和行之有效的方式方法。

1. 继续做好化学防控灭除少花蒺藜草的区域试验工作

5 月中旬至 7 月中旬，在林辉草业的围栏内，择机进行除草剂喷洒灭除少花蒺藜草，以寻求大面积灭杀少花蒺藜草的有效方法。

试验面积初步设定为 1 000 亩，每亩计划投入资金为 100 元，总的实验资金为 10 万元。

2. 草牧场内的少花蒺藜草的防治灭除试点工作

地点：义合塔拉镇柴达木嘎查。

防治方法：以人工加机械刈割为主。

防治时间：7 月中旬至 8 月中旬。

计划防控面积 5 000 亩，每亩资金投入 200 元，总需资金投入 100 万元。

（二）刺萼龙葵

1. 碱咕甸子刺萼龙葵的防控

碱咕甸子位于街基镇三棵树村正北，距离三棵树村仅 3 千米左右。刺萼龙葵 2017 年发生面积为 6 250 亩，到了 2019 年则扩展到 19 790 亩。

防控工作依据：国家标准 NY/T2687—2015《刺萼龙葵综合防治技术规程》之替代防治技术。

防控工作流程：前期准备工作（包括土地流转、土地整理、打井配套等）与燕麦草种植（一年两季）。

防除试点面积：500 亩。

投入资金估算：30 万元。

2. 河床、河滩地刺萼龙葵的防控

根据不同的生境条件，主要采取机械镟耕、推土机推土掩埋和人工铲除作业 3 种方式进行防治。平坦的地块可用机械镟耕。残留下很多的石块、石子以及堆放很多的建筑垃圾和生活垃圾的地块，只能用推土机推土挖坑掩埋，埋土层厚度 1 米以上。对于河堤、河岸上的刺萼龙葵，特别是石头砌的防洪堤坝，刺萼龙葵生长在石头的缝隙中间，无法采用任何机械防控灭除的办法，只有雇用人工进行铲除。以上 3 种措施对于河道图斑内的刺萼龙葵进行防控灭除作业，每年至少应该进行 2～3 次。

2020 年春季草原鼠害监测报告

为了打好春季草原鼠害防控攻坚战，准确地预测 2020 年开鲁县草原鼠害的发生发展情况，迅速有序地组展开展草原鼠害防治工作，3 月 18—20 日，对义和塔拉镇、小街基镇、建华镇北沼的草原鼠害情况进行了重点测定。在发生区域的中心位置，做 1/4 公顷堵洞法样方调查。结果表明：开鲁县主要草原类型为温性草原类，主要害鼠种类为长爪沙鼠，严重危害面积在 15 万亩以上。

义和塔拉镇的鼠害发生中心点为北纬 43°43′42.81″，东经 121°43′42.46″，平均有效洞口数为 136 个，相对密度为 544 个/公顷。预计严重危害面积 7 万亩。

小街基镇的鼠害发生中心点为北纬 43°47′55.85″，东经 121°05′31.25″，平均有效洞口数为 140 个，相对密度为 560 个/公顷。预计严重危害面积 4 万亩。

建华镇的鼠害发生中心点为北纬 43°53′55.76″，东经 121°13′6.12″，平均有效洞口数为 132 个，相对密度为 528 个/公顷。预计严重危害面积 4 万亩（图 4-1）。

图 4-1　鼠害洞口

防治建议：在 4 月中旬至 5 月中旬，抓住草原害鼠活动频繁的时期，对发生鼠害的草牧场进行全面防治，集中投放毒饵，进行统一防治，以消灭可能发生的草原鼠害。

开鲁县 2020 年草原鼠害防治实施方案

根据 2019 年秋季草原鼠害监测数据，预计 2020 年全县草原鼠害严重危害面积 15 万亩左右。全县草原主要发生害鼠种类为长爪沙鼠。严重危害面积主要集中在 3 个乡镇。为打好春季草原鼠害防治攻坚战，按照自治区鼠疫防控应急领导小组《关于切实做好 2020年草原鼠害防控工作的通知》（内鼠防应急发〔2020〕10 号）文件要求以及《通辽市 2020 年草原鼠害防治实施方案》要求，结合开鲁县实际，特制定本方案。

一、防治原则

（一）统筹规划、分类指导

草原灭鼠与全县"鼠疫疫情"防控工作相结合，着眼于草原生态环境的整体改善和牧区经济可持续发展，因地因时制宜，统筹规划，因灾设防，优先确定、重点防治区域和防治对象，科学制定防治措施。

（二）储备物资、统防统治

认真做好药剂、器械等草原有害生物防治物资储备，采用适用于草原有害生物防控的飞机、大中小型器械施药技术，继续夯实专业化防治服务队建设，推进草原鼠害统防统治，鼠疫防控联防联治，提高机械化施药覆盖度和作业效率。

（三）突出重点、集中连片

各镇（场）要科学制订草原鼠害防控实施方案，突出重点，优先治理草原鼠害重灾区、频发区和常发区，达到整体控制有害生物的目的。

（四）生态优先、绿色防控

在防治工作过程中，始终将生态优先摆在首位，突出绿色防控，大力推广应用微生物制剂、植物源农药、天敌防控、物理防控、生态调控及其综合配套技术，促进草原生态修复，实现草原有害生物绿色可持续治理目标。

二、防治目标

2020 年计划防治草原鼠害面积 15 万亩，其中，义和塔拉镇计划防治 7 万亩，建华镇计划防治 4 万亩，小街基镇计划防治 4 万亩。

三、主要工作

（一）草原鼠害监测

县草原鼠害防治部门要加强鼠害的预测预报工作，建立完善县乡村三级鼠情动态监测网，重点监测本区域草原鼠害常发区、易发区的主要鼠种的发生发展动态，及时掌握鼠害和疫情，发现疫情及时向县卫健主管部门报告。县镇草原防治部门在防治季节实行 24 小时值班制度，随时掌控鼠防动态，为防治决策提供科学依据，要按照《草原害鼠预测预报调查技术规程》要求，规范鼠害调查方法、监测内容及预测报技术，使全县草原鼠害防治做到精准施策，有效防控。

（二）防治物资储备

共需灭鼠毒饵 6 吨，大型灭鼠机械 4 台（套），需防护服、防护眼镜、手套、口罩等防护用品50套。需灭鼠人工费及车辆燃油等费用合计25万元。根据草原鼠害防治工作实际，做好防治物资储备、防治机械检修和飞机及大型拖拉机租赁等防治前的各项准备工作。

（三）草原鼠害防治

严格按照《草原治虫灭鼠实施规定》进行防治。主要以生物防治为主，防治主要使用生物制剂C、D型肉毒素以及新贝奥生物（植物源）灭鼠颗粒剂防治，通过人工和机械相结合的方式投撒，人工投撒采取洞口旁10～20厘米处均匀投放10～15粒毒饵，机械投撒采取条带投饵法，投饵行距30～50米，均匀投撒。同时加大鼠害防治宣传力度，动员广大农牧民，本着"谁受益，谁出力"的原则，加入灭鼠行动中来，做到群防群治。

四、保障措施

（一）组织保障

成立由县林业和草原局局长担任组长，由相关股室站所负责人为成员的开鲁县林业和草原局森林草原鼠害防治工作领导小组。领导小组下设办公室，主要负责督促落实领导小组议定事项，协调推进鼠害防控相关工作，承办领导小组交办的有关事项。县草原工作站、县森防站负责全县草原森林鼠害防治日常工作，主要完成防控方案制定、组织实施、监测调查、防治防控、物资储备、信息传送、宣传动员以及领导小组交办的工作。

（二）资金保障

需灭鼠人工费及车辆燃油等费用合计25万元。上级专项资金已拨付到位，急需县里财政及时拨付。

（三）政策保障

按照国家要求，用好专项资金，保证专款专用，不得挤占挪用专项经费，县财政局、审计局对专项资金的使用情况进行全程的检查监督。对违反专项资金管理办法有关规定的组织或个人，追究相关责任人责任。对草原鼠害防治过程中要求履行招投标、政府采购、预决算及效益评估、评审程序的，必须凭完整的手续方可办理拨付与结算。由于草原灭鼠工作季节性较强，县财政部门在不违背财政政策的情况下，经政府主管领导同意，可实行预拨付，待防治资金到位后按时结算，以免错过最佳防治时间。中央财政专项资金使用管理实行绩效评价制度、绩效评价结果作为下一年度资金分配使用的重要依据（表4-2）。

表4-2 开鲁县2020年春季草原鼠害计划防治任务

单位：万亩

镇场	重点防治区域	计划防治任务
义和塔拉镇	北沼	7
建华镇	北沼	4
小街基镇	北沼	4

2020年开鲁县草原鼠害防控工作全面铺开

2019年年末的鼠疫疫情和2020年年初的新型冠状病毒肺炎疫情都清晰地表明，防控工作是重中之重。根据上级业务部门的要求以及县林业和草原局的安排部署，开鲁县的草原鼠害防控工作已全面展开。

依据国家标准（NY/T 1905—2010）《草原鼠害安全防治技术规范》，按照上级有关部门的指示精神，根据县林业和草原局的统一部署，结合开鲁县草原鼠害发生发展的实际情况，制定了《开鲁县草原鼠害防治实施方案》。

义和塔拉、街基、建华镇及相关嘎查（村），依据《开鲁县草原鼠害防治实施方案》，分别制定了本辖区内的《草原鼠害防控方案》，并组织实施。

物资准备：灭鼠毒饵、投放毒饵的大型机械等物资，正在积极筹措，争取 3 月末全部到位。

鼠情监测：3 月 15—20 日，县草原站技术人员与义和塔拉、街基、建华镇及相关嘎查（村）密切协作，分别对其所辖区域内草原鼠害情况进行全面监测，并据此对全县草原鼠害发生发展情况进行预测预报。

鼠害防控：基于上述，确定开鲁县鼠害防控投放毒饵的最佳时间是 4 月 20 日至 5 月 10 日。使用大型机械投放毒饵，争取用最短的时间，获取最大的灭效。

2020 年市站技术人员现场查看开鲁县草原鼠害防控情况

5 月 29 日，市鼠疫防控应急领导小组到开鲁县开展 2020 年鼠疫防控督导检查工作。结合督导检查工作的现场查看，市、县两级草原工作站技术人员共同到义和塔拉镇艾图嘎查的草牧场进行了灭效调查。

艾图嘎查草牧场为鼠害高发区，鼠害密度高，群居性强，并且集中连片，鼠活动迹象明显，这种情况在开鲁县乃至整个通辽市也十分罕见。

市草原站对此高度重视，市草原站技术人员亲自到现场实地查看鼠害严重危害情况，拍照、取证，收集资料备存。县草原工作站进行生物药物防治，灭效达到了 94.5%，使草原鼠害的发生发展得到了积极而有效的控制，促进草原生态修复。

重点区域　重点防控（2020 年）

5 月 18 日，开鲁县草原站技术人员在义和塔拉镇开展草原鼠害防控工作时，发现与扎鲁特旗毗邻的义和塔拉镇艾图嘎查的一块草牧场内，草原鼠害有快速发展的趋势，有效鼠洞急剧增加。遂从速上报给了市草原工作站，市站领导和技术人员与扎鲁特旗草原工作站、开鲁县草原工作站的主要负责人和技术人员于 19 日同时到达现场实际查看。有效鼠洞密度大，群居性显著，危害猖獗且集中连片。草原鼠害发生情况的严重程度，近些年来极为罕见，不仅是开鲁县，乃至全市，近几年来都是极少见到的。

5 月 21 日，县草原站技术人员再次到实地进行彻底详查，调查结果显示，每公顷有效洞口数与年初相比数量增加近一倍。对此，开鲁县林业和草原局非常重视，并协同义和塔拉镇以及艾图嘎查有关领导进行密切关注。

5 月 25 日，县草原站紧急调配大型灭鼠投饵机械到现场。组织机械和人力，集中对其周边和附近的 5 000 亩草牧场适时进行灭鼠毒饵的投放。重点地块、重点区域，实行重点投放毒饵，进行重点防控。

兄弟同心 其利断金（2020 年）

草原鼠害防控不仅是为了保护草原生态环境，对于鼠疫、新型冠状病毒肺炎疫情的防控也起到了关键的作用，草原鼠害防控工作刻不容缓。各级党委政府、各个部门都十分关注草原鼠害的防控工作。扎鲁特旗草原工作站的领导和技术人员在防控本辖区内的草原鼠害工作的同时，密切关注着开鲁县与其辖区毗邻地区的草原鼠害发生发展情况。

据扎鲁特旗草原工作站的技术人员监测发现，进入 5 月以来，与该旗只有一道网围栏之隔，互相嵌合在一起的，位于开鲁县辖区内的一大片草牧场内，草原鼠害有快速发展的趋势，有效鼠洞急剧增加，沙鼠活动骤然猖獗，遂从速上报给了市草原工作站。市站及时通报了开鲁县草原工作站，市站领导和技术人员于 5 月 19 日亲临现场，实际查看。扎旗草原工作站、开鲁县草原工作站的主要负责人和技术人员都同时到现场会商，讨论草原鼠害防控工作如何进一步加大力度，确定草原鼠害防控工作进一步展开的方法步骤和具体的实施方案，总结交流草原鼠害防控方面的工作经验，并统一了意见，达成了共识，通力协作，进一步做好草原鼠害防控工作，彻底消除薄弱环节，绝不留死角，坚决将草原鼠害遏制在萌芽状态。

5 月 21 日，开鲁县草原站技术人员再次到实地进行彻底地详查，调查结果显示，有效洞口数从年初的每公顷 544 个，飚升为现在的每公顷 932 个，数量增加近一倍。对此，县林业和草原局非常重视，并协同义和塔拉镇以及艾图嘎查有关领导进行密切关注，积极行动，一抓到底，抓紧抓实。

县草原站紧急调配大型的灭鼠投饵机械到现场，及时配制 C 型肉毒杀鼠素灭鼠毒饵，组织机械和人力，适时进行灭鼠毒饵的投放，迅速展开草原鼠害防控作业。预计 3～5 天内对其周边和附近的 5 000 亩草牧场，再次进行投饵灭鼠，把草原鼠害防控的短板补齐，把草原鼠害防控工作做好做细做扎实。

此次草原鼠害防控的成功案例，是我们与扎鲁特旗草原工作站密切协作的结果，是市草原工作站、兄弟旗县草原工作站之间，县林草局和镇政府及嘎查（村）之间上下联动，通力协作的成果。这充分体现了一句老话，"兄弟同心，其利断金"，显示了开鲁县草原工作站与毗邻兄弟单位之间携手同舟，共护碧草蓝天。

2020 年开鲁县草原鼠害防治工作总结

一、做好春季草原鼠害监测工作

为有效地防治和控制鼠害的蔓延，开鲁县草原工作站严格按照《内蒙古自治区鼠虫预测预报细则》的要求指派专门的技术人员专门管理，对鼠害发生发展密切监测。

3 月 18—20 日，对义和塔拉镇、小街基镇、建华镇北沼的草原鼠害情况进行了重点测定。在发生区域的中心位置，做 1/4 公顷堵洞法样方调查。

结果表明：开鲁县发生草原鼠害危害的主要草原类型为温性草原类，主要害鼠种类为长爪沙鼠。

二、及时制定草原鼠害防治实施方案

根据 2019 年秋季和 2020 年春季草原鼠害监测数据，为打好 2020 年春季草原鼠害防治攻坚战，按照自治区鼠疫防控应急领导小组《关于切实做好2020年草原鼠害防控工作的通知》（内鼠防应急发〔2020〕10号）文件要求以及《通辽市2020年草原鼠害防治实施方案》要求，结合开鲁县实际，特制订了《开鲁县2020年草原鼠害防治实施方案》。明确防治目标及任务，确定重点防治区域和防治对象，科学制定防治措施，达到预期防治效果。

各相关的镇人民政府，依据开鲁县林业和草原局草原鼠害防治工作要求，结合本镇实际，制定本镇《草原鼠害防控实施方案》。县草原工作站与有草原鼠害防控任务的镇政府，签订《草原鼠害防控承诺书》。与草原灭鼠作业人员签订《草原灭鼠作业承包合同书》。

经市里统一部署，成立草原鼠害防治领导小组，站里实行24小时值班制度。根据市草原站的统一要求，聘用3名农牧民，作为专职草原鼠害测报员。

三、做好草原鼠害防治工作

从4月下旬开始，草原鼠害陆续发生，全县危害总面积为40万亩，其中严重危害面积15万亩。每公顷有效洞口数平均544个，最高密度725个/公顷。义和塔拉镇草牧场发生面积20万亩，其中严重危害面积7万亩；建华镇草牧场发生面积11万亩，其中严重危害面积4万亩；小街基镇草牧场发生面积9万亩，其中严重危害面积4万亩。

鼠害发生后，市草原站及时下拨灭鼠药品，立即对鼠害发生地投药灭鼠。防治主要使用生物制剂C、D型肉毒素与新贝奥生物（植物源）灭鼠颗粒剂等生物防治方法，对发生鼠害较为严重的北沼草牧场进行重点防治。抓住草原害鼠活动频繁，但食物缺乏时期，在鼠洞、鼠道和鼠类经常活动的场所，利用大型的灭鼠投饵专用机械，采取点线结合，打隔离带、封锁带的形式，一次性投饵，防治草原鼠害的技术措施。每亩投毒饵100～200克，起到了较好的灭鼠效果。

从4月下旬开始，到5月末基本结束，全县共投放灭鼠药品8吨，投入大型机械3台（套），防治机械55台（次），出动机动车160台（次），投入灭鼠专项资金15万元，进行生物药物防治面积15万亩，控制草原鼠害发生面积40万亩。

防治前县林业和草原局组织开展了鼠害综合防控技术培训，县草原工作站全体人员参加培训。县草原站技术人员对镇及嘎查（村）负责灭鼠的工作人员以及具体承担草原鼠害防控作业的人员全部进行现场培训，包括毒饵配制、毒饵投放、防治机械组装以及对防治人员的作业要求，亲力亲为，亲自指导，科学合理，操作规范，使草原鼠害防治严格按照鼠害防控技术操作流程，把草原鼠害工作做好做实。同时印发草原鼠害防治宣传单300份，加大宣传力度，宣传到村、到户，在毒饵投放区域设立宣传横幅"防鼠疫，灭鼠害，保护草原生态"，警示牌"草原鼠害防控灭鼠毒饵投放区"，并且15日内禁止无关人员进入，全程禁牧。

防治结果：义和塔拉镇防前平均每公顷有效洞口数544个，防后平均每公顷有效洞口数27个；建华镇防前平均每公顷有效洞口数528个，防后每平均公顷有效洞口数31个；小街基镇防前平均每公顷有效洞口数560个，防后平均每公顷有效洞口数32个。总的灭效达到了94.5%，使草原鼠害的发生发展得到了积极而有效的控制。

四、工作建议

一是继续做好草原鼠害的监测工作。在每年春、秋两季对重点草牧场进行重点监测，并及时上报，便于发生鼠害时及时防治。

二是大力加强草原建设，积极推广应用微生物制剂、植物源农药、天敌防控、物理防控、生态调控及其综合配套技术，促进草原生态修复，实现草原鼠害绿色可持续治理目标。

2021 年开鲁县草原站草原鼠害防控承诺书

2021 年 4 月 6—9 日，县草原站技术人员对义和塔拉镇艾图嘎查所属区域内的草牧场，进行了草原鼠情的监测，发现严重危害面积达到 6 万亩，平均有效洞口数为 75 个/公顷。为了全面做好义和塔拉镇的草原鼠害综合防控工作，现承诺如下。

县草原工作站负责：

鼠情监测：2021 年 4 月 20 日前，完成草原鼠情监测。

预测预报：根据调查结果，及时做出预测预报，并将数据上报市草原站。

制定方案：依据国家标准（NY/T 1905—2010）《草原鼠害安全防治技术规范》，按照上级有关部门的指示精神，根据县林业和草原局的统一部署，结合开鲁县草原鼠害发生发展的实际情况，制定《开鲁县草原鼠害防治实施方案》。

大型机械：提供大型灭鼠投饵机械 1 台。

饵料配制：按 40 克/亩灭鼠毒饵投放量，配制好 C 型肉毒杀鼠素灭鼠毒饵。

技术保证：县草原站技术人员集中学习草原鼠害综合防控相关的新知识、新技术，做好培训工作。技术人员分片蹲点，跟踪服务，全面做好草原鼠害防控工作。

灭效调查：投放灭鼠毒饵一周内完成灭鼠效果调查。

作业补助费：提供草原鼠害防控作业费 7 万元。

各镇负责：

制定方案：按《开鲁县草原鼠害防治实施方案》要求，制定本辖区内的草原鼠害防控方案。

人员培训：对于本镇及嘎查（村）参与草原鼠害防控人员，集中进行技术培训。要求工作时必须戴防毒口罩、手套；穿长袖上衣、长裤和鞋、袜；工作期间不得饮酒，禁止吸烟、吃东西，不能用手擦嘴、脸、眼睛；每日工作后喝水、抽烟、吃东西之前要用肥皂彻底清洗干净手、脸和漱口，被污染的工作服要及时换洗。

组织实施：按嘎查（村）的草牧场面积下达草原鼠害防控任务，统一组织实施。

宣传到位：借助新型冠状病毒肺炎疫情防控的热度，依托疫情防控的工具和途径，全面做好草原鼠害防控的宣传工作。加大鼠疫防控的宣传，宣传到村、到户、到人，做到家喻户晓，人人皆知。引导群众形成"两不、两报告"的思想自觉——"两不"就是不接触、捕猎、剥食野生动物，不进入划定疫区、作业区；"两报告"就是报告不明原因死亡鼠，报告疑似发热病人。

警示标志：投放毒饵区域设立宣传标志、警示彩旗、悬挂宣传横幅等。通过村屯内高音喇叭，循环播报，广而告之。重点牧铺、牧点、牧户，进行逐户逐人的通知，告知其草原鼠害防控及投放灭鼠毒饵的区域范围，做到户户皆知，人人皆晓。15 日内禁止放牧、割草、挖野菜，以避免人畜中毒事件发生。

投放毒饵：统一毒饵发放，统一组织实施投放毒饵，统一技术指导，统一草原鼠害防控效果监测。

监管到位：毒饵投放器具、机械要有醒目标志，统一使用统一保管。

保障到位：工作结束后，要及时将毒饵投放器具、机械清洗干净，连同剩余药剂一起交回仓库保管，不得私存。清洗药械的污水应选择安全地点妥善处理，不准随地泼洒，防止污染饮用水源。盛过毒药的包装物品，不准用于盛粮食和饲料。

灭鼠毒饵配制说明（2021 年）

品名：C 型肉毒杀鼠素

剂型：水剂

有效成分含量：100 万毒价/毫升

包装规格：净含量 400 毫升（克）/瓶

配制毒饵：0.1‰～0.2‰毒饵

计算过程：400 毫升（克）/瓶

0.1‰的毒饵：400÷0.1‰＝400×1 000＝400 000 克＝400（千克）

0.2‰的毒饵：400÷0.2‰＝400×1 000÷2＝200 000 克＝200（千克）

具体配比：400 毫升（克）/瓶

0.1‰的毒饵：一瓶配制 400 千克小麦

0.2‰的毒饵：一瓶配制 200 千克小麦

具体操作：一瓶 400 毫升（克）C 型肉毒杀鼠素，加适量的水稀释，混合 200～400 千克饵料，加入警戒色，即可配制成灭鼠毒饵。

开鲁县 2021 年鼠害效益评估报告

开鲁县发生草原鼠害危害的主要草原类型为温性草原类，主要害鼠种类为达乌尔黄鼠。全县危害总面积为 30 万亩，其中严重危害面积 12 万亩，义和塔拉镇草牧场发生危害面积 14.5 万亩，严重危害面积 6 万亩；建华镇草牧场发生危害面积 6.5 万亩，严重危害面积 3 万亩；小街基镇草牧场发生危害面积 9 万亩，严重危害面积 3 万亩。

防治主要使用生物制剂 C 型肉毒素、新贝奥生物（植物源）灭鼠颗粒剂等生物防治方法。全县共投放灭鼠药品 6 吨，进行生物防治面积 12 万亩，控制面积 30 万亩，灭效为 93％，使草原鼠害的发生发展得到了有效控制。投入防治机械 53 台（次），出动机动车 132 台（次），投入灭鼠专项资金 13 万元。

通过鼠害的防治，防治区鼠密度大幅度下降，保护了天然草地植被，增加了牧草的覆盖和优良牧草的比例，促进天然植被的恢复。为草原生态的生物多样性，改善农牧民生产和生活环境，实现畜牧业的稳定可持续发展发挥了积极的作用。

第二节　草原虫害防控

2019—2022 年，累计发生虫害面积 140.3 万亩，虫害种类为亚洲小车蝗。其中虫害发生较重的年份为2019年，发生面积50万亩，其中严重危害面积10万亩。四年间，累计防治虫害面积68万亩，投入灭虫药品25.48吨，投入人工1115人次，投入灭虫机械1123台（套）。蝗虫杀灭率在95%以上。

附：重点防治情况报告及简报

2019年开鲁县草原虫害防治技术方案

根据2019年通辽市草原虫害防治工作报告，预计开鲁县草原鼠害将呈偏重发生态势。为做好草原虫害防治工作，根据2019年草原虫害发生趋势特点，提出了以下防治技术方案。

一、草原蝗虫虫情预测预报

2019年春季以来，县草原站持续对北沼草牧场、林间草地、人工草地、农田与草牧场交错地带等重点地区和地块进行了草原蝗虫发生情况的调查监测。

进入6月下旬，由于持续的潮湿高温天气，开鲁县草原蝗虫虫害已有所发生，局部地区已至重度发生，草原蝗虫密度平均为8头/平方米左右，最多的地方超过50头/平方米。蝗虫种类主要为亚洲小车蝗。主要涉及义和塔拉镇、小街基镇、建华镇、东风镇、太平沼林场等地。

2019年7月3日，县草原站技术人员对北沼草牧场进行了全面的踏查。结果发现，从义和塔拉镇、建华镇到小街基镇、东风镇的北沼草牧场，草原蝗虫幼虫在全县范围内均有不同程度的出现，甚至已经有一部分成虫形成危害。其中东风镇北沼及太平沼林场的林间草地草原蝗虫密度最高，平均为20头/平方米左右，最多的地方超过50头/平方米，而且以成虫居多。预计全县草原蝗虫发生面积为50万亩，其中严重危害面积10万亩。

二、防治时间

7月初，抓住蝗蝻3龄前防治的最佳时期进行草原蝗虫的扑灭。

三、防治重点

开鲁县草原蝗虫种类以亚洲小车蝗为主。涉及义和塔拉镇、小街基镇、建华镇、东风镇、太平沼林场等地。防治重点主要生在北沼的义和塔拉镇及小街基镇、建华镇的部分草场，尤其是与农田相邻的草牧场要进行重点防治。

四、防治物资准备

做好资金、物资和技术储备。2019年开鲁县虫害发生面积50万亩，需灭蝗农药20吨，大型机动喷雾机械6台，中小型喷雾器300台（套）。流动资金25万元。

五、防治关键技术

防治措施：对蝗虫虫情较重、虫口密度大、危害较严重的草牧场集中人力、物力进行防治。尤其是农牧交错地带的草场要进行重点防治，防止虫害危害农田及饲料地。

防治方法：抓住蝗蝻3龄前防治最佳时期进行灭杀。防治药剂以4.5%高效氯氰菊酯乳油为主，亩用量为30～45毫升。在灭杀前采集蝗虫标本，确定蝗虫的种类和年龄，确定灭蝗面积及路线。3龄以上的蝗蝻及成虫，则适当加大药剂的浓度，亩用量为50～60毫升。喷药后24小时及48小时，及时检查灭蝗效果，观测灭效。

六、强化安全防治

农药的保管与使用应严格按照有关规定执行，严禁无资质人员乱制、乱发、乱用农药。发放农药时必须采取实名制领取，并严格登记造册。

防治药品要在专用库房中保存，专车运送，不得与其他物品混存。

防治人员应全面做好防护工作，工作期间禁止饮食吸烟，工具要有醒目标志，统一保管使用。

防治区域应及时发出通告、设立警告牌，实施灭虫区域禁牧 15～20 天，防治人畜中毒。

2020 年开鲁县开展牧鸡灭蝗工作

通辽市草原工作站多年来，在多个旗、县开展牧鸡灭蝗试点工作，在包括扎鲁特旗、科尔沁左翼中旗等牧鸡灭蝗试点成功基础上，2020 年在全市大面积推广牧鸡灭蝗工作。

2020 年开鲁县首次引进珍珠鸡进行牧鸡灭蝗试点工作。6 月下旬，第一批 200 只珍珠鸡落户到他拉干小泡子的草牧场。7 月初，第二批 300 只珍珠鸡落户到义和塔拉镇柴达木嘎查沙日温都东北的草牧场上。引进时珍珠鸡重量约为 0.5 千克，现在已经长到 1～1.5 千克，大的重量在 2 千克以上。据牧主介绍，牧鸡灭蝗高峰分为 2 个时间段，分别为凌晨 4—5 时，天一亮就开始进入草牧场，到上午 8—9 时气温开始升高就回到牧户家里，喝水、补饲。下午 5—6 时再次出发，到天黑才回来，有时候到晚上 8 点多还不回来。

牧户北侧的 1 000 多亩草甸子内，草原蝗虫已经基本被珍珠鸡吃没了，牧鸡灭蝗工作又转场到了西南侧的 2 000 多亩的沙地草牧场上。

牧鸡灭蝗效果特别好，基本上不需要集中补饲，集中管理。特别明显的是，珍珠鸡对蝗虫的行动特别敏感，有捕捉蝗虫的天性。"蝗虫飞，珍珠鸡就飞；蝗虫跳，珍珠鸡就跳；蝗虫想跑，那是妄想，有珍珠鸡在，草原蝗虫是没个跑。"这是在草牧场上观看珍珠鸡捕捉草原蝗虫时，现场所有人的共识。

由此可见，开鲁县珍珠鸡灭蝗成效非常明显，与农药灭蝗相比，既无农药残留，保护草原生态，又节约成本，效果显著，是真正有效的生物防治草原蝗虫手段（图 4-2）。

图 4-2 珍珠鸡在草场上捕捉蝗虫

开鲁县 2021 年虫害效益评估报告

为有效控制草原虫害的发生及对草场的危害，减少灾害损失，2021 年县草原站草原蝗虫防治采用化学防治和生物防治相结合的方法，使草原蝗虫的发生发展得到了有效控制。

一、化学防治

防治药剂以4.5％高效氯氰菊酯乳油为主，蝗蝻3龄前为灭杀最佳时期，亩用量为30～45毫升。在灭杀前采集蝗虫标本，确定蝗虫的种类和年龄，确定灭蝗面积及路线。3龄以上的蝗蝻及成虫，则适当加大药剂的浓度，亩用量为50～60毫升。喷药后24小时及48小时，及时检查灭蝗效果，观测灭效。

使用化学药剂防治，对草原蝗虫防效显著，且污染小，残效期短。范围广，适合大面积蝗虫防治，作用迅速、操作简便、处理费用低。

二、生物防治

大量使用农药，在杀死害虫的同时，会对与其共生的有益动植物和生态平衡有一定的影响，所以在使用农药进行蝗虫防治的过程中有一定的局限性。为了弥补这些不足，县草原站探索了生物防治草原蝗虫的新方法，利用珍珠鸡灭蝗。牧鸡灭蝗无农药残留，保护生态，节约成本，生态效益显著。鸡粪便能给草原提供增加肥料，改善土壤，促进牧草生长。牧鸡灭蝗不仅能防治草原虫害，还能够提供大量的成品鸡和健康、绿色的禽产品，增加农牧民的经济收入，促进经济发展。

通过对草原蝗虫的防治，减轻了草原害虫对天然草原的破坏，草原植被得到有效恢复，植被盖度提高，草群结构好转，多年生优质牧草相对增加，天然草原生产能力提高，草原生态环境初步改善，生态平衡得到维护，有效巩固了退牧还草等国家重大生态工程项目的建设成果。有力促进了草原生态、资源与环境的协调发展。

第三节　草原毒害草防控

全县可利用草牧场面积160万亩，受到外来侵入物种少花蒺藜草、刺萼龙葵的侵害面积分别为110万亩、5万亩以上，对农牧业生产及草原生态环境都造成了很大的影响，给广大人民群众的生产和生活带来了极大的不便。2019年以来，开鲁县积极开展少花蒺藜草防控灭除试验示范试点工作，开展了诸多的防控灭除工作，取得了一定的成效，积累了一定的经验。中科羊草防控少花蒺藜草的效果明显。蒺藜草占比下降到了11.9％，羊草占比上升到了65.9％，其他杂草占比降到了22.2％。采用物理、化学防治方法进行有效防控灭除，结合围栏封育、补播改良等措施进行综合治理，使草地植被呈正向演替，草地生态趋于良性循环。草原植被盖度已达到62％，草原植被逐步恢复，生产力明显提高，生物多样性增加，草原的防风固沙能力日益凸显。但从整体情况分析，草原生态环境保护和建设依然面临不少突出问题，如天然草原退化严重、草原利用不合理等，需要及时采取措施加以解决。这将是今后一段时期内，我们砥砺前行、不懈努力的方向之所在。

附：重点防控简报及总结

2019年少花蒺藜草防控试验工作报告

在区、市两级草原站的领导和专家的指导下，开鲁县草原站承担了自治区草原工作站的少花蒺藜草防控试验，区站制定了指导性的少花蒺藜草试验方案，主要是化学防治少花蒺藜草试验。

自治区站建议使用的除草剂有5％精喹禾灵乳油、10.8％高效氟吡甲禾灵乳油、4％烟嘧磺隆、乙草胺、12.5％稀禾啶、24％稀草酮、咪唑乙烟酸。

化学防治：选择晴朗无风天气，采用背负式喷雾器进行喷药处理。7个药剂，分别设置3个浓度梯度，3次重复，共设63个处理，9个空白对照，小区面积5米×2米＝10平方米，随机区组排列，空白对照区喷施相应量清水。喷药前要清除地表的干枯草，以利少花蒺藜草幼苗均匀着药，提高防除效果，各小区做好标记。

物理防治：在少花蒺藜草根系未大面积下扎之前，一般4～5叶期前，此时好拔除，要连根拔除，带出田间晾干烧毁，防止繁殖蔓延；另外也可在少花蒺藜草抽穗期，种子成熟前拔穗处理，降低来年种源基数。在交通便利及发生面积较大的连片区域内，可采取机械铲除的方法，在入侵刚发生、面积较小、密度小的区域可采取集中人工铲除的方法，尽量灭除，减少减缓危害。

要求：凡接触药物人员必须按照农药有关使用规则的要求戴好防毒用具，喷药工作中严禁饮食与吸烟，工作结束及时清洗手部和脸部；喷药应在风速1～3米/秒下进行。

调查方法与数据分析：分别于施药后1天、3天、7天、15天、30天、60天，第二年返青后各检查一次，调查少花蒺藜草株数、植株萎蔫、枯黄等情况，样框面积为0.5米×0.5米＝0.25平方米，每小区随机调查3次，取其平均值。

自治区站建议使用的7种除草剂，在市场上只买到了6种，12.5％稀禾啶在当地及网上均未找到。我们又增加了一种可以买到的种药剂。所以我们这次用的7种除草剂为咪唑乙烟酸、5％精喹禾灵乳油、24％烯草酮、4％烟嘧磺隆、10.8％高效氟吡甲禾灵乳油、乙草胺、氟磺烯草酮。

县草原站根据自治区站制定的《少花蒺藜草防控试验方案》，以及《中华人民共和国农业行业标准》中的《少花蒺藜草综合防治技术规范》，结合区、市两级草原站的领导和专家的意见，立足开鲁县的实际情况，我们制定了具体的实施方案并加以遵照实施。

一、试验地点

结合开鲁县少花蒺藜草分布情况及试验所需条件等因素，最终选定开鲁县东风镇金宝屯村南林辉草业人工草地围栏内，试验地为指针式喷灌圈外的弃耕地，有井一眼，移动式喷灌设备已经全部拆除。上年并未耕种，面积约20亩，地表植被几乎全部为少花蒺藜草，地面上有部分前茬覆膜种植农作物时遗留的黑色覆膜。2019年6月17日县草原站对试验地进行了原始数据采集，测定上年残留少花蒺藜草干草的自然高度为62厘米，绝对高度97厘米，残留物盖度为100％，每亩干草重量639千克，每平方米新生幼苗65株，平均高度10厘米。数据采集结果显示试验地少花蒺藜草种子分布不均匀，多的地方1平方米有上千粒。

二、试验内容

1. 物理防除

准备喷洒药物时发现地表植物由于连续降水，蒿类植物疯长，已经影响到对少花蒺藜草进行化学防控试验的开展，药物喷洒无法进行，所以我们用割草机、搂草机将地面上新长得和残留的植被清理掉。

我们用单向翻土的开沟型进行双向作业，两边开沟中间筑埂，用筑畦埂的形式对试验地进行小区划定，划定的小区从畦埂的中线测定是 3 米×6 米，除去畦边的浅沟和畦梗的面试小区净剩面积是 5 米×2 米，符合自治区试验方案要求。

经测定，试验地内的少花蒺藜草，清除前为每平方米 65 株，清除后为每平方米 32 株。说明在试验地整理的过程中，平整地面及划定小区等操作造成了小部分少花蒺藜草死亡，这客观上形成了对少花蒺藜草形成了物理的机械防治。但是防治效果并不是特别好，还是有大部分少花蒺藜草存活。

我们采取了两个方面的替代种植方式：第一，在预留的专门的试验小区内撒播紫花苜蓿种子。第二，在化学防除的小区的浅沟和畦埂上撒播紫花苜蓿种子，这个我们称之为机械加替代防治试验。为了试验更彻底更准确，所以我们没有对撒播的紫花苜蓿进行浇水和防除杂草的任何措施。由于干旱高温等原因致使紫花苜蓿生长及保苗情况均不理想，第二年返青情况如何还有待观测。

2. 化学防除

试验分两次进行：第一次为 7 月 3 日；第二次为 7 月 18 日。

根据自治区《少花蒺藜草防治试验方案》，我们购买了 7 种市面上销售的灭除禾本科杂草的除草剂，分别是：

A：咪唑乙烟酸。该除草剂说明书中的标准用量是 60～70 毫升/亩，防除对象为禾本科杂草以及苋菜、藜、苍耳、龙葵、兰花菜等阔叶草。

B：5％精喹禾灵乳油。其说明书中的标准用量是 70～90 毫升/亩，防除对象为一年生禾本科杂草。

C：24％烯草酮。说明书中标明的用量是 10～20 毫升/亩，防除对象为一年生禾本科杂草。

D：4％烟嘧磺隆。说明书中标明的用量是 60～100 毫升/亩，防除对象为一年生禾本科杂草。

E：10.8％高效氟吡甲禾灵乳油。说明书中标明的用量是 30～35 毫升/亩，防除对象为一年生禾本科杂草

F：乙草胺。说明书中标明的用量是 100～150 毫升/亩，防除对象为一年生禾本科杂草及阔叶杂草。

G：氟磺烯草酮。说明书中标明的用量是 70～110 毫升/亩，防除对象为一年生杂草。

试验小区设计：使用规定的除草剂种类及使用量，每种除草剂设计为 3 个浓度梯度。

第一梯度为使用说明书中标明的亩用药量。

第二梯度为使用说明书中标明的亩用药量的 2 倍。

第三梯度为使用说明书中标明的亩用药量的 3 倍。

本次试验共划定试验小区 120 个，其中化学防治试验区 72 个，物理防治，即机械加种植替代小区 36 个，对照小区为 24 个。

（1）7 月 3 日试验

这是第一次喷洒除草剂，小区内杂草较少，主要植物为少花蒺藜草，小区面积比较

小，数量比较多，所以我们买了普通喷壶。在人工喷洒过程中，目标明确，靶向性非常明确，把除草剂均匀喷洒在了少花蒺藜草上。

观测方法与结果分析：7月3日第一次进行除草剂喷洒，在喷药后的第1天、3天、7天、14天、30天、60天进行了数据采集工作，检查除草剂药效。在喷洒除草剂后第1天去观测时，未发现少花蒺藜草有变化；第3天观测时也未发现少花蒺藜草有明显变化；第7天观测时有部分少花蒺藜草叶片枯黄、叶片边缘变黑；第15天观测时少花蒺藜草出现较大变化，其中药效明显的整株枯黄，少花蒺藜草即使并未死亡，但是由于药害作用生长受到明显的抑制；第30天时少花蒺藜草大量死亡，其余也均受到伤害；第60天时除了少量剩余的和受到严重伤害的、死而复生的少花蒺藜草外，其余的绝大部分都已经死亡（表4-3）。

表4-3 7月3日试验观测结果

编号	喷洒15天后	编号	喷洒30天后	编号	喷洒60天后
A1	停止生长	A1	少量死亡、根部枯黄	A1	少量死亡、根枯抽穗
A2	叶片边缘枯黄	A2	大量死亡、剩余根枯黄	A2	大量死亡、根枯抽穗
A3	全株枯黄	A3	大量死亡、剩余根枯黄	A3	大量死亡、根枯抽穗
B1	停止生长	B1	少量死亡、大量枯黄	B1	少量死亡、剩余死而复生
B2	死亡、枯黄	B2	大量死亡、剩余重度枯黄	B2	大量死亡、枯黄抽穗
B3	全株枯黄	B3	大量死亡、剩余重度枯黄	B3	大量死亡、枯黄抽穗
C1	停止生长、枯黄	C1	大量死亡、根部枯黄	C1	大量死亡、剩余抽穗
C2	少量死亡、枯黄	C2	大量死亡、少量剩余枯黄	C2	大量死亡、剩余抽穗
C3	大量死亡、枯黄	C3	全部死亡	C3	大量死亡、极少剩余
D1	停止生长、枯黄	D1	部分死亡、剩余停止生长	D1	大量剩余并抽穗
D2	少量死亡、枯黄	D2	大量死亡、少量剩余根枯黄	D2	大量死亡、剩余抽穗
D3	少量死亡、枯黄	D3	大量死亡、极少剩余根枯黄	D3	大量死亡、极少剩余抽穗
E1	停止生长	E1	部分叶片和根部枯黄	E1	极少死亡、抽穗
E2	少量死亡	E2	大量死亡、极少量剩余	E2	极少剩余、抽穗
E3	大量死亡	E3	大量死亡、极少量剩余	E3	极少剩余、抽穗
F1	无明显变化	F1	少量死亡、停止生长	F1	大量剩余并抽穗
F2	无明显变化	F2	部分死亡、少量枯黄	F2	大量剩余抽穗
F3	停止生长	F3	大量死亡、极少量剩余	F3	少量剩余抽穗
G1	大量死亡	G1	少量剩余、根部枯黄	G1	仅有3棵剩余抽穗
G2	全部死亡	G2	全部死亡	G2	全部死亡
G3	全部死亡	G3	全部死亡	G3	全部死亡

在7月3日的观测中，我们就已经发现少花蒺藜草对除草剂的敏感程度并未达到预期效果。我们根据当时的情况判断出现了3种原因。

第一，除草剂的喷洒试验应该是在6月的上旬或中旬，择机进行。但是当试验地的整理工作全部完成，满足试验要求的时候，时间已经到了6月下旬。

除试验地需要满足试验要求以外，气候条件的好坏，也是影响试验进行的一个重要因素。按试验要求，至少连续3天以上没有降水；喷药应在风速1~3米/秒下进行。然而2019年6月下旬的天气总是阴雨连绵，直到7月3日天气条件才满足试验要求。喷洒除草剂时少花蒺藜草已经长到10个叶左右，对除草剂敏感度自然就会有所下降，抗药性相对增强了。

第二，药剂喷洒后出现了降雨天气，对试验结果可能会有一定的影响。

第三，除草剂的浓度梯度设计可能还值得商榷。

（2）7月18日试验

在对试验地进行观测和数据采集过程中，我们发现在小区边缘的畦埂上由于未喷洒除草剂，又新长出很多新的3~4叶期的少花蒺藜草，经查询在7月3—17日，试验地区降水量为26.1毫米，水热条件适宜，导致了新一轮少花蒺藜草的萌发。我们根据试验地的实际情况，决定进行第二次试验，对处于3~4叶期的少花蒺藜草喷洒除草剂。

试验设计：使用的除草剂种类及使用量与第一次试验设计完全相同，相当于重新做了一次试验。

根据之前的经验，选择在2019年7月18日天气较好的情况下，按照试验规定的除草剂种类及使用量，在每个试验小区的东侧和北侧的畦埂上，对新生的3~4叶期的少花蒺藜草重新喷洒除草剂。果然，在8月2日第一次试验数据采集时便发现大量少花蒺藜草死亡，在9月3日最后一次数据采集时所有处理的第三梯度，少花蒺藜草死亡率均达到95%以上，效果较好的达到100%。本次试验时间掌握得刚刚好，是少花蒺藜草3~4叶期，所以试验效果极佳，如期达成试验目的（表4-4）。

表4-4　7月18日试验观测结果

编号	喷洒后15天后的死亡率/%	编号	喷洒后45天后的死亡率/%
A1	78.33	A1	88.33
A2	85.00	A2	95.00
A3	90.00	A3	99.00
B1	96.00	B1	99.00
B2	98.67	B2	99.00
B3	97.67	B3	99.00
C1	90.00	C1	93.33
C2	98.00	C2	100.00
C3	97.67	C3	100.00
D1	90.00	D1	93.33
D2	90.00	D2	96.00
D3	95.33	D3	99.67
E1	71.67	E1	85.67

（续）

编号	喷洒后 15 天后的死亡率/%	编号	喷洒后 45 天后的死亡率/%
E2	82.00	E2	91.67
E3	94.33	E3	99.00
F1	45.00	F1	85.00
F2	66.67	F2	94.00
F3	53.33	F3	96.67
G1	94.33	G1	93.33
G2	99.33	G2	100.00
G3	99.33	G3	100.00

三、结论与思考

（一）少花蒺藜草生长习性思考

在 2019 年 6 月 17 日，对试验地进行原始数据采集时，每平方米少花蒺藜草的种子有上千粒，每平方米少花蒺藜草的平均株数为 65 株。由此可以看出，同样的水热条件，少花蒺藜草的种子并不是同期发芽、出苗的，其余则会择机萌发。

（二）少花蒺藜草防治时间

喷洒除草剂必须选择在少花蒺藜草幼苗时期，化学防治少花蒺藜草的最佳时间是 6 月上旬、中旬。一旦过了幼苗时期，少花蒺藜草抗药性增强，且综合天气因素以及少花蒺藜草生长习性，建议每年至少防治 2～3 次。

（三）除草剂使用思考

经过 G 除草剂处理过的小区所有杂草全部死亡。所以 G 除草剂不适用于农田、人工草地以及天然草牧场，只适用于村屯周边或道路两旁灭除少花蒺藜草时使用。A、B、C、D 四种除草剂，在使用说明书中标明的亩用药量的 2 倍的情况下，灭除少花蒺藜草效果也很明显，并且对其他植物伤害相对较小。F 除草剂对少花蒺藜草不敏感，防治灭除效果极差，基本上已被淘汰。

（四）少花蒺藜草的"死而复生"

这真的是一个非常奇特的现象。被除草剂灭杀的少花蒺藜草，地上部分的叶片全部枯萎，表面上看上去已经处于死亡状态。可是生长到了繁殖期，仍然能如期地抽穗并结实。可见少花蒺藜草生命力是何等的顽强。

（五）"立秋三天、寸草出头"

在秋天道路两旁，甚至是道路中间车辙印里，被碾压破坏严重的少花蒺藜草也会抽穗。即使是过度放牧的天然草牧场，虽已遭较严重践踏啃食，只有 2～3 厘米，但也会抽穗结实，并快速成熟而形成"蒺藜"。牛羊等家畜不敢采食已经抽穗结实、带有倒钩刺蒺藜的少花蒺藜草，所以少花蒺藜草实现了它的繁殖入侵，生生不息。但是像狗尾草、虎尾草等一年生牧草的种子却不具有危害性，因此会被家畜采食，所以不能很好地繁殖。这样下去少花蒺藜草越来越多，可饲用牧草越来越少，草场质量越来越差。由此而推测，采取多次刈割或过度放牧等，进行物理机械防治的方法，并不适用于少花蒺藜草的防治和灭除。

下一年工作思考：根据 2019 年的试验结果，我们打算 2020 年进行区域性化学灭除少花蒺藜草试验。5 月中旬到 7 月中旬，在试验小区所在的林辉草业的围栏内，择机进行除草剂喷洒灭除少花蒺藜草，以寻求大面积灭杀少花蒺藜草的有效方法。

整个围栏总面积 2 500 亩，人工草地面积 2 000 亩，其余的 500 亩作为区域试验的主要试验用地，其他人工草地作为辅助试验用地。

试验开展时间：

5 月 15 日，进行土壤封闭试验，控制少花蒺藜草的萌发。

5 月 30 日，对新萌发的少花蒺藜草喷洒除草剂。

6 月 15 日、6 月 30 日、7 月 15 日，视情况对再次萌发的少花蒺藜草喷洒除草剂。

我们本着打早、打小的原则，分批次、全方位的进行除草剂喷洒灭杀少花蒺藜草的试验。在摸清少花蒺藜草生长习性的基础上，进一步掌握除草剂的喷洒时间和使用剂量，从而摸索出大面积化学防除少花蒺藜草，以致彻底灭杀少花蒺藜草的方法。这是我们第二年工作的重点。

讨论说明：替代种植再辅以除草剂是防治毒害草的效果最佳途径。在试验地毗邻的人工草地边缘处，因浇水等因素不适用于种植紫花苜蓿的地里，本来也有大量的少花蒺藜草，但被人们种植了红干椒、花生等作物，基本不再有少花蒺藜草的身影。同时，通过走访当地的村民，在生产实践中已经证实：机械加替代种植辅助喷洒除草剂，能达到很好的防治效果。

开鲁县少花蒺藜草防控试点实施方案

一、试点建设背景

近年来，受气候条件、超载过牧、草原退化、经济活动等因素影响，草原毒害草特别是外来入侵物种少花蒺藜草发生面积呈现不断扩大和蔓延态势。通辽市开鲁县是少花蒺藜草的重灾区。

开鲁县现有可利用草牧场面积 160 万亩，已有超过 100 万亩以上的天然草牧场受到了少花蒺藜草的侵害。

鉴于此，对于外来入侵植物——少花蒺藜草，已经到了非防控不可的湍急局面。区、市两级林业和草原部门极为重视，积极探索如何运用科学、绿色、安全、有效的防治手段迅速抑制其进一步蔓延，以达到改善草原生态环境的目的。县林业和草原部门积极配合，开展了诸多的防控灭除工作，取得了一定的成效，积累了一定的经验。

二、试点建设依据

国务院办公厅《关于加强草原保护修复的若干意见》。

自然资源部、财政部、生态环境部联合制定下发的《山水林田湖草生态保护修复工程指南》。

内蒙古自治区林业和草原局、财政厅关于印发《内蒙古自治区 2021 年草原生态修复治理补助资金使用方案》的通知。

《中华人民共和国农业行业标准》中的《少花蒺藜草综合防治技术规范》。

内蒙古自治区财政厅《关于开展政府采购意向公开工作的通知》。

2019—2020年开鲁县草原工作站以化学除草剂防控、物理机械防控和生物替代防控相结合的手段，开展并获取的少花蒺藜草防控灭除试验之观测数据结果。

当地政府社会经济发展总体规划。

三、试点建设原则

开鲁县少花蒺藜草防控试点建设，坚持生态优先、绿色发展、因地制宜、分类施策、综合治理、注重实效的原则。

四、试点技术路线

（一）化学除草剂防控灭除少花蒺藜草

2019年开展并完成了防控少花蒺藜草的化学除草剂种类的遴选、喷洒浓度梯次及喷洒方式的小区试验。

2020年春季开展并完成了区域性的化学除草剂防控灭除少花蒺藜草试验，并且开展了更大面积的机械化喷洒作业，均取得非常好的效果。这个试验进一步验证了2019年化学除草剂防控灭除少花蒺藜草小区试验的结果，同时证明试验具有较强的可重复性和可操作性，安全、可靠、效果稳定，可推广性非常强。

（二）化学除草剂防控＋物理机械防控＋生物替代防控

紫花苜蓿介入防控少花蒺藜草的小区试验，2020年在化学除草剂防控灭除少花蒺藜草区域性试验的基础上，进行了机械旋耕物理防控灭除少花蒺藜草的作业，然后条播紫花苜蓿、中科羊草等优质牧草，采用农作物大小垄种植和浅埋滴灌等先进的农艺农技相结合的技术措施。秋季进行了人工拔除措施，以达到进一步防控灭除少花蒺藜草的目的。集合、配套、组装各种有效措施，打组合拳。通过集成生物替代防控、物理机械防控和化学除草剂防控等关键技术，初步形成了防控灭除少花蒺藜草的技术路线。

中科羊草介入防控少花蒺藜草的小区试验，采用的技术路线有与紫花苜蓿介入防控少花蒺藜草的技术路线相似之处，但也不是完全照搬照抄。在中科羊草介入防控灭除少花蒺藜草之前，没有进行化学除草剂的喷洒，只进行了机械旋耕物理防控少花蒺藜草作业，最大限度地模拟天然草原状态。充分利用中科羊草根系发达、分蘖能力强、生态位优势明显等突出特点，采取条播和浅埋滴灌技术，选取播量和行距2个试验因子，每个试验因子设置5个梯度，共计25个小区处理，试验设置两个重复，共计50个试验小区。目前中科羊草返青情况非常好，为进一步开展多个本地乡土草种介入防控少花蒺藜草试点，创造了非常有利的条件，奠定了坚实的基础，初步形成了试点所需的技术路线。

2019—2020年防控灭除少花蒺藜草试验工作的开展取得了非常明显的社会效益、经济效益、生态效益。

社会效益方面，消除了人们对少花蒺藜草这种外来入侵植物能不能防控、怎么样防控以及防控后的效果如何等畏惧疑难心理，坚定了人们防控灭除少花蒺藜草的信心和决心。

经济效益方面，紫花苜蓿和中科羊草介入防控少花蒺藜草的试验中，紫花苜蓿草地和中科羊草草地成功建植，收获的季节即将到来，获取更大更好的经济效益指日可待。

生态效益方面，紫花苜蓿、中科羊草、沙打旺等优质牧草介入防控少花蒺藜草的试验，2021年春季各种牧草返青效果非常好，标志着建植优质牧草人工草地非常成功。不再进行拔除少花蒺藜草的作业，因为少花蒺藜草在抽穗、开花、结籽之前是牛羊等草食家畜非常喜食的草种之一，所以要与其他优质牧草一起适时刈割收获，获取更高的经济效益。同时草地内牧草的种类也逐步增加，特别是天然草地自身原有的野生植物种类在不断增多，草地生物多样性逐步恢复，生态效益也会进一步彰显。

（三）多个本地乡土草种介入防控少花蒺藜草小区试验

在以上试验的基础上，2021年开展了多个本地乡土草种介入防控少花蒺藜草试点，增加免耕旱作自然修复试验，探索本地乡土草种大面积介入防控少花蒺藜草的效果，采用雨季播种，抓住播种时机在雨季前抢时播种。模拟天然草原，牧草种子通常在秋冬季落籽，寄籽越冬，第二年春天利用早春解冻水出苗的自然现象，所以在下一年度试点的补播作业的时候，模仿自然界草种落子繁育生长的方式，采取春播寄籽等雨，使草籽在适宜时机发芽出苗，并在雨季进行第二次补播，采用两次补播的方式保证出苗率。

五、试点地块选择

试点地块位于开鲁县太平沼林场和小街基镇中心村。

试点区域总面积为2 010亩，其中开鲁县太平沼林场天然草原1 010亩，小街基镇中心村中科羊草草地1 000亩。

（一）开鲁县太平沼林场天然草原多个本地乡土草种介入防控少花蒺藜草试点区域

该区域内天然草牧场少花蒺藜草入侵危害十分严重，局部地块天然草牧场几近被少花蒺藜草全部覆盖，侵害率达到了100%，形成了非常严重的生态胁迫。对本地区的农牧业生产、草原生态环境都造成了很大的影响，给广大人民群众的生产和生活带来了极大的不便。

开鲁县太平沼林场天然草原试点区域总面积1 010亩，分为3个大区域：核心试验区、旱作本地乡土草种介入防控少花蒺藜草试验区、空白对照区。

1. 核心试验区

该区共110亩，经费为《开鲁县天然草原少花蒺藜草生物防控试验》项目经费。生物替代防控少花蒺藜草试验区，共分为8个试验小区，即紫花苜蓿防控试验小区、沙打旺介入防控试验小区、中科羊草介入防控试验小区、民大少花蒺藜草防控试验小区、多个本地乡土草种介入防控试验小区、紫花苜蓿介入防控试验小区（国产苜蓿1个：敖汉苜蓿；进口苜蓿3个：驯鹿、沃苜、斯贝德）、林草综合介入防控少花蒺藜草试点展示、预留空白防控试验小区（雨季、旱作、免耕播种多个本地乡土草种介入防控少花蒺藜草试验小区）。

2. 旱作本地乡土草种介入防控少花蒺藜草试点区域

该试点区域总面积800亩。选择8个本地乡土草种，平均每种牧草试点面积约为100亩。

通过设计沙地少花蒺藜草植物替代防治措施，研究少花蒺藜草"四度一量"和土壤中少花蒺藜草种子库数量的变化，得出替代牧草在少花蒺藜草生物防治过程中的优化配置和科学管理方案。

植物替代防除：选择耐旱作、抗逆性强的8个本地乡土草种——扁穗冰草、蒙古冰草、披碱草、老芒麦、沙打旺、羊草、紫花苜蓿、无芒雀麦，采取免耕播种的方式，在天然草原实施补播。目的是模拟天然草原自然演替过程中自身内在的规律，致力于天然草原自然修复，以防控少花蒺藜草入侵蔓延。

播种方式：不采用多种牧草种子混合播种方式，各个本地乡土草种，采取条播间作的播种方式，实行免耕播种。

为了达到抑制和防除少花蒺藜草的作用，在第一年的雨季、第二年的春季和雨季各播种一次。加大优质牧草的介入力度，强化对少花蒺藜草的防控灭除效果。

3. 空白对照区

开鲁县太平沼林场天然草原试点区域内预留空白对照区面积100亩。

（二）小街基镇中心村中科羊草草地防控少花蒺藜草试点

试点区域位于小街基镇中心村北沼草牧场。该地块2019年种植的中科羊草，由于各种原因，2020年春返青效果极差，5月下旬仍未见羊草幼苗。夏季又受到蒺藜草的强力侵害，几乎全部被吞噬，已无利用价值。计划在2020年7月再一次播种羊草。由于当时降雨量偏多，种子调配不及时，加上新型冠状病毒肺炎疫情的影响等诸多原因导致重新播种计划未能如期实现，该地块遂沦为弃耕草地。

目前，试点这片草地中，少花蒺藜草入侵严重，已形成不可逆的生态胁迫，完全符合生态重建的条件和要求。鉴于此，我们拟在这片草地上，开展中科羊草生物替代防控少花蒺藜草试点工作。按《山水林田湖草生态保护修复工程指南》要求，对于严重受损的生态系统可以进行生态重建。

试点技术路线选定原则：结合当地政府产业及社会经济发展规划，小街基镇党委政府计划5年内发展中科羊草10万亩，按照该镇的产业及社会经济发展规划，将努力建成北方第一个"羊草小镇"。所以选择用中科羊草替代介入，进行防控少花蒺藜草的试点工作，这样既符合当地政府的生产发展规划，又可借助于已经进驻小街基镇的中国科学院植物研究所刘辉博士的中科羊草研发团队的技术支持，作为中科羊草介入防控少花蒺藜草试点的技术支撑。

第二年以后，借助中科羊草根系发达、分蘖力强，侵占能力大、生态位优势明显等突出特点，中科羊草的长势也会越来越强，从而郁闭封垄，逐步实现压制少花蒺藜草生长，防止其进一步入侵蔓延的目的。

建设内容：计划种植中科羊草1 000亩，分为北面和南面两块，北区（A区）800亩，南区（B区）200亩。最佳的播种时间在7—8月。

六、试点建设时间

防治年度：2021年完成替代牧草的种植；2022、2023年视替代种植牧草的返青状况进行补播。

2021年4—5月制定实施方案，完成批复。6月围栏施工、播种牧草，7—9月观测牧草和少花蒺藜草的生长状况，9月底总结验收。

七、试点资金概算

（一）开鲁县太平沼林场天然草原多个本地乡土草种介入防控少花蒺藜草试点区域

预计资金投入40万元。

1. 围栏建设

围栏所需费用合计6.94万元。

（1）工程设计

围栏网片：选用缠绕式网片，宽 110 厘米，网格 30 厘米×15 厘米左右。网片每卷长度 200 米。

围栏桩：规格为长 170 厘米，"大头" 10 厘米×10 厘米，"小头" 10 厘米×8 厘米。每根围栏桩要求内含直径 6 毫米冷拔钢筋 4 根，水泥标号 42.5 级。

网围栏上端拉上两道防护刺线。

（2）施工设计

桩距及埋深设置：围栏桩间距 4 米，埋深 0.5 米。

围栏施工：网围栏架设要以每捆围栏长度单元，围栏网片采用机械与人工相结合的办法拉紧抻直，网片两端部各自固定在围栏上，再用围栏桩上的绑钩固定牢。网围栏上端拉上防护刺线两道。两个拐角之间埋设的围栏桩要成直线。围栏桩埋设时，坑口尽量小，以放入围栏桩为限，栽桩回填土后夯实。每个拐角围栏桩和门两侧围栏桩都需埋设一个围栏桩作为斜撑桩。围栏门设计为软式门。

（3）工程量

根据项目区地形条件，通过实地测量，地形调整系数取 5%，实际工程量如表 4-5 所示。

表 4-5 围栏设计工程量

面积/万亩	围栏网片/米	围栏桩/根	施工/米	备注
0.1	4 600	1 200	4 600	

围栏桩子：1 200 个×20 元/个=2.4 万元。

围栏网片：23 捆×200 米/捆×3 元/米=1.38 万元。

两道刺线：4 600 米×1.0 元/米=0.46 万元。

围栏拉建人工费：4 600 米×5 元/米=2.3 万元。

大门 1 个：1 个×3 000 元/个=0.3 万元。

八号铁丝 2 捆：500 元/捆×2 捆=0.1 万元。

2. 牧草种子及播种费

共支出 23.1 万元，购买牧草种子用量及费用详见表 4-6。

表 4-6 牧草种子用量及费用

名称	单价/（元/千克）	播量/（千克/亩）	行距/厘米	每亩需种量/千克	每亩需金额/元
扁穗冰草	70	3	30	300	21 000
蒙古冰草	50	6	40	600	30 000
披碱草	30	4	30	400	12 000
老芒麦	30	4	30	400	12 000
沙打旺	60	2	30	200	12 000
羊草	200	3.5	30	350	70 000

（续）

名称	单价/（元/千克）	播量/（千克/亩）	行距/厘米	每亩需种量/千克	每亩需金额/元
紫花苜蓿	80	2	40	200	16 000
无芒雀麦	60	3	40	300	18 000
合计				2 850	191 000

购买牧草种子费用19.1万元（包括预留第二年补播所需草种，占牧草种子费用总资金的20%左右）。

播种费4.0万元（第一年40元/亩×800亩＝3.2万元，第二年40元/亩×200亩＝0.8万元）。

3. 标志牌制作费用

毒害草治理简介牌4个，每个2 500元，需要资金1.0万元。

田间简易标志牌30个，每个100元，需要资金0.3万元。

共计1.3万元。

4. 管理费

车辆使用费0.6万元。

勘察设计及材料打印费0.32万元，主要用于试点地块调研、规划、方案编制、编写作业设计等费用和外业勘查、GPS定位，打印复印、影像资料采集等内业和外业所需设备及其耗材购置等费用。

人员补助费0.54万元（60元/人×90人）。

共计1.46万元。

5. 草牧场使用补偿费

共计7.2万元（30元/亩年×800亩×3年＝7.2万元）。

上述5项资金合计为40万元。

（二）小街基镇中心村中科羊草草地防控少花蒺藜草试点区域

预计资金投入50万元。

1. 羊草种植费用

包括种子、化肥、播种费等，需资金480元/亩，1 000亩总需资金48万元。

中科羊草种植费用：亩投入480元（表4-7）。

表4-7 中科羊草种植费用

名称	单价/（元/千克）	亩用量/千克	金额/（元/亩）
种子	200	2	400
底肥	2	30	60
播种费			20
合计			480

2. 标志牌制作费用

毒害草治理简介牌2个，每个2 500元，需要资金0.5万元。

3. 管理费

共计1.5万元。

车辆使用费0.6万元。

勘察设计及材料打印费0.36万元，主要用于试点地块调研、规划、方案编制、编写作业设计等费用和外业勘查、GPS定位，打印复印、影像资料采集等内业和外业所需设备及其耗材购置等费用。

人员补助费0.54万元（60元/人×90人）。

上述3项资金合计为50万元。

八、试点保障措施

（一）组织保障

为了切实加强对项目的组织管理，确保项目顺利实施，成立以县长为组长，分管县长为副组长，由县林业和草原局、发改委、审计、财政等相关部门及项目建设的镇党委书记为成员的开鲁县退化草原毒害草治理试验示范项目领导小组，具体负责项目的规划、实施、检查、协调等工作，保证项目建设的顺利进行。

（二）资金保障

鉴于少花蒺藜草的生长、繁殖特性，同一试点区域确保至少连续3年采取防控措施，确保防控成效的前提下，防控成本控制在合理范围之内。

严格按照国家林业和草原基本项目资金管理办法的要求，做到专款专用、专户管理、专人负责，按工程任务、进度安排资金，封闭运行，即严格执行"三专一封闭"报账制度。对资金的使用，要严格按照国家有关财务管理办法执行。同时通过加强财务管理，保障项目资金正常运行，专款专用，严禁挤占挪用。按工程进展情况，由县审计局对工程建设资金使用进行跟踪审计。

项目资金使用：第一年植物替代介入资金使用总投资的70%，第二年牧草返青率低的进行适时补种，第二年资金使用总投资的20%，第三年资金使用总投资的10%。

根据内蒙古自治区财政厅关于《开展政府采购意向公开工作的通知》文件精神，政府采购货物、服务和工程项目分散采购限额标准为旗县级60万元。

我们本次试点工作，资金总规模90万元，分为2个试点地区。开鲁县太平沼林场天然草原多个本地乡土草种介入防控少花蒺藜草试点，预计资金投入40万元；小街基镇中心村中科羊草草地防控少花蒺藜草试点，预计资金投入50万元，均未达到内蒙古自治区财政厅关于《开展政府采购意向公开工作的通知》文件所规定的政府采购货物、服务和工程项目分散采购限额标准。所以本次试点所需采购的货物、服务和工程项目分散采购，一律采用自采方式进行采购。由承包工程方包工包料，按试点方案要求，按质按量完成。

（三）技术保障

县草原站组成技术服务小组，负责项目建设的总体技术服务工作，负责技术培训、技术指导等工作。实行质量监督和技术双承包责任制，技术人员分片承包项目区。

（四）工程管护措施

为加强开鲁县防控少花蒺藜草试点项目区的管理，巩固项目工程建设成果，提高效益，根据有关政策和规定，结合开鲁县实际，全面实行禁牧制度，对其进行严格管护。建立开鲁县防控少花蒺藜草试点项目建设举报制度。设立举报电话，接受社会监督，对违法、违约、违纪现象一经核实，按有关规定对责任人予以处罚。

九、试点效益分析

开鲁县防控少花蒺藜草试点项目的实施，可以大幅度地提高退化草原的植被盖度，平均草层高度增加15厘米以上，草产量提高30%以上。大幅度减少退化草原毒害草的占比，提高优质牧草的比重。牧草质量和适口性等草产品质量方面发生根本性的质的方面的改变。

（一）生态效益

中科羊草根系发达，分蘖速度快，种植第三年开始盖度达90%以上，地上地下生物量大，年平均固定碳素1 000千克/亩左右。羊草侵占性强，可较好抑制毒害草，降低毒害草对环境的破坏和对动物的伤害。本地乡土草种和紫花苜蓿等优质牧草的介入防控少花蒺藜草试点，通过对草原毒害草的治理，可以使天然草场植被得到恢复，有效缓解了天然草场压力。使天然草场生态得以恢复提高，维护草地生态系统的稳定与平衡。

（二）经济效益

紫花苜蓿草号称"饲草之王"，紫花苜蓿和多个本地乡土草种介入防控少花蒺藜草试点，大大提高了天然草原牧草的总体品质和产量，经济效益不言而喻，预期非常高。

中科羊草第一年即可成苗，第二年亩产干草400千克，第三年进入高产期，亩产种子30千克、干草800千克，亩产值2 000～3 000元，连续几十年拥有稳定收益。

（三）社会效益

开鲁县防控少花蒺藜草试点项目的实施，有效保护和建设草原，促进草原生态环境修复，提高综合生产能力，改善牧民生产、生活环境，实现经济社会可持续发展提供了保障。

第四节　人工草地建设

开展人工种草定位上图工作，建立多年生人工草地数据库。2019年开始对全县全部多年生（灌木除外）人工种草地块进行定位上图，面积测量采用遥感影像判读、GPS和地理信息系统共同完成，对以乡镇为统计单位的多年生人工种草地块逐块进行登记，全面获取全县多年生人工种草信息，准确掌握多年生人工种草地块的地理位置、品种、面积、产量、权属等，建立全县多年生人工草地资源地理信息数据库。2020年定位上图多年生牧草面积5.8万亩，其中紫花苜蓿4.1万亩，羊草1.7万亩。2021年定位上图多年生牧草面积8.1万亩，其中紫花苜蓿5.9万亩，羊草2万亩，沙打旺等0.2万亩。

　　附：重点防控简报及总结

开鲁县人工种草定位上图工作总结（2020年）

2020年，开鲁县的人工种草工作在技术部门及各镇（场）的共同努力下，全县共种植多年生牧草4万亩，其中紫花苜蓿年末保留面积（保留面积包括当面新增面积）3.2万亩，新增面积2.1万亩；羊草新增面积0.8万亩。各镇（场）种植多年生牧草的图斑数量如下：东风镇3块，小街基镇8块，吉日嘎郎吐镇6块，义和塔拉镇6块，机械林场4块，清河牧场1块，建华镇6块。

采取的技术措施：技术人员下乡入村到户，协助当地政府做好牧草种植工作。深入各种草地块，从牧草种植到牧草收获、利用进行跟踪服务。保证了种草质量，调动了广大农牧民种草的积极性。面积测量，采用遥感影像判读、GPS和地理信息系统共同完成。

六大草业公司简介如下。

（一）林辉草业

2003年，林辉草业开始创建，严格地说，只是开始种植紫花苜蓿。县草原站提供了最适合本地区种植的紫花苜蓿的种子，并派出技术人员亲临现场做技术指导，开始了最初的400亩紫花苜蓿草的种植和经营管理，并取得了成功。自2004年起，陆续扩大种植规模，并在种植的品种上、种植的技术上不断地进行改进，引进优质的进口的紫花苜蓿的种子，购进先进的大型的种植、刈割、翻搂、打捆和加密打包的各种机械，使紫花苜蓿草的种植从种到收全部实现了机械化作业。从开始的种草养畜、种养结合，逐步地走上了以草为业，建立现代化的草业公司的道路。现在常年保有面积：紫花苜蓿6 000亩，燕麦4 500亩，青贮玉米2 500亩，其余面积为机动。牛存栏800头，其中基础母牛402头，犊牛近300头。2018—2019年，草业（出售苜蓿和燕麦草）加养殖业（出售牛羊）总收入超过1 200万元，纯收入500万元左右。2021年至今，牛存栏900头左右，年出栏200头左右，可以收入700万元左右。

草业生产方面，2022年紫花苜蓿保存面积5 060亩，紫花苜蓿每亩干草产量800千克，现在紫花苜蓿干草的价格是在2 200~2 500元/吨，往年价格好的时候达到3 300~3 500元/吨。燕麦草种植面积6 000多亩，每亩产燕麦干草600千克，往年平均价格都在2 300~2 500元/吨。一幅现代化的草业公司的图画呈现在了我们的眼前。

（二）双胜奶站

最初从新西兰和澳大利亚购进优质进口奶牛125头，2003年开始建设，总面积5 600亩，作为奶牛养殖的饲草料生产基地。养殖奶牛的近20年间，经历了很多的波折，饲草料基地起到了至关重要的作用。在奶业发展的低潮期，降低了饲养奶牛的成本，提高了奶牛养殖抗拒市场风险的能力，增加了奶牛养殖的收入。2013年紫花苜蓿草种植面积累计超过了3 000亩。购置了播种、刈割、翻搂、打捆的各种机械，使紫花苜蓿草的种植从种到收全部实现了机械化作业。目前，紫花苜蓿保有面积3 000亩，种植燕麦1 100亩，青贮玉米500亩，林地600亩，其余为养殖用地及其他附属设施用地。

双胜奶站最大的特点就是种草与养畜相结合，所产饲草饲料基本上是自给自足，各种饲草饲料只用以满足本奶站所饲养的奶牛等家畜饲草饲料方面的需求。

饲草饲料生产方面的产值和收益全部体现在奶站奶牛饲养方面的产值和收益上，主要有以下几个方面。

1. 泌乳奶牛产奶收入

双胜奶站现存栏奶牛1 120头，主要以荷斯坦奶牛为主，其中奶用牛1 000头，其他为育肥用小奶公牛。

双胜奶站常年泌乳奶牛 450 头，日产鲜牛奶 12 吨，每吨奶的价格在 4 200 元左右，仅泌乳奶牛鲜牛奶这一项年收入在 1 800 万元以上。

2. 淘汰老弱病残奶牛的收入

按双胜奶站负责人的说法，每年该奶站大约有 20% 左右的老弱病残奶牛被淘汰而作为商品牛售卖，这样存栏的 1 000 头奶用牛中，就有 200 头左右被出售，平均每头牛毛重可达 750 千克，每千克价格 29～30 元，这样每年售卖淘汰老弱病残牛的收入 450 万元左右。

3. 出售育肥奶用小公牛收入

双胜奶站近几年采用犊牛性控技术，所产母牛犊比较多一些，育成后作为后备泌乳奶牛自用，以补充每年淘汰的老弱病残奶牛的空缺。每年所产的公牛犊比较少，一年也就只有 100 多头，这些小公牛，以及龙飞胎等畸形犊牛都是出生就卖掉。现在，双胜奶站又拓展了育肥奶用小公牛的经营。

据双胜奶站负责人介绍，如果单独计算育肥奶用小公牛的投入和产出，可能效益不是那么特别的明显。但是，从另一个角度来看这个问题，就另当别论了。

双胜奶站负责人说，育肥奶用小公牛，不用再单独的增加投入，只是让这些育肥奶用小公牛吃泌乳奶牛吃剩下的残渣剩饭。泌乳奶牛吃剩下的草料已经足够这些育肥奶用小公牛食用，既利用了以前原本被扔掉的残次饲草饲料，这些育肥奶用小公牛出售后还又获得了一笔额外的收入。

据介绍，奶用小公牛育肥 25 个月，体重可达 1 000 千克左右，出售价格每千克 30～31 元，每头育肥奶用小公牛毛收入 3 万元上下，每年出售 100 多头育肥奶用小公牛，这一项又可以增加收入 300 万元。

综合上述几项，双胜奶站每年经营性总收入已经超过 2 500 万元。

（三）正昌草业

总面积 8 300 亩。紫花苜蓿 2 300 亩，燕麦草 1 800 亩，其余自然养草（包括弃耕、碱地、沙沼等）。

主要以销售苜蓿草、燕麦草、打贮的羊草等，年收入 400 万元左右。

（四）建华草业

建华草业的前身是新华化工草业，紫花苜蓿草地保存面积 8 500 亩。现在分别由曹树、王玉海和李文亮三户分户经营和管理，其中曹树最多，紫花苜蓿草地保有面积为 6 000 亩，王玉海 2 000 亩，李文亮 500 亩。

2020 年，预计可生产紫花苜蓿鲜草 2 万吨左右，正在协同林辉草业等草业生产公司，与通辽现代牧业等奶业公司和肉牛养殖场进行洽谈，主要是以销售紫花苜蓿青贮原料为主。签订的合作意向，紫花苜蓿青贮原料的价格是 1 100 元/吨。

建华草业也进一步加大了建设的步伐，到 2022 年年底，人工草地面积将会达 2 万亩以上。

（五）义和草业

义和草业于 2020 年 7 月开始在已垦且撂荒的草地上种植紫花苜蓿。目前虽然仍处在申报论证、审批立项阶段，但是一些企业和个人已经先行先试起来，草业的发展趋势势不可挡。

开鲁县实行全年全域全天候的禁垦禁牧政策已经很多年了，但是面对已垦且撂荒的、沙化退化碱化十分严重的"三化"草原却有些缩手缩脚，收效甚微。优质饲草料短缺、舍饲养畜困难等难题难以破解。

义和草业正是在这种形式下应运而生的，他们借鉴赤峰市阿鲁科尔沁旗"中国草都"的成功经验，在人工草地建设上力求闯出一条新路，在草业生产和草业发展上迈出新的步伐，在草原修复和保护方面作出新的更大的贡献。

义和草业采取引进先进企业公司入驻，企业带动合作社及农牧民共同参与的"企业＋合作社＋农牧民"的生产经营方式，在建植优质牧草基地上下功夫，在饲养以牛羊为主的草食家畜方面有突破，在种草与养畜紧密结合、畜群结构优化、饲养方式改良方面探索出新的草畜一体化产业运营发展的路子。为治理"三化"草原，为天然草原的修复和保护，为农村牧区农牧民的增产增收、巩固脱贫攻坚成果、为乡村振兴做出新的更大的贡献。

现在已经有大型的"草畜一体化"产业的专业企业入驻，也有众多的农牧民合作组织以及农牧民个人加入了草业的建设当中，他们近期的目标就是建植10万亩以上的优质人工草地，为后续的"草畜一体化"，现代化畜牧业的发展奠定坚实的基础。

（六）小街基羊草小镇

2019年，小街基镇与中科院植物研究所合作种植中科羊草，规划在开鲁县建成全国最大的中科羊草种子繁育基地，全面打造全国首个"中科羊草小镇"。以小街基镇建设"羊草小镇"为契机，中科羊草正式落户开鲁，在开鲁县广袤的大地上铺展开来，犹如草原上升起的一颗新星，不但照亮了开鲁，也引起了国家和自治区有关部门的高度关注，国家新华网上也时常闪亮登场。

国家林业和草原局的领导，内蒙古自治区林业和草原局的领导，以及市、县等各级领导多次多人到小街基镇"羊草小镇"建设的中科羊草草地实地调研和指导。

到2022年，中科羊草在开鲁县发展总面积会突破5万亩，建设期限3年以上，将获得显著收益的可达3.2万亩。

据当地中科羊草种植企业负责人的介绍，每亩中科羊草平均产鲜草1 300千克以上，自然风干，每亩可调制中科羊草干草600千克以上。按当地中科羊草销售价格1.50元/千克计算，每亩中科羊草可收入900元。中科羊草种植第三年每亩可生产中科羊草种子20千克左右，按订单回收价格60元/千克计算，每亩中科羊草种子一项可收入1 200元。中科羊草种植3年以上，每亩收入可达2 000元，这在小街基镇建设"羊草小镇"的过程中，在中科羊草基地已经得到了实践和证明。中科羊草不仅是优质牧草，还具有防风固沙、涵养水源等生态作用，实现了生态、经济、社会效益的共赢。

第五节　天然草原生态监测

草原监测是了解和掌握草原状况，做好草原保护建设工作，实现草原资源合理利用的基础。草原监测不仅是草地生态修复的一项基本工作，而且是制定相关政策、法律法规的基础。地面监测调查包括样地、样方调查、问卷调查、定位观测等，及时掌握各阶段草原植被生长及草原利用情况，科学评价草原生态状况、利用方式以及相关政策成效，为指导草原生态文明建设提供重要依据。监测内容包括物候期监测、生产力监测（样地监测）、重大生态工程实施成效监测。

一、开鲁县 2019 年度天然草原生态保护监测报告

根据通辽市林业和草原局《关于做好 2019 年全市草原监测工作的通知》精神，县林业和草原局决定自 2019 年开始，开鲁县的草原监测工作由开鲁县草原工作站承担完成。

依据《内蒙古自治区林业和草原局关于做好 2019 年全区草原监测工作的通知》精神，参照《全国草原监测技术操作规程》，切实落实好《内蒙古自治区草原生态保护监测评估制度》，为全面、及时、准确获取开鲁县的草原资源与生态状况的动态信息，县草原站通过地面样地监测、入户调查等方式，及时掌握各阶段草原植被生长及草原利用情况，科学评价草原生态状况、利用方式及相关政策成效，为上级有关部门制定草原生态文明建设提供翔实可靠的依据。

为了做好 2019 年开鲁县的草原生态监测工作，我们根据全县地貌、土壤、生产水平和草原群落组成等自然状况，选择了 3 处天然草地作为监测样地，从 5 月牧草返青观测开始，6、7 月天然草原生产水平的全面测定。8 月天然草原盛产期的生产力水平的全面测定，以及工程实施区域内外对比观测等，最后到 9 月的牧草枯黄情况的观测为止，每个月的 15 日前后，都分别对天然草原生产力水平等各个方面进行了全面的监测。草层平均高度、植被盖度、鲜干草的重量作为重要的测定指标，并且详细记录了每个样地内优势种、建群种、牧草种类和牧草生长状况。每个月观测时间、观测样地相对固定，现将具体的监测情况报告如下。

（一）样地基本情况

1 号样地位于开鲁县义和塔拉镇，为温性草原，主要植物有蓝刺头、针茅、麻花头、少花蒺藜草，仅有少量的胡枝子、梭草、细叶鸢尾。1 号样地因为放牧、气候等原因，目前植物群落处于逆向演替阶段（表 4 - 8）。

表 4 - 8　1 号样地基本情况

日期（月）	高度/厘米	盖度/百分比	生产力		备注
			鲜草/（千克/亩）	干草/（千克/亩）	
5	—	—	—	—	返青率 8%
6	18	48	138	50	
7	47	73	227	105	
8	42	68	444	160	
9	50	63	84	29	枯黄率 90%

2号样地位于开鲁县义和塔拉镇柴达木嘎查，为低地草甸草原，主要植物有芦苇、蒲公英、苣荬菜、委陵菜、车前草、草木樨、苔草等优质牧草。2号样地属于季节性放牧样地，目前植物群落处于正向演替阶段（表4-9）。

表4-9 2号样地基本情况

日期（月）	高度/厘米	盖度/%	生产力		备注
			鲜草/（千克/亩）	干草/（千克/亩）	
5	—	—	—	—	返青率40%
6	17	87	133	50	
7	34	100	327	108	
8	41	93	622	212	
9	44	80	120	67	枯黄率10%

3号样地位于开鲁县建华镇华家铺村，为具有小叶锦鸡儿的温性草原，主要植物有小叶锦鸡儿、狗尾草、猪毛菜、黄蒿、胡枝子、少花蒺藜草。3号样地属于过度放牧样地，目前植物群落处于逆向演替阶段（表4-10）。

表4-10 3号样地基本情况

日期（月）	高度/厘米	盖度/%	生产力		备注
			鲜草/（千克/亩）	干草/（千克/亩）	
5	—	—	—	—	返青率5%
6	14	82	94	34	
7	47	88	163	60	
8	10	57	248	160	
9	40	50	147	53	枯黄率90%

由于开鲁县2019年冬季降雪极少，2020年春季降雨量小，气温较高，风大干旱，所以牧草返青受到影响，全县牧草返青状况不佳。在5月18号的监测中，1号样地仅有零星的牧草返青；2号样地返青状况较好，远看已有一片绿意；3号样地还处于一片枯黄的状态。

虽然牧草返青推迟，但进入夏季以来开鲁县降水量增大，对牧草长势非常有利，从监测情况来看2号样地长势良好，1号样地长势一般，3号样地牧草长势偏差。

8月为天然草原的盛产期，根据上级业务部门的要求和开鲁县的实际情况，我们选取了具有代表性的15个样地进行了观察和测定，并有针对性的对有关工程建设、草原修复方面的情况进行了监测。

1~5号样地为观测样地，6和7、8和9、10和11、12和13、14和15号样地分别为工程内外相互对照样地。每个样地严格遵照《全国草原监测技术操作规程》，精心评估，精准测定，具体监测情况如表4-11所示。

表 4 - 11　天然草原的盛产期监测记录

样地	高度/厘米	盖度/%	牧草产量/（千克/亩）	
			鲜草	干草
1	42	68	444	160
2	41	93	622	212
3	32	62	142	53
4	10	57	248	160
5	45	87	551	231
6	22	87	711	213
7	15	70	293	89
8	34	67	302	107
9	15	53	142	53
10	26	72	427	178
11	13	45	142	80
12	29	63	373	142
13	30	63	302	124
14	43	77	800	427
15	34	70	338	196

（二）结论与分析

　　开鲁县主要草原类型为温性草原类，有少量的低湿地草甸类。主要牧草品种有莎草、羊草、黄蒿、锦鸡儿、虎尾草、狗尾草、灰绿藜、委陵菜等。主要分布在义和塔拉镇、建华镇、小街基镇等地。2019 年全县天然草原总体长势属偏好，5 月上旬牧草已经开始陆续返青，5 月 13 日进行草原监测时已经达到返青初期，部分低湿地草甸已到返青中期，6 月中旬天然草地全部返青，8 月进入生长盛期，9 月初开始进入枯黄期。全县天然草原鲜草总产量为 58 万吨，折合干草 24 万吨。草原保护建设工程效果显著，草原保护建设工程区植被恢复明显，与非工程区相比，工程区内植被盖度平均提高 24 个百分点，植被高度提高 60 个百分点。草原植被逐步恢复，生产力明显提高，生物多样性增加。但是个别禁牧工程区内仍有过度利用的现象，应进一步加强草原监管。

（三）工作思考

　　张英俊指出：草原早已不仅仅是用于放牧，而是有着独特的生态、经济、社会功能，是不可替代的重要战略资源。草原对生态保护有很大作用，它不仅是重要的地被类型，而且也是阻止沙漠曼延的天然防线，起着生态屏障作用。另外，它还是人类发展畜牧业的重要基地，是野生动物的栖息地、动植物基因库，是草原旅游和狩猎的娱乐基地。

天然草原监测结果表明：只要我们封得住、禁得严，扎实工作，即便是光秃秃的沙地，也会重披绿装，变为绿洲，变成为天然的绿色生态屏障，成为生态、经济、社会效益三位一体的"金山银山"。故此，我们一定要切实有效地做好天然草原生态保护监测工作，为上级有关部门制定草原生态文明建设提供翔实而准确的依据，为新时代生态文明建设，做出我们应有的贡献，尽到我们应尽的责任和义务。

二、开鲁县 2020 年度天然草原监测报告

依据《内蒙古自治区林业和草原局关于做好 2020 年全区草原监测工作的通知》精神，参照《全国草原监测技术操作规程》，切实落实好《内蒙古自治区草原生态保护监测评估制度》，为全面、及时、准确获取开鲁县的草原资源与生态状况的动态信息，我们通过地面样地监测、入户调查等方式，及时掌握各阶段草原植被生长及草原利用情况，科学评价草原生态状况、利用方式及相关政策成效，为上级有关部门制定草原生态文明建设方案提供翔实可靠的依据。

天然草原监测的主要内容为返青监测（5—6 月）、长势监测（7 月）、生产力监测（8 月）、项目区生态效益监测（8 月）、典型牧户调查（8 月）、枯黄期监测（9 月）。根据开鲁县地貌、土壤、生产水平和草原群落组成等自然状况，5 月、6 月、7 月、9 月选择了 4 个样地，每月的 15 日前后，分别对草原的草层高度、植被盖度、生产力水平等各方面进行全面监测。详细记录每个样地内优势种、建群种、牧草种类和牧草生长状况。每个月观测时间、观测样地固定。

8 月天然草原盛产期监测根据上级主管部门的要求选择 20 个样地进行监测（地面监测样地 10 个、地面监测工程区 5 个，对照样地 5 个），用工程区围栏内外监测数据做比对掌握工程效益。

全站参加草原监测人员共 55 人次，投入车辆 22 台（次），野外调查里程数逾千千米。采集样方 109 个，采集照片 300 余幅，上传照片 154 张。入户调查 6 户，共有饲料地面积 245 公顷，饲养绵羊 440 只、饲养牛 345 头。

从 2019 年 6 月开始，开鲁县引进中科羊草种植项目。我们在天然草原监测的同时，还对人工种植的中科羊草草地进行了监测。监测内容包含 4—5 月返青观测；5—6 月生长情况观测；7 月第一次刈割期的产量测定及生长情况观测；8 月再生情况观测；9 月的第二次刈割期的产量测定和生长情况观测。通过对羊草草地的监测掌握其生长规律及生长习性，为下一步寻求草原修复的好方法提供依据，也可以为摸索毒害草治理方法提供依据。

（一）监测样地基本情况

1 号样地位于开鲁县义和塔拉镇义和塔拉嘎查，为沙地草原，主要植物有蓝刺头、针茅、麻花头、少花蒺藜草，仅有少量的胡枝子、梭草、细叶鸢尾等植物。1 号样地因为放牧、气候等原因，目前植物群落处于逆向演替阶段（表 4 - 12）。2020 年 5—9 月义和塔拉镇共降雨 214.8 毫升。

表 4-12　1 号样地基本情况

| 日期 | 高度/厘米 | 盖度/% | 生产力 | | 备注 | 月份日平均温度/℃ |
			鲜草/(千克/亩)	干草/(千克/亩)		
5 月 13 日	—	—	—	—	返青率 5%	12~25
6 月 15 日	12	67	79	44		18~30
7 月 14 日	26	67	133	52		21~32
8 月 15 日	32	60	186	93		19~30
9 月 18 日					枯黄率 91%	11~24

　　2 号样地位于开鲁县义和塔拉镇柴达木嘎查，为低地草甸草原，主要植物有芦苇、蒲公英、苣卖菜、委陵菜、车前草、草木樨、苔草等优质牧草。2 号样地属于季节性放牧样地，目前植物群落处于正向演替阶段（表 4-13）。2020 年 5—9 月义和塔拉镇共降雨214.8 毫升。

表 4-13　2 号样地基本情况

| 日期 | 高度/厘米 | 盖度/% | 生产力 | | 备注 | 月份日平均温度/℃ |
			鲜草/(千克/亩)	干草/(千克/亩)		
5 月 13 日	—	—	—	—	返青率 50%	12~25
6 月 15 日	7	75	113	54		18~30
7 月 14 日	28	90	493	119		21~32
8 月 15 日	43	100	653	200		19~30
9 月 18 日					枯黄率 50%	11~24

　　3 号样地位于开鲁县建华镇华家铺村，为具有小叶锦鸡儿的沙地草原，主要植物有小叶锦鸡儿、狗尾草、猪毛菜、黄蒿、胡枝子、少花蒺藜草。3 号样地属于过度放牧样地，目前植物群落处于逆向演替阶段（表 4-14）。2020 年 5—9 月建华镇共降雨 238.1毫升。

表 4-14　3 号样地基本情况

| 日期 | 高度/厘米 | 盖度/% | 生产力 | | 备注 | 月份日平均温度/℃ |
			鲜草/(千克/亩)	干草/(千克/亩)		
5 月 13 日	—	—	—	—	返青率 13%	12~25
6 月 15 日	5	50	52	44		18~30
7 月 14 日	15	80	122	58		21~32
8 月 15 日	11	77	210	70		19~30
9 月 18 日	—	—	—	—	枯黄率 81%	11~24

4 号样地位于小街基镇，为温性草原类，主要植物有狗尾草、白蒿、灰菜、少花蒺藜草。4 号样地属于过度放牧样地，目前植物群落处于逆向演替阶段（表 4 - 15）。2020 年 5—9 月小街基镇共降雨 180.7 毫升。

表 4 - 15　4 号样地基本情况

日期	高度/厘米	盖度/%	生产力		备注	月份日平均温度/℃
			鲜草/（千克/亩）	干草/（千克/亩）		
5 月 13 日	—	—	—	—	返青率 3%	12～25
6 月 15 日	9	77	117	50		18～30
7 月 14 日	15	70	147	68		21～32
8 月 15 日	22	62	302	87		19～30
9 月 18 日					枯黄率 81%	11～24

开鲁县 2019 年冬季降雪少，2020 年春季降水量极小，气温较高，风大干旱，所以牧草返青受到较严重影响，全县牧草返青状况不佳。在 5 月 13 号的监测中，牧草返青状况非常不好，牧草返青期比去年延后 8 天，比常年延后 6 天。虽然牧草返青推迟，但从 6 月开始开鲁县的降水量逐渐增大，对牧草长势非常有利，牧草种类、植被盖度均迅速增加，从监测情况来看 2 号样地长势良好，1 号和 4 号样地长势一般，3 号样地牧草长势偏差。

8 月为天然草原的盛产期，根据上级业务部门的要求和我县的实际情况，我们选取了具有代表性的 20 个样地进行了监测，并有针对性的对有关工程建设、草原修复方面的情况进行了监测。

1～10 号样地为地面监测样地，其余样地为地面监测工程区工程内外对照样地。每个样地严格遵照《全国草原监测技术操作规程》，精心评估，精准测定，具体监测情况如表 4 - 16 所示。

表 4 - 16　天然草原盛产期监测记录

监测时间：2020 年 8 月 14—19 日

样地	高度/厘米	盖度/%	生产力		备注
			鲜草/（千克/亩）	干草/（千克/亩）	
地面监测样地 1	32	60	186.2	92.6	放牧
地面监测样地 2	43	100	653.4	200.1	冷季放牧
地面监测样地 3	19	65	344.9	109.1	放牧
地面监测样地 4	19	70	226.0	68.7	放牧
地面监测样地 5	34	63	340.0	104.5	冷季放牧
地面监测样地 6	37	73	296.4	116.2	放牧
地面监测样地 7	20	68	387.4	99.8	放牧
地面监测样地 8	11	77	210.2	70	过度放牧
地面监测样地 9	22	62	301.8	87.1	未放牧
地面监测样地 10	23	70	158.7	93.6	放牧

（续）

样地	高度/厘米	盖度/%	生产力		备注
			鲜草/（千克/亩）	干草/（千克/亩）	
工程区 1 围栏内	27	77	424	118.2	自然修复
工程区 1 围栏外	8	85	167.8	56.9	放牧
工程区 2 围栏内	57	97	687.1	240	自然修复
工程区 2 围栏外	12	50	162.7	56	放牧
工程区 3 围栏内	23	68	469.3	122.7	自然修复
工程区 3 围栏外	10	60	215.1	79.1	放牧
工程区 4 围栏内	33	83	927.2	173.3	未放牧
工程区 4 围栏外	21	53	440.1	107.6	放牧
工程区 5 围栏内	22	70	347.6	97.8	过度放牧
工程区 5 围栏外	14	60	198.2	63.1	过度放牧

（二）结论与分析

开鲁县主要草原类型为温性草原类，有少量的低湿地草甸类。主要牧草品种有芦苇、羊草、黄蒿、锦鸡儿、胡枝子、虎尾草、猪毛菜、灰绿藜、委陵菜等。主要分布在义和塔拉镇、建华镇、小街基镇等地。2020 年全县草原总体长势一般，大部分牧草从 5 月中旬开始陆续返青，5 月下旬达到返青初期，部分低地草甸能达到返青中期，6 月中旬进入返青盛期，7—8 月进入生长盛期，9 月初开始进入枯黄期。草原保护建设工程效果显著，草原保护建设工程区植被恢复明显，与非工程区相比，工程区内植被盖度平均提高 18 个百分点，平均植被高度增加 19 厘米。草原植被逐步恢复，生产力明显提高，生物多样性增加。但个别禁牧工程区内仍有过度放牧现象，应进一步加强草原监管。

（三）讨论

1. 气候因素对天然草原的影响

开鲁县 9 月出现了历史上罕见的连续 7 天以上的降雨，这种气候因素对牧草的枯黄期产生了影响，降雨带来的水分、气温等因素的改变造成羊草、披碱草等多年生牧草的枯黄期延后 10 天左右，而一年生牧草因为进入 9 月已经开始枯黄，并未因连续降雨受到影响。

2. 人为因素对天然草原的影响

在天然草原监测过程中，通过与牧民的沟通发现目前在牧民的观念中还有以下几种倾向。

第一，有的牧民认为天然草原上应该种植经济效益明显的经济作物来获取经济价值，对天然草原的保护意识较差。

第二，有的牧民虽然支持保护草原，但他们认为保护草原最终还是为了放牧牲畜，走传统的效益低收入少的放牧型畜牧业，这类牧民对天然草原的建设和利用方面还存在一定的偏差。

第三，有的牧民在发现草原的经济效益很低的情况下，开始通过转卖草原进行集中开发利用的方式获取短期经济利益。

由此可见，在天然草原的保护和利用的过程中，除了气候的影响，人为的干预以及人类的生产生活对天然草原也会产生较大的影响，因此目前天然草原的保护工作与理想状态差距还很大，还有很多的工作要做，有很多艰巨的任务要完成，才能使天然草原真正发挥其作用，真正实现"绿水青山就是金山银山"的发展理念。

三、开鲁县 2021 年草原监测工作报告

依据《内蒙古自治区林业和草原局关于做好 2021 年全区草原监测工作的通知》精神，参照《全国草原监测技术操作规程》，切实落实好《内蒙古自治区草原生态保护监测评估制度》，为全面、及时、准确获取开鲁县的草原资源与生态状况的动态信息，我们通过地面样地监测、入户调查等方式，及时掌握各阶段草原植被生长及草原利用情况，科学评价草原生态状况、利用方式及相关政策成效，为上级有关部门制定草原生态文明建设方案提供翔实可靠的依据。

天然草原监测的主要内容为返青监测（5 月）、长势监测（6—7 月）、生产力监测（8月）、项目区生态效益监测（8 月）、典型牧户调查（8 月）、枯黄期监测（9 月）。

根据开鲁县的地貌、土壤、生产水平和草原群落组成等自然状况，在义和塔拉镇、建华镇、小街基镇选了 4 个样地进行监测，6—8 月的 15 号前后，分别对 4 个样地的草群高度、植被盖度、生产力水平等各方面进行全面监测。详细记录每个样地内优势种、建群种、牧草种类和牧草生长状况。每个月观测时间、监测样地固定。

8 月天然草原盛产期监测，根据上级主管部门的要求，开鲁县选择了 20 个样地进行监测。其中：地面监测样地 10 个；地面监测工程区样地 5 个，工程区外对照样地 5 个，用工程区围栏内外监测数据做比对掌握工程效益。

2021 年，参加草原监测人员共 26 人次，投入车辆 5 台（次），野外调查里程数达 1 500 多千米。设定监测样方 173 个，均按要求详细认真监测并记录实时数据，建立相应的档案资料。野外拍摄有关照片 500 多幅，按要求上传照片 206 张。入户调查 6 户。这些牧户拥有饲料地面积 342 公顷，草食牲畜存栏 1 106 只/头，其中绵羊 450 只，黄牛 656 头。

（一）监测样地基本情况

1 号样地位于开鲁县义和塔拉镇义和塔拉嘎查，为沙地典型草原。1 号样地中仅有少量的黄蒿、冰草、苦荬菜等家畜能采食的植物，有大量的蓝刺头、少花蒺藜草等不利于家畜采食的劣质牧草。1 号样地因为放牧、气候等原因，目前植物群落处于逆向演替阶段（表 4-17）。5—9 月共降雨 228.9 毫米。

表 4-17   1 号样地基本情况

日期	高度/厘米	盖度/%	生产力		备注	月份日平均温度/℃
			鲜草/（千克/亩）	干草/（千克/亩）		
5 月 6 日	—	—	—	—	返青率 26%	11～24

（续）

日期	高度/厘米	盖度/%	生产力		备注	月份日平均温度/℃
			鲜草/（千克/亩）	干草/（千克/亩）		
6月17日	17	47	156	68		16~28
7月16日	22	38	226	85		19~30
8月12日	37	57	301	116		17~29
9月16日	—	—	—	—	枯黄率87%	10~24

2号样地位于开鲁县义和塔拉镇柴达木嘎查，为低湿地草甸草原，主要植物有芦苇、羊草等多年生优质牧草，还有大量的草地早熟禾、黄蒿、苣荬菜、委陵菜、车前草、糙隐子草、苔草等低湿地草甸草原的代表性植物。2号样地属于季节性放牧样地，目前植物群落处于正向演替阶段（表4-18）。5—9月共降雨228.9毫米。

表4-18　2号样地基本情况

日期	高度/厘米	盖度/%	生产力		备注	月份日平均温度/℃
			鲜草/（千克/亩）	干草/（千克/亩）		
5月6日	—	—			返青率52%	11~24
6月17日	30	75	348	112		16~28
7月16日	25	85	459	140		19~30
8月12日	47	95	643	199		17~29
9月16日	—	—			枯黄率83%	10~24

3号样地位于开鲁县建华镇华家铺村，为具小叶锦鸡儿的沙地典型草原，有较多的小叶锦鸡儿，有少量的胡枝子、糙隐子草分布，主要植物有狗尾草、虎尾草、猪毛菜、黄蒿等劣质的杂类草，且3号样地具有较多的少花蒺藜草。

3号样地属于过度放牧样地，目前植物群落处于逆向演替阶段（表4-19）。5—9月共降雨325毫米。

表4-19　3号样地基本情况

日期	高度/厘米	盖度/%	生产力		备注	月份日平均温度/℃
			鲜草/（千克/亩）	干草/（千克/亩）		
5月6日	—	—			返青率28%	11~24
6月17日	5	11	52	28		16~28
7月16日	8	40	53	18		19~30
8月12日	5	60	276	99		17~29
9月16日	—	—			枯黄率78%	10~24

4号样地位于小街基镇，为温性草原类，4号样地中没有优质的多年生牧草，只有狗尾草、白蒿、灰菜、猪毛菜等一年生杂类草，且4号样地中具有较多的少花蒺藜草。4号样地由于工程项目的实施，拉建围栏，8月的监测指标无法测定，因此考虑明年更改4号

样地监测点位置。

4 号样地属于过度放牧样地，目前植物群落处于逆向演替阶段（表 4-20）。5—9 月共降雨 338 毫米。

表 4-20　4 号样地基本情况

| 日期 | 高度/厘米 | 盖度/% | 生产力 | | 备注 | 月份日平均温度/摄氏度 |
			鲜草/（千克/亩）	干草/（千克/亩）		
5 月 6 日	—	—	—	—	返青率 33%	11～24
6 月 17 日	12	33	121	44		16～28
7 月 16 日	19	57	341	86		19～30
8 月 12 日						17～29
9 月 16 日	—	—	—	—	枯黄率 78%	10～24

全县牧草返青提前，在 5 月 6 日的监测中，牧草返青期较上年提前 7 天。从 5 月开始开鲁县的降水量逐渐增大，对牧草长势非常有利，牧草种类、植被盖度均迅速增加，从监测情况来看 2 号样地长势良好，1 号和 4 号样地长势一般，3 号样地牧草长势偏差，发现有放牧现象。

8 月为天然草原的盛产期，我们选取了具有代表性的 20 个样地进行了监测，并有针对性的对有关工程建设、草原修复方面的情况进行了监测。

1～10 号样地为地面监测样地，其余样地为地面监测工程区工程内外对照样地，具体监测情况如表 4-21 所示。

表 4-21　地面监测样地盛产期监测记录

监测时间：2021 年 8 月 12—15 日

| 样地 | 高度/厘米 | 盖度/% | 牧草产量（千克/亩） | | 备注 |
			鲜草	干草	
地面监测样地 1	37	57	300.6	115.8	放牧
地面监测样地 2	47	95	642.6	198.9	冷季放牧
地面监测样地 3	27	57	489.3	175.3	放牧
地面监测样地 4	17	62	162.2	62.4	放牧
地面监测样地 5	27	67	134	49.3	冷季放牧
地面监测样地 6	30	97	571.5	186	放牧
地面监测样地 7	22	70	266.9	106	放牧
地面监测样地 8	5	60	275.5	98.7	过度放牧
地面监测样地 9	20	70	290.9	100.9	未放牧
地面监测样地 10	10	53	135.5	40.2	放牧
地面监测样地平均值	24	69	326.9	113.3	

8月地面监测样地平均植被高度为 24 厘米，平均植被盖度为 69%，平均鲜草产 327 千克/亩，平均干草产量 113 千克/亩（表 4‑22）。

表 4‑22　工程区围栏内外盛产期监测记录

监测时间：2021 年 8 月 12—15 日

样地	高度/厘米	盖度/%	牧草产量/（千克/亩）		备注
			鲜草	干草	
工程区 1 围栏内	36	87	654.6	169.8	自然修复
工程区 2 围栏内	53	88	687	220.4	自然修复
工程区 3 围栏内	33	63	387.5	122.7	自然修复
工程区 4 围栏内	42	93	863	222.2	未放牧
工程区 5 围栏内	13	52	272.9	88.9	过度放牧
围栏内平均值	35	77	573	165	
工程区 1 围栏外	20	77	390.2	115.5	放牧
工程区 2 围栏外	17	73	357.3	102.2	放牧
工程区 3 围栏外	23	37	168.9	71.1	放牧
工程区 4 围栏外	33	87	573.3	158.2	放牧
工程区 5 围栏外	10	37	133.3	48.9	过度放牧
围栏外平均值	21	62	325	99	
围栏内外相差值	14	15	248	66	

从工程区围栏内外样方数据来看，2021 年的工程区效果显著。工程区内平均植被高度增加了 14 厘米，平均植被盖度提高了 14 个百分点，平均鲜草产量增加了 248 千克/亩，平均干草产量增加了 66 千克/亩。草原保护建设工程区效果显著，植被恢复明显，生产力明显提高，生物多样性增加。

（二）结论与分析

开鲁县主要草原类型为温性草原类，有少量的低湿地草甸类。主要牧草有芦苇、羊草等优质多年生牧草，也有锦鸡儿、胡枝子、糙隐子草、委陵菜、黄蒿、虎尾草、猪毛菜、灰绿藜等。主要分布在义和塔拉镇、建华镇、小街基镇等地。2021 年全县草原总体长势一般，大部分牧草从 4 月中旬开始陆续返青，5 月下旬达到返青期，部分低湿地草甸能达到返青中期，6—7 月进入生长期，8 月进入盛期，9 月初开始进入枯黄期。草原保护建设工程效果显著，草原保护建设工程区植被恢复明显，草原植被逐步恢复，生产力明显提高，生物多样性增加。但个别禁牧工程区内仍有放牧现象，应进一步加强草原监管。

（三）讨论

现代畜牧业的发展，圈养舍饲，全年全域，禁垦禁牧的政策落实，对天然草原的生态保护和修复起到非常关键的作用。

气候条件的影响。近两年的降水相对集中，特别是 2021 年上半年的气候偏干旱，下半年 8 月的降水量比全年降水量的 1/3 还多，最高达到 150 毫米，对牧草的返青和枯黄期都有一定的影响，但是牧草的返青期提前几天和枯黄期的推迟几天究竟对天然草原的生产力有多大的影响，需要进一步的观察。

光伏、风电、石油勘探等各种名目的基地园区建设，草原的征占用等，有的彻底改变了天然草原的性质，影响了天然草原的生态监测工作，甚至草原有的常年监测点需要变更，都受到了影响。

四、开鲁县 2022 年草原监测工作报告

依据《内蒙古自治区林业和草原局关于做好 2022 年全区草原监测工作的通知》精神，参照《全国草原监测技术操作规程》，切实落实好《内蒙古自治区草原生态保护监测评估制度》，为全面、及时、准确获取开鲁县的草原资源与生态状况的动态信息，我们通过地面样地监测、入户调查等方式，及时掌握各阶段草原植被生长及草原利用情况，科学评价草原生态状况、利用方式及相关政策成效，为上级有关部门制定草原生态文明建设方案提供翔实可靠的依据。

天然草原监测的主要内容为返青监测（5 月）、长势监测（6—7 月）、生产力盛期监测与国家草原样地监测合并进行（8 月）、枯黄期监测（9 月）。

（一）常规监测

根据开鲁县的地貌、土壤、生产水平和草原群落组成等自然状况，在义和塔拉镇、建华镇、小街基镇选择了 4 个样地进行常规监测，对 4 个样地的草群高度、植被盖度、生产力水平等各方面进行全面监测。详细记录每个样地内优势种、建群种、牧草种类和牧草生长状况。每个月观测时间、监测样地固定。

1. 监测样地基本情况

1 号样地位于开鲁县义和塔拉镇义和塔拉嘎查，为温性草原。1 号样地中仅有少量的胡枝子、黄蒿、苦荬菜、苔草等家畜能采食的植物，有少花蒺藜草等不利于家畜采食的劣质牧草及毒害草入侵蔓延。1 号样地因为放牧、气候等原因，目前植物群落处于逆向演替阶段（表 4-23）。1—9 月共降雨 308 毫米。

表 4-23 1 号样地基本情况

日期	高度/厘米	盖度/%	生产力		备注	月份日平均温度/℃
			鲜草/（千克/亩）	干草/（千克/亩）		
5 月 6 日	—	—			返青 33 率%	12～25
6 月 17 日	6	47	76	32		18～30
7 月 16 日	6	55	126	42		21～32
8 月 12 日	15	93	181	73		19～30
9 月 16 日	—	—	—	—	枯黄率 90%	11～24

2号样地位于开鲁县义和塔拉镇柴达木嘎查，为低地草甸草原，主要植物有芦苇、羊草等多年生优质牧草，还有大量的苣荬菜、委陵菜、车前草、糙隐子草、苔草等低湿地草甸草原的代表性植物。2号样地属于季节性放牧样地，目前植物群落处于正向演替阶段（表4-24）。1—9月共降雨308毫米。

表4-24　2号样地基本情况

| 日期 | 高度/厘米 | 盖度/% | 生产力 | | 备注 | 月份日平均温度/℃ |
			鲜草/（千克/亩）	干草/（千克/亩）		
5月6日	—	—	—	—	返青率66%	12～25
6月17日	12	80	339	105		18～30
7月16日	17	90	395	128		21～32
8月12日	60	100	1 098	484		19～30
9月16日					枯黄率57%	11～24

3号样地位于开鲁县建华镇建设村，为具小叶锦鸡儿的沙地典型草原，有较多的小叶锦鸡儿，有少量的胡枝子、糙隐子草分布，主要植物有狗尾草、虎尾草、猪毛菜、黄蒿等劣质的杂类草，且3号样地具有较多的少花蒺藜草。

3号样地属于过度放牧样地，目前植物群落处于逆向演替阶段（表4-25）。1—9月共降雨346毫米。

表4-25　3号样地基本情况

| 日期 | 高度/厘米 | 盖度/% | 生产力 | | 备注 | 月份日平均温度/℃ |
			鲜草/（千克/亩）	干草/（千克/亩）		
5月6日	—	—	—	—	返青率30%	12～25
6月17日	2	38	30	11		18～30
7月16日	4	48	63	29		21～32
8月12日	22	90	143	58		19～30
9月16日					枯黄率91%	11～24

4号样地位于小街基镇沼根村，为温性草原，4号样地中没有优质的多年生牧草，只有苔草、沙蓬、狗尾草、灰绿藜等一年生杂类草，且4号样地中具有较多的少花蒺藜草（表4-26）。1—9月共降雨382毫米。

表4-26　4号样地基本情况

| 日期 | 高度/厘米 | 盖度/% | 生产力 | | 备注 | 月份日平均温度/℃ |
			鲜草/（千克/亩）	干草/（千克/亩）		
5月6日	—	—	—	—	返青率23%	12～25
6月17日	15	38	91	44		18～30
7月16日	4	32	47	19		21～32
8月12日	12	40	248	125		19～30

（续）

日期	高度/厘米	盖度/%	生产力		备注	月份日平均温度/℃
			鲜草/（千克/亩）	干草/（千克/亩）		
9月16日	—	—	—	—	枯黄率80％	11～24

从监测情况来看2号样地长势良好，1号和4号样地长势一般，3号样地牧草长势偏差，有放牧现象。

2. 样地监测情况分析

开鲁县主要草原类型为温性草原类，有少量的低湿地草甸类。主要牧草有芦苇、羊草等优质多年生牧草，也有锦鸡儿、胡枝子、糙隐子草、委陵菜、黄蒿、虎尾草、猪毛菜、灰绿藜等。主要分布在义和塔拉镇、建华镇、小街基镇等地。

2022年全县草原总体长势偏差，大部分牧草从4月中旬开始陆续返青，5月下旬达到返青期，部分低湿地草甸能达到返青中期，6—7月进入生长期，8月进入盛期，由于8月下旬降水量与上年相比偏少，干旱的程度要比上年严重，所以牧草的产量比上年偏少（表4-27、表4-28）。

表4-27　2021年与2022年1—9月降水量比较

单位：毫米

样地	2021年	2022年
1号	375	308
2号	375	308
3号	428	346
4号	448	382

表4-28　2021年8月与2022年8月产量比较

样地	2021年8月		2022年8月		2022年8月—2021年8月			
	鲜重/（千克/亩）	干重/（千克/亩）	鲜重/（千克/亩）	干重/（千克/亩）	鲜重/（千克/亩）	减少/百分比	干重/（千克/亩）	减少/百分比
地块1	243	94	133	50	−110	45	−44	47
地块2	857	279	284	92	−573	67	−187	67
地块3	400	159	178	68	−222	56	−91	57
地块4	413	148	143	58	−270	65	−90	61
地块5	436	151	80	27	−356	82	−124	82

9月初开始进入枯黄期，2022年的枯黄期比往年提前了10天以上。

（二）天然草原生态监测工作由自治区级上升到国家层面

自然资源部国家林业和草原局下发了《关于开展2022年全国森林、草原、湿地调查监测工作的通知》。为切实做好全区草原监测评价工作，确保按时高质量完成草原监测工作任务，根据《国家林草生态综合监测评价工作领导小组办公室关于印发 2022 年全国林草生态综合监测补充技术规定的通知》（资综函〔2022〕62 号）和《内蒙古自治区林业和草原局自然资源厅关于印发〈内蒙古自治区森林、草原、湿地调查监测工作方案〉的通知》（内林草资发〔2022〕107 号）最新要求，内蒙古自治区林业和草原局又下发了《关于做好 2022 年全区草原监测工作的补充通知》。

根据通知及实施方案的要求，2022 年天然草原生态监测工作与往年不同的是生产力样地监测的变化。一是监测样地的位置和数量均由国家林业和草原局统一布设，监测样地位置固定，样地号统一。样地一旦设定不可擅自更改，若因难以到达等原因确需调整的，需取得国家林草局备案批准。二是全国统一用一个软件上报，所有的监测数据、照片等信息全部实行现场实时填报，现场上传到全国统一的录入平台，现场进行数据审核，审核通过后方可完成样地的监测工作。三是加强技术人员的培训工作，强化质量监督检查。

在林草生态综合监测草原样地监测工作开始前，参加草原样地监测的技术人员，全部经过区、市两级业务部门的培训，从理论上掌握了国家林草生态综合监测草原样地监测工作的技术操作规程和工作流程。

样地监测工作从 8 月 15 日开始，8 月 24 日结束，自治区林业和草原监测规划院的专业技术人员亲临现场督导，市、区、县三级草原部门的专业技术人员共同按照国家技术规范要求进行实地操作。样地中心桩埋设、样线拉设、样线末端标志桩确立、4 平方米观测大样方观测、植物种类分类登记、1 平方米测产样方剪草测产、数据及现场照片录入软件平台等一系列工作共同在野外实地完成。现场进行软件系统核实查验，现场通过软件系统认证。区、市、县三级业务部门密切协同，熟练掌握野外现场操作的各项技术规范和工作流程，掌握了天然草原样地监测工作流程和技术操作规程，为开鲁县天然草原样地监测工作的顺利完成夯实了坚实的基础。

1. 国家确定的 14 个草原样地监测

（1）样地基本情况

8 月为天然草原的盛产期，国家统一布设了林草生态综合监测草原样地监测点位。按照国家的统一要求，开鲁县共设置国家级林草生态综合监测草原样地监测样地 14 个。

我们对国家确定的林草生态综合监测草原样地监测的 14 个样地，按照国家要求的技术规范开展了野外草原样地监测工作。整个过程都是在中央、自治区和通辽市三级草原业务部门的监督和检查下，严要求、高标准、高质量完成的。

同时，按常规监测工作要求，有针对性地对有关工程建设、草原修复方面的情况进行了监测（表 4 - 29、表 4 - 30）。

表 4 - 29　14 个监测样地具体情况

编号	经度/°	纬度/°	草地属性	所属地
150523009	120. 862 835	43. 819 21	天然草地	阿木其嘎嘎查
150523004	121. 019 478	43. 815 296	天然草地	柴达木嘎查

（续）

编号	经度/°	纬度/°	草地属性	所属地
150523003	121.060 074	43.772 079	天然草地	柴达木嘎查
150523002	121.073 555	43.761 356	天然草地	柴达木嘎查
150523005	121.063 973	43.750 805	天然草地	沙日花嘎查
150523007	121.154 388	44.040 317	天然草地	清河牧场
150523010	121.453 657	44.044 741	天然草地	中心村
150523013	121.263 306	43.891 815	其他草地	建设村
150523008	121.266 697	43.610 038	其他草地	西关村
150523006	121.658 12	43.831 348	天然草地	古鲁本井村
150523014	121.658 402	43.808 685	天然草地	三棵树村
150523001	121.586 975	43.742 416	其他草地	太平沼牧场
150523012	121.592 995	43.701 546	其他草地	太平沼牧场
150523011	121.579 75	43.567 535	天然草地	孟家屯村

表4-30 14个监测样地盛产期监测记录

监测时间：2022年8月15—24日

监测样地	高度/厘米	盖度/百分比	生产力		备注
			鲜草/（千克/亩）	干草/（千克/亩）	
1	18	70	80	27	过度放牧
2	27	75	133	50	放牧
3	25	72	198	82	放牧
4	60	100	1 098	484	未放牧
5	37	57	186	59	冷季放牧
6	8	85	124	33	放牧
7	4	70	69	27	过度放牧
8	18	67	75	29	过度放牧
9	15	93	181	73	未放牧
10	28	75	248	125	放牧
11	13	43	134	33	放牧
12	37	88	284	92	放牧
13	21	87	143	58	放牧
14	25	53	178	68	放牧
监测样地平均值	24	74	224	87	

（2）样地监测情况分析

8月综合监测样地平均植被高度为24厘米，植被盖度为74%，鲜草产量224千克/亩，干草产量87千克/亩。

2. 重大生态工程样地监测

（1）工程样地情况

具体情况见表 4－31。

表 4－31　工程区围栏内外盛产期监测记录

监测时间：2022 年 8 月 20—22 日

工程区样地		高度/厘米	盖度/百分比	生产力		备注
				鲜草/（千克/亩）	干草/（千克/亩）	
围栏内	1	20	83	320	108	过度放牧
	2	53	91	699	240	未放牧
	3	12	63	457	178	自然修复
	4	27	91	483	163	自然修复
	5	32	98	410	129	自然修复
围栏内平均值		28	85	473	164	
围栏外	1	8	66	177	60	放牧
	2	29	85	393	122	未放牧
	3	11	60	210	72	放牧
	4	10	55	230	52	放牧
	5	14	88	109	43	过度放牧
围栏外平均值		14	70	223	67	
围栏内外相差值		14	15	250	97	

（2）工程样地监测情况分析

从工程区围栏内外样方数据来看，工程区内草原修复和保护效果显著。工程区内平均植被高度增加了 14 厘米，平均植被盖度提高了 15 个百分点，平均鲜草产量增加了 250 千克/亩，平均干草产量增加了 97 千克/亩。草原保护建设工程区效果显著，植被恢复明显，生产力明显提高，生物多样性增加。

按照《全国林草湿调查监测质量检查办法（试行）》要求，落实质量管理职责，严格质量检查要求，统一质量检查方法。建立旗县级自查、自治区（省）级复查、国家级检查的三级检查机制，严格执行前期准备工作、外业调查监测、内业统计分析的全过程质量管控。

2022 年 9 月 26 日，由国家林业和草原局调查规划院草原处王林处长带队的草原监测质量检查组，在自治区林业和草原监测规划院、自治区规划二院、通辽市草原工作站的相关人员陪同下，一行 10 人莅临开鲁县，对全县林草生态综合监测草原样地监测工作进行督导检查。

验收组在国家下达的 14 个样地中，选取了 2 个样地作为督导检查样地。在野外现场，国家林业和草原局调查规划院、自治区林业和草原监测规划院、自治区规划二院、通辽市草原工作站和开鲁县草原工作站的专业技术人员，共同演示了野外样线拉设、样方布设、剪草测产等步骤，重新演练野外草原样地监测的全部内容，国家验收组成员用针刺法摸底核查了样线调查。经过紧张有序的作业，顺利完成2个样地的督导检查工作，操作步骤完全符合国家技术规范要求，获得了检查组的一致认可和肯定。

检查组反馈意见：通过督导检查，抽查样地全部达到国家草原综合监测评分标准。至此，2022年林草生态综合监测草原样地监测工作圆满结束。

（三）讨论

由于多方面的原因，国家确定的监测点位与实际的地理条件有所出入，所以我们无法达到规定的中心点15米范围内，虽尽量靠近中心点，但还是有点位偏移了三四百米。我们就近选择点位进行监测，省去了向国家林草局报备申请修改的程序。由于用地性质的变更，天然草原面积急剧缩小，国家确定的天然草原监测点会随之发生变化，这给天然草原监测工作也带来了不确定性，这个因素是我们无法控制的。各项措施的落实到位方面也还存在着偏差，天然草原时常遭到不同程度的破坏，滥垦过牧现象非常普遍，这给我们天然草原的监测工作也带来了不小的困难。

2022年草原保护的力度大打折扣，天然草原被大面积的改变用途，剩余的天然草原禁垦禁牧政策落实不到位，被牲畜破坏的比人为开垦的草产量还低，现存的天然草原大部分都存在沙化、碱化、退化的情况，"三化"情况特别严重，而且"三化"面积呈现快速增长的事态。畜草矛盾更加突出，特别是天然草原面积的减少、质量的下降，牲畜数量又不减反增，畜牧业发展的势头又很强劲，所以草畜矛盾急需解决。一方面要加强对天然草原的保护、修复和利用，另一方面加大草原改良力度，加大人工草地建设，增加饲草种植，利用一切能利用的资源用于牲畜饲喂，秸秆农副产品等所有能够作为饲草饲料的资源，通过饲草调制技术变成可饲喂家畜的饲草料资源，缓解家畜数量增加对天然草原的压力，才能从根本上扭转天然草原逆发展的态势。

第六节　中科羊草

中科系列羊草是中国科学院植物研究所自主研发的优质乡土草品种，中科羊草团队围绕羊草有性生殖等产业瓶颈科技问题，从收集整理种质资源入手，系统地开展了羊草野生种质资源的收集、评价、科学问题探索、基因资源挖掘、新品种选育等方面的研究，目前已育成品种包括"中科1号""中科2号""中科3号""中科5号""中科7号""中科9号"羊草品种。羊草不仅具有产量高、品质好、适口性好、再生力强、持绿期长、叶量多、播种期长等特点，而且具有一些栽培农作物无法比拟的优点，如适应性好、抗寒抗旱、耐盐碱、耐瘠薄、耐牧等。

目前中科羊草现已在新疆、内蒙古、西藏、甘肃、宁夏、陕西、河北、河南、山东、黑龙江、吉林等地得到推广应用，累计推广面积超过20万亩。形成了盐碱地改良、荒漠化土地治理、退化草地修复、毒害草治理、戈壁滩建植及林草结合种植等多种开发利用模式。中科羊草水土保持、固碳储碳效益较好，饲喂价值高，生态效益、社会效益和经济效益共赢，符合党中央关于"坚持绿色发展筑牢祖国北方生态安全屏障"的要求。

一、中科羊草落户开鲁（2019年）

羊草隶属禾本科赖草属，是欧亚大陆的关键草种，也是我国北方广泛分布的具有优势的多年生乡土草。

羊草不仅具有产量高、品质好、适口性好、再生力强、持绿期长、叶量多、播种期长、节水节能收益高八大优点，而且还具有适应性好、抗寒抗旱、耐盐碱、耐瘠薄、耐牧耐践踏等其他一些栽培农作物所无法比拟的五大特性。

羊草被牧民称为"禾草之王"，分布很广。羊草是我国最重要的乡土草之一，牛、马、羊、驴这些草食动物都爱吃。羊草不仅可以作为食草动物的主要饲料，帮助贫困地区发展畜牧业，可实现精准扶贫，为脱贫攻坚、为我国全面实现小康社会贡献力量。它生命力顽强，在水源涵养、水土保持、防风固沙、绿化环境、草原修复等领域都有着十分重要的生态价值。

中科羊草研发团队，通过20多年工作积累，育成了"中科1号""中科2号""中科3号"羊草新品种，突破了抽穗率低、结实率低、发芽率低等困扰羊草产业化发展的瓶颈。众多科研成果为中科羊草的推广奠定了坚实基础，且羊草的更新换代工作永续进行，为羊草产业化提供新的发展助力。

自然界的羊草长出来后很小，有的像一根针一样，根本看不到。现在羊草的萌发率高了，1平方米能出200多株草。自然界的羊草发芽率不到10%，现在提高到了70%，等到产业化后，这些草籽播种到自然界，萌发率能达到50%以上。

羊草的种植实现了收入持续增加和生态持续改善的双重目标。开发乡土种质资源，解决草原牲畜吃饭问题，同时绿化草原，筑起我国北方生态长城。

羊草的问题来自草原退化，科研成果要返回去修复草原、改善草原，为农牧民谋福利，为生态产业服务。

国审品种"中科1号"羊草，抽穗率50%左右，种子发芽率60%左右，种子产量40千克/亩左右（试验田测产92千克/亩），干草产量1 000千克/亩。

中科羊草粗蛋白含量高，拔节期为22%～35%，开花期16%～20%，种子成熟期10%～15%，各时期品质均属一等牧草。

中科羊草生物量大，地上地下年均固定碳素1 000千克/亩左右。羊草侵占性强，可较好地抑制毒害草，降低毒害草对环境的破坏和对动物的伤害。以中科羊草为契机，大力发展养殖业，努力打造草畜加产业链。

"中科1号"羊草适宜我国北方种植，可作为优良牧草用于人工草地建植和退化草地改良以及水土流失地区生态治理。

中科羊草研发团队荣获国家林业和草原局五大创新团队之一、中国草业科学技术一等奖（草业界最高奖励）。中科系列羊草新品种，全部入选国家林业和草原局《2019年重点推广林草科技成果100项》，国家牧草产业技术创新战略联盟十大成果之一。利用羊草的优良特性，中科羊草课题组承接农业农村部、科技部、国家重点基础研究发展计划等多个项目，保持着较高的学术水平。研发是羊草产量和品质提高的根本，也是羊草更新换代的前提，更是可持续发展的保证。

中科羊草现已在新疆、甘肃、宁夏、内蒙古、陕西、河北、河南、黑龙江及北京等十大省份推广应用，形成了盐碱地改良、荒漠化土地治理、退化草地修复、毒害草治理、戈壁滩建植及林草结合种植等多种开发利用模式。让羊草从草原来，再回到草原去。

中科院培育出了羊草新品种，原本从事物流行业的杜永斌，首先从繁殖种子入手，率先建立了 1 000 亩中科羊草种子繁育基地。经过几年的努力，把千亩沙地变成了风吹草低见牛羊的大草原，而且实现了盈利。

"墙里开花墙外红"，杜永斌种植中科羊草创收的消息引来了相邻的开鲁县小街基镇的领导。多年来，由于草原的违规开垦，导致土壤沙化和退化。为了贯彻中共中央保护生态环境的政策，小镇急需把这些垦地退耕还草，恢复昔日大美草原风貌。

2019 年 6 月 23 日，中科羊草种植现场会在小街基镇的北沼草牧场上召开。进入 7 月，中科羊草种植在小街基镇全面展开，其中就包括杜永斌种植的近 2 000 亩中科羊草。

镇领导以中科羊草为抓手，给予优惠政策，帮助流转土地。目前已经种植中科羊草 9 000亩，计划 3～5 年时间，发展到 10 万亩的总规模，逐步形成一个全新的羊草生态产业基地，并打造出首个"中科羊草小镇"。

二、刘公社：调研重点内容（2021 年）

（一）经济价值：

1. 中科羊草基地种植情况

为了贯彻国家保护生态环境的政策，开鲁县加强草原保护建设，改善草原生态环境，加快转变草原畜牧业生产方式，促进牧草产业可持续发展的要求，通过实施荒漠化草原修复、毒害草治理等，以中国科学院植物研究所研发的"中科羊草"为抓手，助力牧草产业发展，着力打造中科羊草种子扩繁基地。通过小街基镇与中科院植物所签订"羊草对沙化退化草地修复与人工草地高产栽培技术"合作协议。2019 年试验种植 0.5 万亩中科羊草，2020 年发展到 3 万亩，2021 年扩大种植面积到 4.2 万亩，2022 年结合山水项目继续扩大种植面积，计划年底完成达到 7 万亩。种植基地土壤情况基本为沙地、盐碱地，常年无利用价值。

2. 羊草饲草及羊草种子产量情况

中科羊草为多年生优质乡土草，一次种植利用年限 20 年以上。羊草种植经济价值主要包括种子、饲草及旅游收益。当年种植，可收获优质饲草 200～300 千克/亩；第二年可收获 500～600 千克/亩干草，同时收获 10～15 千克/亩的种子；第三年进入高产稳产期，在水肥管理水平较高的条件下，每年可生产 800～1 000 千克/亩干草，30～40 千克/亩种子。

3. 羊草收益及销量情况

目前，种植中科羊草的收益来自饲草和种子两方面，可延伸到畜牧养殖收益。中科羊草种植企业与内蒙古科塔草业有限公司签订回收协议，生产的种子长期回收，回收价格 60 元/千克。生产的饲草一部分用于生产企业自身家畜养殖，一部分对外销售。目前，干草销售价格为 1 300~1 600 元/吨。种植第三年开始，年均净利润约 1 000~1 500 元/亩。

4. 科研进展情况

草种是我国草业的"芯片"，生态草在遏制草地"三化"、开展国土绿化、改善生态环境方面发挥着重要的作用。当前，生态草种的研发和推广是我国草业中突出的短板。中国科学院植物研究所中科羊草研发创新团队围绕"羊草有性生殖"等产业瓶颈科技问题，从收集整理种质资源入手，系统地开展了羊草野生种质资源的收集、评价、科学问题探索、基因资源挖掘、新品种选育等方面的研究。通过近 30 年的工作积累，育成了"中科 1 号""中科 2 号""中科 3 号""中科 5 号""中科 7 号""中科 9 号"羊草新品种，突破了"抽穗率低、结实率低、发芽率低"等困扰产业化发展的瓶颈。中科羊草是我国培育的具有自主知识产权的优质草品种，草种的科技含量高、位居行业领军地位，同时具备国际研发和产业化比较优势。该团队荣获国家林草局首批科技创新团队、中国草业科学技术一等奖、入选国家林草局 2019 年重点推广林草科技成果、国家牧草产业技术创新战略联盟十大成果之一。2022 年，羊草首次写入国家林草局林草产业发展规划（2021—2025 年）和农业农村部"十四五"全国饲草产业发展规划，羊草迎来历史性发展新机遇。

5. 牲畜适口情况

羊草是禾本科牧草之王，动物适口性好，返青早枯黄晚、粗脂肪和粗蛋白含量高，我国东北民间也称其为"抓膘草"，深受养殖户喜欢。目前利用中科羊草饲喂的动物有牛、羊、马、驴、鹅等，在新疆利用羊草饲喂野马集团的赛马；在内蒙古正蓝旗、通辽饲喂安格斯牛和利穆赞肉牛，并开发颗粒饲料，针对不同动物和不同生长周期研发精准饲喂配方；在山东饲喂奶牛，合作企业有澳亚乳业、华奥大地等知名奶牛养殖企业，并开发青贮饲料加工；在陕西饲喂白绒山羊和佳米驴，养殖企业依托"优质羊草—饲喂佳米驴—榆林西安开驴肉火锅店"的发展模式，目前已开 4 家驴肉火锅连锁店。截至目前，科研人员没有发现羊草饲喂动物有任何毒、副作用。

6. 在开鲁县或全市范围内推广优势

通辽市是羊草的故乡，野生羊草广泛分布，也是科学分析基础之上被划定的羊草最佳适生区，气候适宜，市场需求大。同时科尔沁沙地及盐碱地面积巨大，种植粮食作物风险较大，且对生态环境和水资源造成一定的压力。中科羊草耐寒耐旱、耐贫瘠、耐盐碱，特别适合退化草地修复、盐碱地治理、沙地治理，在科学种植和管理的前期下可以兼顾生态效益、经济效益和社会效益共赢。

（1）地理优势

通辽市地势南部和北部高，中部低平，呈马鞍形。北部为大兴安岭南麓余脉的石质山地丘陵。小街基镇位于通辽市的中部偏西南，地形为平原，海拔高度平均 120~200 米。通辽市属典型的半干旱大陆性季风气候，春季干旱多风，夏季炎热，雨热同季。年平均气温 0~6℃，年平均日照时数 3 000 小时左右，无霜期 140~160 天。通辽市地带性土壤为栗钙土，其余土壤主要有风沙土、灰色草甸土等十个种类，以风沙土为主，占总面积的 43.5%。

开鲁县地处松辽平原，属西辽河冲积平原的一部分。地形西高东低，海拔在 210~329.8 米，坨甸相间是开鲁县地貌的基本特征。年平均气温 5.9℃，年平均降水量 338.3

毫米，一般集中在 6—8 月，雨热同期；年均无霜期 148 天，湿润度 0.2～0.3，光照充足，气候温和，属大陆性温带干旱、半干旱季风气候，适合农业综合发展。土壤以草原土壤为主，地带性土壤为栗钙土，有机质含量 1.5%～4.5%，隐域性土壤有风沙土、草甸土等。地带性植被主要呈现典型草原类型，非地带性植被有沙地、低地草甸、盐化草甸等类型。当地乡土牧草有大针茅、克食针茅、羊草、冷蒿等。

总体土壤和气象条件有利于中科羊草生长，在小街基镇开展沙地羊草种子繁育，生产的种子可为全国退化草原改良和沙地治理持续提供优质种源。

（2）产能拉动优势

目前通辽市正在打造"中国牛都"，畜牧业发展处于新中国成立以来最好阶段，伊利集团在小街基镇选址。通过论证，1.2 万头全群奶牛基地已经开工建设；蒙鲁真牛循环农牧业项目全面启动，目前已经和上海火凤详火锅连锁、重庆大渝火锅、新疆华凌集团等多家机构签订购销协议，预计年供货量在 12 万头肉牛。规模化牧场的发展为标准化饲草生产和销售提供了原动力，加速人工草地建设的发展。羊草机械化种植对草场退化有较好的修复作用，加快草畜业发展，既改善草畜矛盾，增产增收，又有助于生态环境改善和民族经济发展。用优质牧草改善生态环境，牧草用来饲喂牛羊牲畜，牲畜肉、奶产品反馈社会，提供健康饮食环境，实现生态效益、经济效益和社会效益的共赢，让草地、牲畜、生态得以协同发展。

（3）科研技术优势

中科羊草是中国科学院植物研究所中科羊草研发团队通过近 30 年研究培育的系列羊草新品种及其配套技术的集合。将野生羊草不足 10% 的抽穗率提高到 50%～70%，结实率由 3%～5% 提高到 60%～80%，发芽率由 10% 左右提高到 60%～90%。目前已在新疆、甘肃、宁夏、内蒙古、陕西、河北、河南、黑龙江及北京等地得到推广应用，形成了盐碱地改良、荒漠化土地治理、退化草地修复、毒害草治理、戈壁滩建植、黄河滩涂地利用、矿区油气田修复及林草间作种植等多种利用模式。同时打造出"草畜加工——终端消费"的一体化模式，增加了龙头企业和农牧民的经济收入。

中科羊草研发团队发表国内外学术论文 100 多篇，出版专著 5 部，包括首部在国际上出版的羊草英文专著。同时还获得新基因和关键技术国家发明专利 18 项，形成了系统的中国自主知识产权池。获得中国草学会科技成果一等奖、入选国家林草局首批五大创新团队之一。中科羊草被国家林草局推荐为 2019 年重点推广林草科技成果、国家牧草产业技术创新战略联盟十大成果之一，获得国家林草局和中国林学会梁希科技进步二等奖，在国内外乡土草研究领域形成研发和产业化优势，得到人民日报、科技日报、CCTV - 7 等媒体的广泛关注。

（4）本地种植经验优势

为了更好地给种植者和投资者提供服务，小街集镇政府于 2019 年 10 月注册成立了基兴农业发展有限公司，2020 年 6 月挂牌运营。公司集技术研发保障、租赁服务、土地流转服务、羊草种植、田间管理、牧草及种子收储销售等业务于一体。两年来承接了羊草种植、山水项目等业务，收效良好。与中科院植物研究所、南京农业机械化研究所共同开发的育苗移栽技术，提高了作业效率和质量，可保证羊草在沙化、盐碱化程度严重地块的成活率达90%以上；与南京机械研究所合作，为基地量身研制了移栽机；结合本地的种植方式，在羊草种植上推广应用滴灌技术，效果更好，耗水量大幅度降低。

（5）典型示范优势

2019年，在小街基镇政府的协调下，北京京都农业有限公司流转了中心村北沼土地2 900亩，播种了1 800亩中科羊草，经过一年的精心管护，2020年7月收获了第一茬羊草。第一茬中科羊草收割完成，标志着开鲁县中科羊草大面积试种成功。京都农业种植中科羊草的成功，吸引了来自陕西、甘肃、湖北、山东等地多家企业前来考察取经，在中科羊草团队技术支持下，围绕该种植基地扩大示范面积超过5 000亩。从土地流转到种植管护，再到牧草草种的收储、加工、销售，已经形成了一条成熟稳定的产业链条，京都农业种植基地成为小街基镇中科羊草种植的典范标杆。

自2019年试验种植0.5万亩中科羊草取得成功后，截至2021年，已有30余家不同类型的产业化主体参与中科羊草的开发，包括专业化草业公司、村办公司、农民合作社等，现种植面积达到5万亩，投资额超8 000万元。种植公司与科塔种业签订了10年种子回收合同，合作建设良种和优质牧草产品收储销售平台。国家林草局、自治区林草厅、通辽市委市政府、县委县政府均对中科羊草产业发展高度重视，开鲁县将15万亩中科羊草原种繁育基地建设列为开鲁县"十四五"规划重点项目。国家林草局正在考虑建设科尔沁羊草种业基地和生态产业示范区。

（6）群众认可优势

种植中科羊草无论是用于出售牧草及草种还是"为养而种"，以牧草种植为基础发展畜牧养殖，当地农牧民均实现增产增收。种植中科羊草地块大多为盐碱化、沙化严重地块，不适宜种植农作物，种植多年生牧草可以变废为宝，增加收益，群众认可度高，大面积推广基础较好，有利于乡村振兴项目取得实效，并具有可持续性。

（二）生态价值

1. 治沙治碱情况

中科羊草网状根系发达，地表植被返青早、枯黄晚、盖度大，可长期实现水土保持效果。经过在宁夏盐池、内蒙古赤峰市阿鲁科尔沁旗开展的多年试验发现，中科羊草种植当年可减少风蚀20%~30%，种植第二年可减少土壤风蚀70%~80%，种植第三年可减少土壤风蚀95%以上，甚至出现土壤逐年增加的现象。

羊草又称碱草，耐盐碱的特性相对较好。甘肃酒泉土壤pH9.35的盐碱地，种植3年后pH降到8.13；山东东营土壤含盐量为5.43%，pH8.41，种植羊草两三年后土壤pH分别降低至7.98、7.68，土壤含盐量分别降低26%、66%，土壤有机质含量分别增加51%、158%。

2. 涵养水源情况

羊草种植后增加的地表植被盖度，降低了表土水分蒸发。羊草根系基本分布在表层土30厘米以内，网状根系发达，增加了根际土壤微生物活性，改善土壤物理性质，实现保水保肥的效果。

（三）社会价值

1. 产业带动增收情况

2021 年，第五届中科羊草种业发展现场观摩会上，王涛教授、赵景峰研究员主持实地测产，测得中科羊草种植基地 2019 年种植的中科羊草平均株高 1.23 米，鲜草亩产量 1 491.41 千克。2021 年该基地实现亩效益 1 500 元以上。据测算，种植第三年到稳定期后，年每亩可收获 2 茬干草约 0.6 吨，亩产羊草种子 15～20 千克，按当前市场价干草每吨 1 500～1 600 元、种子 60 元/千克计算，亩效益可达 1 800 元以上。

"为养而种"。以中科羊草为抓手的优质多年生牧草生产为基础，着力推进羊草产业与开鲁县奶牛、肉牛、肉羊产业的深度融合，实现本地生产优质牧草覆盖式供应，形成草牧互促，提升本地牛羊制品品质，形成开鲁绿色牛羊特色品牌。以市场终端品牌拉动羊草生态产业发展，做到"以草振牧，牧兴草长"，进入良性循环。

为响应国家奶业振兴计划，推动全国奶制品安全体系工程和精品奶源基地建设，2021 年 4 月 1 日，通辽市开鲁县投资建设的第一个现代化标准化大型规模养殖示范园区——优然 1.2 万头全群奶牛养殖示范园区项目在小街基镇双兴村牧场开工建设，项目场区占地面积约 1 800 亩，建设总体投资 5.2 亿元。场区于 2022 年 3 月开始投产运营，全群奶牛养殖将发展到 12 000 头，其中成母牛约 7 200 头，后备牛约 4 800 头。除此以外，开鲁县正在与中商集团积极接洽，联合蒙牛、君乐宝等乳制品企业计划在小街基镇投建占地 1 500 亩的万头牛场 1～2 处，同时种植 3 万～5 万亩的多年生牧草，一期投资约 5 亿元。

依托"中国第一大牛市""草原肉牛之都"——通辽市开鲁县所处的北纬 42°～45° 全球养殖黄金带、中国玉米黄金带以及小街基镇中科羊草生态产业等得天独厚的优势，2022 年 3 月由县政府主导，拟投资 4.5 亿的蒙鲁真牛循环农牧业项目二期工程开工建设。项目以种植规模 1 万亩的中科羊草为基础，匹配 1 600 亩的养殖加工区，集万头肉牛、基础母牛养殖，10 万只肉羊、基础母羊自繁自育，屠宰及深加工、冷链储运、销售等于一体，目前项目运营条件齐备，已建成可容纳 4 000 头存栏的圈舍，并通过建设标准化屠宰加工厂推进可追溯体系建设，让肉牛产品实现追溯硬件设施、数据传输、平台追溯的初步链接。蒙鲁真牛项目的建成能够有效推动当地农业、种植业、养殖业转型升级，在市域内形成良好的示范带动。同时通过整合全产业资源，利用线上互联网电商平台等渠道将科尔沁特色肉牛制品进行全国推广。

以中科羊草生态产业链及其品牌为基础，以优然牧业、蒙鲁真牛二期工程等重点项目实体化运营为契机，以中商艾享集团联合蒙牛、君乐宝等乳制品企业计划在小街基镇投建占地 1 500 亩的万头奶牛牧场为吸引，适时引入饲草料加工、牧草种子清选加工、仓储物流、有机肥加工、血清厂、肉牛肉羊原切分割加工及成品制作等一批与之配套的下游企业，实现产能升级跨越。

2. 农企利益联结情况

打造以政府为主导、龙头企业示范带动、农业专业合作社和家庭农牧场融合跟进、种养大户联合参与的农牧业产业化联合体，是未来产业发展的必由之路。作为产业联合体中的关键一环，具有政府背景的基兴公司是国家意志的承载体，必须充分发挥其服务和调控作用。公司成立以来，不断提供优质的技术支持和管理服务。从前期的土地流转、翻耙平整土地、种子化肥农药等农资的推荐采购、科学适时播种，到中期的灌溉等田间管理劳务服务，再到后期的牧草收割、协调销售等，基兴公司真正成了种草客商的"贴心人"和"金钥匙"。与此同时，以镇办基兴公司为纽带，整合串联全镇基础较好、意愿较高的三十方地、后河、三棵树、古鲁本井等村，以发展中科羊草产业为重心，提振发展壮大村集体经济效能。其中，三棵树村种植 2 000 亩，三十方地村种植 3 000 亩，已被组织部列入2021 年度发展壮大村集体经济重点项目。

以"山水"项目 2022 年在小街基镇设施 2 万亩毒害草治理和 1 万亩人工建植为契机，发动农户广泛参与项目实施，在"三调"的天然牧草地补播中科羊草，农户参与到中科羊草生产全过程，通过以下四个环节实现增收：一是利用自有土地种植经营，由基兴公司、京都农业集中收购牧草及草种；二是利用自主种植羊草发展牛羊养殖；三是将土地流转，外出或就近在种植基地务工增收；四是以土地入股，参与分红。

3. 发展生态旅游情况

开鲁县始终把生态文化旅游作为挖潜之举，创建旅游示范区，聚焦通辽主城区主要目标客户群，着力培育"示范点、精品线、辐射圈"，打响"红色研学＋绿色休闲"品牌，打造蒙东地区有影响力的红色教育基地和绿色休闲基地。

小街基镇以中科羊草种植为依托，着力改善基础条件，完善服务功能，加大旅游产业开发和设施投入力度，提升接待能力、丰富旅游内涵，大力发展多元化的娱乐项目，为小街基镇旅游产业注入了新的内涵和生机，着力提升中国第一个"羊草小镇"的知名度和美誉度。以羊草生态产业为支撑，以百里绿色长廊、林果业为依托，深挖农耕文化、草原文化资源，重点打造万亩草原、天然氧吧、优质果品采摘基地、户外拓展基地、农事活动体验生态园区等旅游项目。把发展草原生态旅游作为工作重点，逐渐丰富各类草原特色旅游活动。以中科羊草技术研发基地，羊草种植区内的摄影、露营等休闲基地，优然牧场、蒙鲁真牛牧场、禽类养殖场等养殖基地为核心，以中科羊草主题乡村旅游公路为串联，形成一条完整闭合的生态旅游路线。将小街基镇 10 万亩人工草原纳入全县草原生态旅游大盘子，合力开发草原生态旅游。

（四）其他方面需了解情况

1. 基地建设管理模式

（1）一次性交款（合同期 20 年一次性交承包费）。

（2）一年一交款。

（3）二年交款一次。

（4）三年分三期交款。

（5）三年分四期交款。

（6）五年交款一次。

（7）十年交款一次。

（8）首付两年，后期一年一交。

（9）前两年不交款，从第三年开始逐年交承包费。

（10）渐增式付款。前两年定额，从第三年逐渐定额递增，长到一定数额后固定。

（11）与村集体经济组织合作，收益分红。

（12）与农户合作，收益分红。

2. 土地流转情况

小街基镇现有草地资源按经营权属划分为 3 部分，一部分归镇直属，一部分归村集体，其他大部分在多年以前以"荒沼合同""围栏合同""草牧场合同"等承包给农户经营，亩数不均，地块比较分散。要想实现规模种植就需要将这些地块进行集中流转。在做好前期调研登记后，镇村两级对外承包的草地，由镇村两级与承包户沟通协商，经村民代表大会和镇党政联席会议审议通过后，流转到村集体或由镇级收回，统一流转给镇办基兴公司，再由基兴公司统一调配，推出"十二种模式"进行经营合作。

十二种模式为：与村集体经济组织合作，收益分红；与农户合作，收益分红；一次性交款，合同期 20 年一次性承包费；一年一交款；二年交款一次；三年分三期交款；三年分四期交款；五年交款一次；十年交款一次；首付两年，后期一年一交；前两年不交款，从第三年开始逐年交承包费；渐增式付款，前两年定额，从第三年逐渐定额递增，长到一定数额后固定。

3. 投资方、技术人员情况

目前，参与开鲁县羊草生态产业链开发的投资者包括：基兴公司、京都农业公司、科塔公司、列出 10 家主要的公司或集体或农户。

提供行业政策和科技服务的单位包括：国家林草局（草原司种苗司科技司）、中国科学院植物研究所、农业农村部南京农业机械化研究所、中国林科院草原保护与修复研究所、中国农科院草原所、内蒙古大学、中国农业大学、北京林业大学、东北师范大学等相关本领域顶级技术团队和专家。

4. 县、镇、基地后期规划

为实现产能升级、产业跨越，下一步计划与科塔集团合作，投资 1 000 万，建设种子清选库；以中科羊草种植为抓手，实现饲草直供，联合优然、蒙牛、蒙鲁真牛等企业打造绿色牛羊产品品牌。基地研发的中科羊草颗粒料正在进行饲喂试验，技术成熟后与外地优质饲料加工企业对接建厂。未来，十几万亩的人工牧草种植基地、万头奶牛牧场、主题为"中科羊草—风吹草浪—牧歌美景—天地人和"的乡村黄静旅游路线，将形成一条完整闭合的生态旅游产品。将小街基镇十万亩人工草原纳入全县草原生态旅游的大盘子，实现一、二、三产业融合发展，走好"生态优先绿色发展"之路。

中科羊草发展规划及"羊草小镇"建设规划总体思路：以中科羊草及优质草种业为生态产业核心，延展上下游产业，实现一、二、三产业融合发展。以科技为引领，以产能为引擎，以"羊草小镇"主题形象为名片，进一步提升行业影响力和品牌美誉度。同时辐射带动周边地区，广泛展开深度合作，以小街基镇为核心打造羊草产业及草种业区域联合体，使之成为全国第一个规模化中科羊草优质牧草种及优质饲草供应基地，形成国家知名品牌。

战略目标：打造中国羊草生态产业链，多产业融合，多领域立体发展，立足内蒙古、着眼世界的中科羊草小镇。

种植面积：3年内实现种植面积超15万亩，其中1/2达到标准化高产优质中国羊草种子生产基地，获得国家林业和草原局认可。

草种产量：3年后全镇年草种产量达4 000吨。

干草产量：3年后全镇年干草产量达12万吨。

产值拉动：畜牧、旅游、物流商贸等产值拉动达15亿元。

5. 推广技术

羊草产业技术日趋成熟，适合本地长期发展。希望各级政府出台政策、支持产业早期发展。在稳定土地政策和遵守合同的条件下，引导和吸引农牧民以各种形式参与羊草产业发展，实现生态效益、经济效益和社会效益的多赢。

6. 对土地、土壤条件的要求

种植羊草的土地需要集中连片，适合全程机械化作业，节约成本。土壤肥力要求不严，后期可通过水肥调控改善。在建设标准草种子基地和高产人工草地的早期，需要一定的补充灌溉水源，确保其他生产要素投入后协同发挥作用。

7. 播种方式

中科羊草主要采用机械化条播，未来可实现精量化智能化播种和物联网跟踪管理。种子经过包衣处理，提高了播种的顺畅性和精准度。在土壤盐渍化程度较高、作业难度大的区域可采取"育苗—机械化移栽"的方式，提高生态修复效率并提早进入种子和饲草高产期。

8. 对气候条件的要求

虽然羊草比较耐旱，但对水分反应还是十分敏感的。羊草适生区面积巨大，其中通辽市及周边的气候均为最佳适生区（年降水量250～450毫米）。年降水量小于250毫米的地区，需要每年补充灌水150立方米/亩左右。降水量相对较多的地区，需要借雨季播种或早春补水播种，待羊草生长发育越过一个冬季后，可靠自然降雨维持生长，进行人工草地饲草生产，实现节水草牧业发展模式。

9. 生长周期

羊草是长寿命植物，最佳适生区自然条件下可生存50年以上。中科羊草团队种植的羊草成活年限超过28年，水肥供应充足，没有发现过退化现象。只要在种植过程中注意水肥调控，必要时进行切根作业，就能保持高产稳产。种植当年即可收获饲草，喂养牲畜，秋冬季可开展轮牧。

10. 种植、生产成本

中科羊草一次种植成功可以多年利用。结合通辽各基地经验，种植第一年综合成本800～1 200元/亩（其中包括：土地租赁费、种子价格、化肥、水电设施、机械等费用）。第二年开始，成本大大降低，主要是日常管理、水肥调控和机械化收获，投入成本可控制在300元/亩以内。

11. 抗病、抗灾害能力

羊草抗病性较强，目前未发现在大面积生产基地出现病害的现象。羊草耐寒性好，全国各地越冬率均在90%以上，未发现大面积冻死情况。羊草耐旱性强，新疆阿勒泰、奎屯、呼图壁等地研究发现，降水量 200～280 毫米的区域，第一年补水播种成功后，第二年靠自然降雨也可成活，每年收获 100～200 千克/亩干草。

多年种植过程中没有发现低温冻害、冰雹、干旱、水涝、践踏、草害严重事件。但种子基地需要在春季和夏季防止大型动物啃食，以便提高种子产量，保障农牧民获得效益。

三、中科羊草生产性能测定（2021 年）

2021 年为中科羊草种植的第三年，中科羊草也逐步进入其盛产期。自 2020 年开始，结合天然草原生态监测工作，对中科羊草地块进行了监测。从返青到生长状况和产量的测定，严格按照草原生态监测技术规程要求进行。

我们监测的地块是小街基镇京都草业中科羊草草地，2019 年 7 月 28 日播种完毕，2019 年 8 月初进行灌溉浇水。

1. 2020 年中科羊草草地测定结果

2020 年 6 月平均每亩地产鲜草 496.4 千克，风干草称重为 146.7 千克，干鲜比 30%。

2020 年 7 月平均每亩地产鲜草 453.6 千克，风干草称重为 234.6 千克，干鲜比 55%。

2. 2021 年中科羊草草地测定结果

2021 年 6 月中科羊草产量，平均每亩地产鲜草 677.64 千克，风干草称重为 316.98 千克，干鲜比 46%。

2021 年 7 月中科羊草产量，平均每亩地产鲜草 890.04 千克，风干草称重为 366.36 千克，干鲜比 41%。

3. 中科羊草种子生产情况测定

我们把测定的中科羊草草地，根据其生长状况，分为上、中、下 3 块样地，每个样地测定 3 个样方，每个样方为 1 平方米。

测定结果：每个样方内的中科羊草平均结籽穗数 309 个，平均单穗籽粒数 15 粒，籽粒毛重 34 克/平方米，精选后种子净重为 25 克/平方米。

说明：由于非专业化种子精选操作，理论上来说，还有一定的误差。我们估计，按这个测定的中科羊草种子的净重的 50%～60% 来估算，中科羊草种子的实际产量比较合理一些（表 4 - 32）。

表 4 - 32 中科羊草种子生产情况

项目	2020 年 6 月	2021 年 6 月	2020 年 7 月	2021 年 7 月
鲜草重量/（千克/亩）	496.4	677.64	453.6	890.04
干草重量/（千克/亩）	146.7	316.98	234.6	366.36
干鲜比/%	30	46	55	41

4. 中科羊草防控少花蒺藜草情况测定

种植中科羊草的第二年、第三年，借助中科羊草根系发达，分蘖力强，侵占能力大，生态位优势明显等突出特点，中科羊草的长势越来越强，郁闭度极高，封垄效果极好，很好地抑制了少花蒺藜草的生长，从而达到防控其进一步入侵蔓延的目的。

播种的第二年（2020 年 9 月测定）：少花蒺藜草平均一亩地鲜重 109.1 千克，占 23.8%，羊草平均一亩地鲜重 54.9 千克，占 12%，其他杂草平均一亩地鲜重 294.5 千克，占 64.2%。

播种第三年（2021 年 9 月测定），与上一年度，同一地块，同一 GPS 点位的样方，测定结果显示，蒺藜草平均一亩地鲜重 46.2 千克，占比下降到了 11.9%，羊草平均一亩地鲜重 256.4 千克，占比上升到了 65.9%，其他杂草平均一亩地鲜重 86.5 千克，占比降到了 22.2%（表 4 - 33）。

表 4 - 33　羊草、少花蒺藜草与杂草的鲜重情况

草种类	鲜草重量/（千克/亩）		占比/%	
	2020.9	2021.9	2020.9	2021.9
少花蒺藜草	109.1	46.2	23.8	11.9
羊草	54.9	256.4	12	65.9
杂草	294.5	86.5	64.2	22.2

四、羊草的定位

（一）生态草

生态草：第一年如针，第二年成线，第三年成片。如果没有种植过中科羊草，没有实地对中科羊草进行观测、对中科羊草的生长发育的整个过程进行观测，很难理解中科羊草的特点。正像人们总结的那样，第一年如针，第二年成线，第三年才能成片，这个总结很鲜明，具有实践性。羊草第一年就像针，随着伴生草长起来，没有一定的专业知识或者是没看过羊草幼苗的人，很难找到中科羊草的踪迹。第二年返青的时候也看不见多少中科羊草幼苗，第三年就已经成片了，而且能抽穗开花结实完成整个生育过程。

从数字上也能体现出来，第一年我们没有采集数据，只是观测，观测时候毫无信心。第二年我们开始对羊草进行测产，下面以京都草业杜永斌的中科羊草草地为例。

2019 年 7 月末至 8 月初，京都草业开始播种浇水，到 2020 年 7 月 13 日割第一茬草，这时候测产大约是 490～500 千克/亩鲜草，干草也就 200～300 千克/亩，这样一亩地能收入 200～400 元。当时的伴生草——芦苇、披碱草都到腰高，羊草不是优势种，到 9 月中旬的时候，我们用重量比例来分这 3 样草，杂草 65%，少花蒺藜草 23%，羊草只占 12%。到 2021 年 9 月的同一天、同一地点，羊草占比高达 66%，杂草 22%，少花蒺藜草减少了一半，只占 12%。由此可见，羊草的生态位优势相当明显，侵占性相当明显，所以说羊草是生态草。从这方面讲，我们认为它在草原生态修复和保护上的作用不是紫花苜蓿或者其他传统优质牧草能替代的。因为种苜蓿和种农田一样，不能让它有一棵杂草，可是羊草的伴生草可以占到 65% 以上，苜蓿 5～6 年以后，退化到一定程度时，肯定是最优质的农田，可是羊草草地不管怎么退化，杂草伴生、根系发达都不适宜种地，还是草原，所以说它是生态草。

（二）经济草

经济草：暂时还不是致富草。因为收益还没有达到可期的地步，但是经济效益已经出来了，卖草一亩地有 800～900 元收入，产的草籽科塔回收每千克是 60 元，卖草和种子的收入，两项加起来一亩地有 2 000 元的收入。这个算账是能算出来，但是投入也是非常高的，不讲投入就没有效益，这需要进一步的测定和核算。

（三）纽带草

纽带草：《中华人民共和国草原法》规定，草原包括天然草地和人工草地。所以说，中科羊草不管种在什么地方，就算是种在耕地上，通过有关部门划定为人工草地，那么它就进入了草原的户口里了。不管原来的草原是怎么流失出去的，通过人工种草变成人工草地，又通过人工草地划为草原，这样草原面积又恢复了，起到了一个桥梁和纽带作用或者说起到新生儿脐带的作用。

五、从农业"八字宪法"看中科羊草（2022年）

农业"八字宪法"：土、肥、水、种、密、保、工、管。

土：中科羊草可以适合任何的土地，从青藏高原到呼伦贝尔大草原，而从小街基镇来看，黑土、碱土适合于中科羊草，达产期能提前一年，这样老百姓就能提前一年见到效益和回头钱。刘军地块能证明，头一年种的中科羊草，当年雨水好，第二年 7 月份就收种子了。中科羊草头一年种植，第二年就能收种子，在三棵树村碱咕甸子刺荸龙葵地块得到了验证。4 月 8 日播种的中科羊草，8 月份平均长到 20～30 厘米，最高的能长到 40～50 厘米，第二年肯定也能收点草籽。

中科羊草在沙地上也能种，只是在水肥上要予以保证。

肥：施肥最佳时期为拔节期和一茬羊草收获后，施肥后立即灌水。一般拔节期施用 15 千克/亩的复合肥，一茬羊草收获后施用 10 千克/亩的尿素。

水：水的最大作用是保住羊草的出苗，保住苗以后靠自然降水就能生长。2020 年我们种的中科羊草，在 2021 年返青的时候每平方米的棵数是个位数，到秋季的时候小区里的羊草就长满了。2021 年试验地降水多，试验地没额外浇水，照样抽穗结实。水最重要的是保苗，保住苗就可以依靠自然降水生长，但是想要高产也得浇水。

种：现在大多都推广"中科 1 号"，其完成整个生育期是没问题的，而且生长力很强，生态位也很强，能够把少花蒺藜草和杂草都压制住。

密：我们做了小区试验，同一播量，行距 15 厘米产量最好；同一行距，播种量 2 千克/亩的效果最好。

保：就是植保。病虫害防控，目前没有发现羊草会得什么病，虫害方面，蝗虫、黏虫、草地螟的发生，目前看都是可控的，病虫害防控方面不成问题。

工：是指机械作业，从目前情况看，中科羊草草地建设从播种到收获已经全部实现机械作业。

管：管理方面业已成熟，中科羊草研发团队跟踪服务，有着很丰富的中科羊草草地建设的技术和经验。

开鲁县秸秆微贮饲料制作及利用情况

郭福纯[1]　王海滨[1]　王炳国[2]　王玉明[2]

（1. 开鲁县草原工作站；2. 开鲁县畜牧局）

内蒙古草业 1998　No. 4　PP. 48 - 49

开鲁县位于内蒙古东部，是以农为主、农牧结合县。开鲁县从 1996 年开始推广秸秆微贮饲料制作技术。1996—1998 年，共有 16 个乡镇（苏木）制作了微贮饲料 401 窖，3 437立方米，1 668 吨。为了进一步了解和掌握微贮饲料制作及利用情况，于 1998 年 7 月开始对全县制作微贮饲料的 4 个重点乡镇（苏木）、11 个养殖户进行了重点调查。现将调查的基本情况总结如下。

总体看来，所有走访户制作的微贮饲料全部都得到了合理而有效的利用，开窖利用率达到了 100%。

在制作技术方面：严格按照操作规程（《海星牌秸秆发酵活干菌和秸秆微贮饲料技术》）进行制作的，均获成功，并且效果相当好。开窖时微贮饲料的颜色为黄白色或黄绿色，具有烂苹果的味道，略带酸香味或酒香味。密封良好，均无霉坏现象发生。

在制作及利用时间上，1996—1997 年，制作微贮饲料的时间均在 10—11 月，最早的为 10 月 12 日，最晚的在 11 月 15 日前结束。开窖时间都在封窖后的 1 个月左右，也就是当年的 12 月到次年的 2 月初。饲喂时间为 1～5 个月不等，最晚的一直喂到 5 月末结束。

在饲喂牲畜的种类上，主要以牛、羊为主。调查走访的 11 户中饲喂肥牛的 5 户，养牛 40 头。饲喂基础母牛的 548 户，养基础母牛 51 头。喂羊的 1 户，有羊 190 只。个别户还饲喂了马、驴、骡，效果均不错。

在取用方式上，主要以从一角开始，按截面顺序水平取喂为主；也有的开窖后按平面顺序从上至下取喂，均无霉坏；有的从一头向中间掏着喂或开窖后以大揭盖的形式，随便取喂，结果造成腐烂变质。

在饲喂方法上，饲喂育肥牛的户，以单独饲喂微贮饲料或与其他饲料（主要是酒糟、干玉米秸秆或玉米面）搭配使用。饲喂适龄母牛的户则以补饲为主，也有全部饲喂微贮饲料的。

在饲喂效果方面，普遍反映：利用秸秆微贮饲料饲喂牛、羊，省秸秆、省人工，秸秆利用率高，效果都不错。养畜户回答的都是"挺好，非常好，不错，还可以"等，都给予了肯定和非常高的评价。

　　饲喂育肥牛的 5 户，效果非常明显。一是上膘快、出栏快。二是省精料。有的户基本不用或只添加少量玉米面（1.5～3.0 千克）。其共同特点就是都获得了很高的经济效益。如和平乡复兴村村民张忠，1997 年 11 月 1 日制作玉米秸秆微贮饲料 1 窖、13.2 立方米，6 600 千克。共饲喂 14 头育肥牛，先采取酒糟与微贮饲料同喂，牛对微贮饲料适应后，不再掺喂酒糟，只添加玉米面喂。第一批育肥牛育肥期 3 个月，每天每头喂添加微贮饲料 7.5 千克、酒糟 4 千克，添加玉米面 2 千克。第二批育肥牛为了加速出栏，每天每头牛饲喂微贮饲料 15 千克以上，玉米面增加到 3～3.5 千克，育肥 1 个月即出栏。另外，在饲喂牛的同时，还饲喂了马、驴、骡，效果均不错。他的 14 头育肥牛获纯利 5 600.00 元（宰杀出售育肥牛收入 19 990 元－买牛投入 12 000 元－饲料折款 2 390 元＝5 600 元）。每头牛获利都在 400 元左右。

　　饲喂基础母牛的 5 户，主要以保膘为目的。通过补饲微贮饲料，保住了秋膘，强于补饲精料。补饲精料的基础母牛都略有掉膘，并且有趴蛋现象；而且凡是利用微贮饲料对基础母牛进行补饲的，犊牛的成活率都是 100%。如大榆树镇福利村的李守义，1996 年 10 月制作玉米秸秆微贮饲料 1 窖、16 立方米，8 000 千克。11 月末开窖饲喂 4 头基础母牛。采取舍饲的形式，以饲喂微贮饲料为主。牲畜开始就很愿意吃，添多少吃多少。1996 年冬季至 1997 年春季没喂精料，基础母牛也没有发生掉膘现象。而往年不喂微贮饲料，母牛掉膘非常快。李守义说："几天就瘦得像刀棱子似的。"饲喂微贮饲料的两年中，4 头适龄母牛都产活 2～3 个犊。

　　养羊的 1 户，在冬、春季节用微贮饲料喂羊，羊的膘情很好，190 只羊无一发生死亡现象。

　　存在的问题及解决办法如下：

　　在制作技术方面，微贮饲料制作中出现的问题全都是操作错误，都是由于没有严格按操作规程（同前）的要求进行制作。具体表现为有的没踩实，有的没封严（如大榆树镇福利村李守义家 1997 年秋制作的微贮饲料，微贮窖被猪拱开，过后也未重新封严踩实，造成微贮饲料发酵不好，质量差）；有的加水少，有的加水及加菌液时搅拌不均匀；有的未添加玉米面等原因造成秸秆微贮后发酵不好，出现制作质量差甚至腐烂的现象。因此，秸秆微贮饲料必须严格按照操作规程（同前）进行制作。

　　在取用方面，大多数养畜户都能按要求取用，但也有个别户在取用上存在错误。有的开窖时大揭盖，把微贮饲料攘到窖外再取用，造成浪费和霉坏；有的没按切面取用，而是掏洞取喂，造成微贮饲料腐烂；有的窖（池）过大，饲喂的牲畜少，取喂速度赶不上微贮饲料霉烂变质的速度，此现象在调查走访的户中较为普遍。所以微贮饲料的取喂方式及每天的取喂量极为重要。在取喂时，应严格按照操作规程，从窖的一角开始，按截面顺序水平取喂。小窖（4～5 立方米）也可按平面顺序一层一层从上到下取喂；微贮窖封好后，要防止牲畜践踏；窖的大小可根据饲喂的牲畜头数来确定（1 立方米微贮饲料可供 1 头成年牛吃 1 个月）；每天取料量应以当天能喂完为宜。要坚持每天取喂 10 厘米以上厚度的微贮饲料，要连续取喂而不能间断；取完微贮饲料后，必须立即将窖口封严，并用草捆或干玉米秸等覆盖好，以降低窖内温度，同时也可防止掉进泥沙。

　　在饲喂方面主要表现为两个问题，一是单独饲喂，二是敞棚冷舍饲喂微贮饲料。

　　首先，牲畜单独饲喂微贮饲料造成浪费。因为家畜对饲料的需要，除了营养需求外，还要有饱腹感。饲喂时应与其他草料或精饲料同喂。而且微贮饲料中含有一定量的有机酸，有轻微的缓泻作用也不宜单独饲喂。

　　其次，冬季饲喂家畜时，冻结的微贮饲料必须化开后再饲喂，最好是暖舍钆饲喂。防止从窖中刚刚取出的微贮饲料温度相对较高，遇到冷空气形成冰霜，再饲喂牲畜时，容易造成下痢或流产。

　　在思想认识方面，"靠天养畜、吃草原大锅饭、怕麻烦"的思想仍然存在。有些地方冬、春季秸秆相对过剩，夏、秋季依赖放牧。要想从根本上解决养畜户的思想认识问题，除了做好宣传、发动工作外，还要抓好秸秆微贮饲料制作及利用技术的推广普及。以典型示范、辐射带动为主，引导和带动广大养畜户逐步走上秸秆养畜之路。

开鲁县义和塔拉苏木草场蝗灾的扑灭

王海滨[1]　郭福纯[1]　陈杰丽[2]　于振清[2]

（1. 内蒙古开鲁县草原工作站　内蒙古　开鲁县；

2. 内蒙古开鲁县家畜改良站　内蒙古　开鲁县）

内蒙古草业　2002年6月　第2期

摘要：义和塔拉苏木位于开鲁县西北部，是县内唯一的纯牧业乡镇。境内草场类型为干旱的杂类草草场，总面积为4.2万公顷。20世纪80年代以来，由于超载放牧、干旱少雨等因素的影响，导致草场生境恶化。1996—1998年连续3年发生了蝗虫灾害。其中以1998年最为严重，草场受灾面积达2.67万公顷以上，重灾面积1.33万公顷。蝗虫主要是亚洲小车蝗，虫口密度平均为50头/平方米左右，最高达250头/平方米，最少在20头/平方米以上。1998年6月18日开始，对其境内草场的蝗虫进行及时扑灭。

关键词：草场；蝗灾；生境恶化

中图分类号：S812.6　　　　文献标识码：A

1　防治方法

主要采用人工喷洒杀虫剂的化学防治法。

1.1　灭蝗器械

江阴利农农药械厂生产的3WBS－16型背负式手动喷雾器。

1.2　灭蝗药品

锦州农药厂生产的50％马拉硫磷乳油。

1.3　药品的使用

50％马拉硫磷乳油稀释500倍液喷雾，亩用量为50克。

2　防治措施

由于药液数量少，以及受人力、物力等因素的限制，重点对饲料地、人工草场及打草场进行了防治。在防治策略上，采取带状防治，重点地段进行重复喷洒，形成药剂隔离带或封闭带，保护未受灾的的草牧场，收到了较好的效果。

3　防治效果

在苏木政府的组织下，此次灭蝗全乡共出动人员260人，喷洒农药防治饲料地、人工草地及打草场 1.5 万亩，控制面积达 0.67 万公顷以上，喷洒过农药的草场蝗虫死亡率达 95％以上，使蝗虫的危害得到了一定的控制。

4 存在问题

4.1 防治时间晚

在 6 月下旬开始防治时，部分蝗虫已羽化为成虫，错过了最佳防治期。

4.2 防治面积小

由于受人力、物力、财力等因素的限制，防治面积仅 1.5 万亩，而且仅限于饲料地、人工草地及打草场。大面积的草牧场却没有得到有效的防治。部分蝗虫产卵越冬。

4.3 灭蝗器械存在一定问题

灭蝗器械喷幅窄，且质量差，易损坏，不能满足防治的需要。

5 工作建议

5.1 防治时间

亚洲小车蝗最佳的防治时间是 5 月下旬至 6 月上旬，抓住其蝗蝻 3 龄适期进行防治。因为此时大部分蝗蝻已孵化出土，还未羽化为成虫。此时进行防治，灭蝗效果最佳。

5.2 防治器械

由于此次受蝗虫危害的草场面积大、虫口密度高，用喷雾器进行人工喷洒药液防治远远满足不了防治要求，宜用飞机进行药物防治，才能达到理想的防治效果。

5.3 防治方法

各地多年的治蝗实践证明，单纯依靠药剂治蝗，只能临时控制蝗害，而不能从根本上解决蝗害问题。要彻底消灭草原蝗虫的危害，必须治标与治本兼施。一是利用各种有益的生物和捕食性动物进行防治。二是根据各种类型草原蝗区的特点，结合草原建设，改变草原蝗虫发生的适宜环境。例如，植树造林、建立人工草地种植多年生牧草、草原灌溉与施肥、划区轮牧合理利用草原等措施，都可以改变蝗虫发生基地和植被、土壤、小气候等条件，从而不利于蝗害的发生。

参考文献

甘肃农业大学，1991. 草原保护学：第二分册［M］. 北京：农业出版社.

健宝牧草利用注意事项

王海滨[1]　何淑英[2]

（1. 内蒙古开鲁县草原工作站；2. 内蒙古开鲁县家畜改良站）

现代农业　2003年第8期

健宝牧草是澳大利亚利用高粱与苏丹草杂交后选育而成的饲用高粱新品种。具有营养成分高、适口性好、产量高等优点，是农区引种入田、种草养畜的优质牧草品种。在利用时应注意以下几点：

1. 健宝牧草茎叶中含有氢氰酸，氢氰酸在动物体内达到一定浓度可引起中毒。苗期植株体内氢氰酸含量高，随着植株的增高，含量下降。当植株达到1.2米以上时，氢氰酸含量逐渐降低，达到安全浓度时，方可收割利用。

2. 刈割后的鲜草要进行晾晒，晒蔫后再饲喂牲畜。

3. 初次使用时，先少量饲喂，饲喂成功后逐渐增加到正常量。对营养不良和过度饥饿的牲畜应特别注意，如发现有不良反应立即停喂，并与兽医联系会诊。

4. 使用健宝牧草，应与其他饲料搭配使用，防止用单一饲料饲喂牲畜。

5. 健宝牧草地不应直接放牧或饲养牲畜。

6. 用于晾晒干草或青贮时，应在9月上中旬收割，过晚则营养价值降低。

内蒙古开鲁县天然草原利用现状及对策

郭福纯，王海滨，李艳军，张雨军，贾　明

畜牧与饲料科学　2013，34（12）：41－42

摘要：内蒙古开鲁县地处农牧交错带，由于该地区的天然草原利用状况较不合理，因此，对内蒙古开鲁县天然草原利用现状进行了分析，并提出了合理利用天然草原的对策与建议。

关键词：天然草原；利用现状；对策与建议

1. 基本概况

开鲁县位于内蒙古通辽市西部，位于东经 120°25′—121°52′，北纬 43°9′—44°10′，全县土地总面积 4 488 平方千米，其中，平原 23.62 万公顷（占 52.6%）、坨沼地 21.26 万公顷（占 47.4%）。开鲁县现有耕地面积 10.37 万公顷，林地面积 11.47 万公顷。1983—1986 年草原普查时，开鲁县的天然草原总面积为 24.85 万公顷，可利用草原面积为 19.44 万公顷。2009—2010 年草原普查时，开鲁县的天然草原总面积为 13.59 万公顷，可利用草原面积为 11.81 万公顷。结果显示，开鲁县的天然草原总面积比 20 世纪 80 年代中期减少了 11.26 万公顷，可利用草原面积减少了 7.63 万公顷。同时，开鲁县的草场产量也在减少，以小叶锦鸡儿、杂类草草场为例，20 世纪 80 年代的鲜草产量为 2 821.20 千克/公顷，而现在的鲜草产量只有 1 426.65 千克/公顷，产量下降了 50%，其他类型草场也是如此。20 世纪 80 年代，开鲁县天然草场有 44 科 188 种植物，2009—2010 年草原普查时，该县草场共有 21 科 63 种植物，比 20 世纪 80 年代减少了 2/3，而且优质牧草种类是少之又少。该地区的草场等级也有所下降，1 等草场已经消失，其他等级的草场也只有 5 级，2 等 5 级草场占草场总面积的 9.74%，3 等 5 级和 4 等 5 级草场占草场总面积的 90%以上。

2. 开鲁县天然草原变化的主要特点

开鲁县天然草原变化的主要特点包括：①天然草原的面积减少。②生物产量下降，质量变劣，牧草种类减少，优质牧草少之又少，优良牧草的数量和产量大幅减少。③打草场基本丧失殆尽。④生态环境恶化，各种泡子、水库全部干涸，低湿地及各种水面几乎绝迹。⑤建群种优势全无，优势草种和景观植物因降雨时间和降雨量的不同而不尽相同，但共同点就是虽然种类不同，却一定是一年生的草种，如狗尾草、虎尾草以及一些藜属植物等。

3. 开鲁县天然草原变化的主要原因

草原普查手段和技术的差异造成的。20 世纪 80 年代的草原普查是单纯依靠草原普查人员结合外业调查和内业资料整理，以及在地形图上手工绘制而完成的。草原面积的界定也是由草原普查人员靠手工在地形图上勾绘而成。而开鲁县属平原地区，草原的边界在地形图上并不十分明显，农业用地和林业用地与草原的界限也不明确，农田、林地、草原互相交叉镶嵌在一起，很难划分界限，普查人员又不可能做到完全实地踏查，所以只能依据经验和平时的积累在地形图上靠手工勾绘出来。一些小面积的农田、林地，包括部分水面、道路及其他面积较小的用地都统计在草原面积之内，其结果就造成草原面积偏大。而2009—2010年的草原普查工作是利用卫星遥感、地理信息系统、全球定位系统（即RS、GIS、GPS，简称3S技术），结合地面调查的方法，重新修正了该地区天然草原的面积，其准确度较高，与20世纪80年代的草原普查数据相比存在较大误差，这也是造成该地区天然草原面积减少的一个必然原因。

人们对草原的概念和认知程度不同造成的。随着知识水平的提高，人们对草原的概念和认知程度也有了较大差异。20世纪80年代时，人们眼中的草原除了放牧场、打草场外，还包括沙沼、荒地，甚至是涵盖了除村屯、农田、林地以外的所有土地，更有甚者还会把草原面积之内的小片林地、农田、道路、沟渠等非农用地都看作草原，所以草原的面积自然而然就会被扩大。由于人们对草原的认知程度较低，因而滥垦乱牧现象较为严重；而那些认为将草原开垦成农田或种植树木就是对草原进行了新的、有益的利用的错误认知，更是草原面积不断减少的又一原因。

自然、经济、社会条件的不同造成的。自然条件的恶化是不可逆转的。20世纪80年代以来，随着气温的连年偏高，该地区的降水量逐年减少，蒸发量不断加大，其结果就造成水库干涸及低湿地草甸的减少，其草原生态环境也发生了较大变化，草原生态系统遭到了严重破坏，草原沙化、退化、盐渍化程度逐渐增高，草原面积逐渐减少。

20世纪80年代后期，特别是改革开放以来，随着经济发展的突飞猛进，人们的生活水平也日新月异，社会经济的发展和人们生活水平的提高也给草原的变迁带来了巨大影响。人口的增加及人们生活水平的改善也使人们对土地的利用从农田和林地转向了草原，其结果必然会导致草原面积减少、草原资源遭到破坏、草原生态环境恶化，最终也必然使整个天然草原的生态系统失去平衡。

4. 合理利用天然草原的对策与建议

只有以天然草原的保护建设和开发利用为基础，以人工草地和饲料地建设为中心，以农作物秸秆转化为主体，大力发展现代畜牧业，才能为开鲁县的经济发展做出应有的贡献。

（1）天然草原的保护建设和开发利用是草业发展的前提和基础

草原是我国面积最大的绿色生态屏障，与森林一起构成我国陆地生态系统的主体，其与耕地、森林、海洋等自然资源一样，是我国重要的战略资源。草原不仅可以调节气候、改善环境质量，还是畜牧业发展的重要物质基础和农牧民赖以生存的基本生产资料。因此，严格保护、科学利用、合理开发草原资源，对维护国家生态安全和食物安全，保护人类生存环境，构建社会主义和谐社会，促进我国经济社会全面、协调、可持续发展具有十分重要的战略意义。

2009—2010年的草原普查结果表明，开鲁县的天然草原总面积为13.59万公顷，可利用草原面积为11.81万公顷，其天然草原总面积已不足全县土地总面积的1/3。而天然草原的恢复重建对该县自然、经济、社会的全面、协调、可持续发展又是十分必要的。因此，应大力开展该县天然草原的保护建设和开发利用工作。第一，县委、县人大、县政府要切实做好开鲁县的土地区划工作，把农业用地、林业用地、牧业用地，特别是天然草原的面积确定下来，并以地方法规或政府文件的形式固定下来，将其上升到法律法规的高度，并做到人人皆知，人人遵守，这对于草原行政执法、天然草原的保护建设和开发利用等各项工程的实施、草原奖补政策的落实是非常重要的。第二，要加强天然草原的保护建设和开发利用的力度。依法强化草原管理，切实贯彻落实《中华人民共和国草原法》，加大草原执法力度，严厉打击乱开、乱采、滥挖等各种破坏草原的违法行为，巩固草原保护、建设成果，维护农牧民群众的合法权益；贯彻落实草原"双权一制"，调动广大农牧民保护和建设草原的积极性；进一步实施禁垦禁牧、收缩转移战略；充分发挥退牧还草工程、草原奖补工程的综合效能。第三，要依法编制草原规划，科学保护、建设和利用好草原资源；推行草畜平衡制度，实行科学养畜，大力发展现代畜牧业。

（2）人工草地和饲料地建设是草业发展的重中之重

①发展以种植紫花苜蓿为主的优质人工草地

要想为开鲁县以种植紫花苜蓿为主的优质人工草地建设奠定良好的基础，还要从以下几个方面着手。第一，开鲁县苜蓿产业发展的潜力巨大，如果加强政策扶持、拓宽相关优惠政策、市场运作合理高效，则该地区以紫花苜蓿为主的优质人工草地种植前景将十分乐观。第二，一些具有先进生产力和先进管理理念的企业的加入，无论是在资金、机械设备上，还是技术、综合实力上，都会为开鲁县的草业生产注入新的活力。第三，国家草原生态保护补助奖励机制、牧草良种补贴政策的落实以及奶牛苜蓿工程的实施等，不仅可以使开鲁县紫花苜蓿产业的生产走上区域化、规模化、产业化的道路，还可以加快该县紫花苜蓿产业向现代化草业生产方向迈进的步伐。

目前，开鲁县紫花苜蓿产品的销售主要靠外销，还没有与当地养殖业，特别是奶牛养殖业很好地结合起来，这也就成了该县紫花苜蓿生产的主攻方向。通过苜蓿奶牛工程的实施，逐步实现奶牛养殖与紫花苜蓿生产的对接，使苜蓿奶牛工程与以种植紫花苜蓿为主的优质人工草地建设有机结合起来。应抓好苜蓿奶牛工程建设的典型，以点带面，全面推进，从而使开鲁县的奶业生产和以种植紫花苜蓿为主的优质人工草地建设再上一个新台阶。

②建设以饲用玉米为主的优质饲料生产基地

玉米青贮饲料生产是开鲁县饲料产业发展的重点和主攻方向。开鲁县是一个农业大县，年粮食综合生产能力为13亿千克，其中玉米为10亿千克。虽然该地区能够满足畜牧业生产和发展所需的精饲料，但青绿多汁饲料和蛋白饲料产量较少，也是影响开鲁县畜牧业发展的瓶颈所在。因此，建设以种植紫花苜蓿为主的优质人工草地，是解决该问题的办法之一。建设以饲用玉米为主的优质饲料生产基地，特别是玉米青贮饲料生产基地的建设对于开鲁县饲料产业发展具有重要意义。

玉米青贮技术在该县的推广已经有30多年了，技术已经成熟，也积累了较为丰富的实践经验，是广大农牧民解决家畜青饲料供给不足、发展养殖业、增产增收的重要手段，具有良好的基础和发展前景。开鲁县始终把大力发展青贮饲料作为增加农牧民收入的一项重要产业来培育，因此，青贮作物种植面积几年来一直保持在0.8万公顷以上，并且主要以活秆成熟的粮饲兼用型玉米品种为主，产量平均为60 000千克/公顷，总产量可达72亿千克。一些养畜大户，特别是奶牛养殖大户为了自身的发展，已开始大面积种植牧草，并大量制作青贮饲料，以满足自身生产发展的需要，如建设 1 座 1 000 立方米的青贮窖，则可使年贮备青贮饲料达到 100 万千克，这就能够满足年存栏为 266 头奶牛的养殖场的饲草需要，其日产奶量可达到 2 500 千克。自 2006 年开始，开鲁县已连续 5 年种植青贮玉米，青贮饲料的种植和生产已实现机械化，其生产效率有所提高，生产成本有所降低，青贮饲料的生产效率也已达到最佳程度。实践证明：饲喂青贮饲料的奶牛，日产奶量可提高 10%～15%，牛奶的乳脂率也相应提高。牧草缠绕膜裹包青贮技术的引进和普及，也为青贮饲料的远途运输、贮藏、利用、销售带来了方便，对饲草料调剂和防灾抗灾起到重要作用。自 2006 年开始，该县每年制作裹包的青（黄）贮饲料已达 3 万包左右。

③农作物秸秆转化是开鲁县草业发展的主体

开鲁县的农作物秸秆资源丰富，年产各类农作物秸秆 10.5 亿千克，农作物秸秆转化 6.53 亿千克，种植饲料作物 0.82 万公顷，制作青贮饲料 3.1 亿千克。农作物秸秆和青贮饲料分别以 3∶1 和 1∶1 折成鲜草，全年的理论载畜量为 1.06 亿个羊单位。

要以科学发展观为指导思想来进行农作物秸秆的开发和利用工作，科学处理农作物秸秆，实现农作物秸秆有效利用，促进农牧结合、资源节约、环境友好型社会的建设。要充分认识秸秆是宝贵的物质资源，其经济价值巨大。从养殖业的发展来看，合理地开发和利用农作物秸秆是发展草食畜禽的物质基础，也是转化为肉、奶等畜产品的源泉。

秸秆经过科学加工和畜体转化可以产生数倍乃至百倍经济价值，对于社会建设和改善人民生活水平具有重要作用。由于牛、羊等草食家畜能够把人类不能直接利用的农作物秸秆和饲草转化为肉、奶等畜产品，具有不可替代性，因此，秸秆养畜是农作物秸秆转化利用的重要途径之一。开鲁县发展以牛、羊为主的草食型家畜潜力巨大。

要树立农作物秸秆也是草的先进理念，要立草为业，实施系统开发，把农作物秸秆的"产、加、销"推向规模化、科学化、产业化，从而更好地为养殖业服务。

创建饲草专业加工公司也是该县畜牧业发展的方向，加强饲草业的开发、加工、销售一条龙服务，以市场化运作、规模化经营、专业化服务的运作机制，实现农作物秸秆加工生产的商业化和企业化。目前，我国已进入现代畜牧业发展的历史阶段，这就需要高新科技的融入和支撑，以达到畜产品的质量安全，因此，应要求专业公司在农作物秸秆收集、运输、加工等方面实现机械化、科学化、高效率、低成本，才能达到产品高质量、服务全方位的发展要求。

目前，开鲁县以实施创办秸秆为原料的饲草加工专业公司为突破口，开展了相关产业的建设，以推进畜牧业更好、更快发展为目的，实现了肉食品高蛋白、低脂肪、无公害的要求，从而为提高国民素质、促进人民健康做出有益贡献。

内蒙古开鲁县"三化"草牧场特点、成因及防治措施

郭福纯，王海滨，李艳军，张雨军，贾　明

摘要：通过对"三化"草牧场特点及成因的分析，提出了内蒙古开鲁县防止草场进一步"三化"的具体措施，以期为科学保护、建设和合理利用草原资源提供参考。

关键词：草牧场；草原建设；草原保护

1. 基本概况

开鲁县位于内蒙古通辽市西部，位于东经 120°25′—121°52′，北纬 43°9′—44°10′，全县总区域面积 4 488 平方千米，平原 23.62 万公顷，占 52.6％。坨沼 21.26 万公顷，占 47.4％。现有耕地面积 10.37 万公顷，林地面积 11.47 万公顷，草原总面积 13.59 万公顷，可利用草原面积 11.81 万公顷。由于自然因素（如降水不平衡、干旱多风）的影响和长期以来人类不合理生产活动的影响，造成草牧场大面积不同程度地发生退化、沙化、盐渍化。

2009—2010 年草原普查时，该县的天然草原"三化"面积为 11.13 万公顷，占草牧场总面积的 81.91％，占可利用草牧场面积的 94.33％。其中退化草牧场面积为 2.19 万公顷，沙化草牧场面积为 7.76 万公顷，盐渍化草牧场面积为 1.18 万公顷。

2. "三化"草牧场特点及成因

自 2000 年以来，开鲁县相继实施了京津风沙源治理、退牧还草、围封禁牧等项目。同时县政府成立了"禁垦禁牧工作领导小组"，对全县的草原禁垦禁牧工作进行督促检查，草原"三化"现象有所缓解。"三化"草场面积比 2000 年有所减少，但是草原总面积也在下降，"三化"草场占草原总面积的比例还很高。其主要特点和表现是：草群种类成分发生变化，牲畜喜食的优良牧草发育不良甚至消失，可食性牧草产量降低，打草场已丧失殆尽，放牧场也已无草可牧，天然草场几近荒原。草牧场生境恶化，可利用面积减少，草原生态系统遭到了严重的破坏，草原生态平衡已无从可言。既不能打草，又不能放牧，也得不到很好的休养生息，天然草原失去了其应有的作用和风采，变成了人们眼中的荒原、荒片和废弃地，任人蚕食和贪占。

自然环境条件的改变，是天然草原退化最主要的原因之一。20 世纪 80 年代以来，自然条件的恶化是不可逆转的，气温连年偏高，降们量逐年减少，蒸发量不断地加大，水库干涸、水面消失、低湿地草甸消失，草原生态环境发生了翻天覆地的变化，草原生态系统遭到了严重的破坏，天然草原的退化呈现出了不可逆性。

人为的破坏和干扰，也是天然草原退化不可忽视的原因之一。滥垦乱牧、采挖开发都是破坏天然草原的元凶。由于人们无休止地破坏和干扰，使天然草原的自然环境遭到破坏，天然草原的生态系统遭到破坏，天然草原的生态平衡已被彻底破坏。造成天然草原的退化是不可逆转的，再者，天保工程也好，退牧还草工程也罢，由于种种原因，都还没有能发挥出其最好的效果，草原沙化问题严重。裸沙、明沙面积在沙化草原中已占有一席之地。沙尘四起、满目荒凉的沙地草场更是随处可见。气候恶化、高温干旱是形成沙化草原

的主要原因，人为干扰和破坏也是草原沙化的另一因素。

低湿地草甸的消失，出现了大量盐渍化程度非常高的盐碱地块。盐渍化草原的特点有着与沙化草原和退化草场不一样的一面，由于自然条件的改变，气候干旱和地下水位的下降，盐渍化的面积没有扩大的余地。盐渍化的程度也没有加重的条件，相反还会有所减轻。特别是那些适宜农作物生长的草甸子被逐渐地开发成了农田。随着低湿地草甸的消失，出现了大量盐渍化程度非常高的盐碱地块，且由于人们的取土采挖、风蚀雨淋，生长着大量没有饲用价值的碱蓬、碱灰菜等。

3. 防止草场进一步"三化"的措施

（1）依法强化草原管理

切实实施和贯彻落实好《中华人民共和国草原法》，加大草原执法力度，严厉打击乱开、乱采、滥挖等各种破坏草原的违法行为，巩固草原保护和建设成果，维护牧民群众的合法权益。落实好草原"双权一制"，调动广大农牧民保护和建设草原的积极性，依法编制草原规划，科学保护、建设和合理利用草原资源。

（2）依法加强草原建设，尽快扭转草原生态环境不断恶化的局面

草原建设是生态建设的重要组成部分，是一项公益性事业。《中华人民共和国草原法》明确规定了县级以上人民政府应当增加对草原保护、建设的投入，同时国家鼓励单位和个人投资建设草原。按照"谁投资、谁受益"的原则，保护草原投资者的合法权益。各级草原行 政主管部门要积极配合政府建立多渠道、多元化的草原保护和建设的投入机制，加快草原保护和建设的进程，尽快扭转草原生态环境恶化的局面。

（3）大力建设人工草地

人工草地建设的目的是获得高产优质的牧草，以高产草地减轻退化草地的压力，满足家畜饲草料的需要。采取的主要措施是，在条件适宜地带建设优质、高产、稳定的饲草料生产基地，减轻了天然草地压力，改善了饲草营养，从而加大了草储备能力。不仅提高了畜牧业抵御自然灾害的能力，而且有利于草牧场植被的恢复。

（4）草牧场全面实行禁牧

使草原植被有休养生息的机会，从而提高了单位面积的产草量。草牧场全面实行禁牧有利于改善草原植物种群结构，促进优良牧草的生长发育；有利于改善草原生态环境向良性发展；有利于提高农牧民对草原基础建设如围栏、人工草地、饲料地等的投入，促进农牧民改变经营方式，由单一放牧向舍饲的集约型畜牧业生产方向发展。

（5）进行天然草原改良

对于正在或已经退化的草原。除了采取封育让其自然恢复的办法以外，还应采取以下改良措施。一是补播。就是在不破坏或少破坏原有草原植被的情况下，在草群中播种一些适应性强、饲用价值较高的当地野生优良牧草或其他饲用植物，以达到增加优良牧草覆盖度和提高产量的目的。开鲁县适宜补播的牧草品种有小叶锦鸡儿、沙打旺、紫花苜蓿。补播应在雨季进行，补播后不久即降雨效果最好。二是灌溉。该县草原处于干旱地区，草原牧草由于缺水而"渴死"的情况时有发生。因此灌溉是改良草原最有效的措施之一，灌溉可使草原牧草的产量提高 6～9 倍，并能改善草群的组成和品质。三是施肥。施肥不仅能提高牧草量，而且还可以改善草层成分，提高牧草的质量、适口性和消化率。四是松土。

即通过耙地和浅耕达到改善土壤的理化性状，提高土壤肥力的目的。

（6）做好草原保护工作

主要是草原鼠虫害的防治工作，在每年春、秋季对重点草牧场进行重点监测，并及时上报，便于在发生鼠害时及时采取措施进行防治。对已发生的草原鼠虫害，要立即组织人员按照操作规程及时进行扑灭。

图书在版编目（CIP）数据

开鲁草原 20 年 / 郭福纯等编著 . —北京 ：中国农
业出版社，2023.6
　　ISBN 978-7-109-30756-8

　　Ⅰ . ①开… 　Ⅱ . ①郭… 　Ⅲ . ①草原－概况－开鲁县
Ⅳ . ①S812

中国国家版本馆 CIP 数据核字（2023）第 104939 号

中国农业出版社出版
地址：北京市朝阳区麦子店街 18 号楼
邮编：100125
策划编辑：吴丽婷　　责任编辑：李昕昱　　文字编辑：吴沁茹
版式设计：李　文　　责任校对：周丽芳
印刷：中农印务有限公司
版次：2023 年 6 月第 1 版
印次：2023 年 6 月北京第 1 次印刷
发行：新华书店北京发行所
开本：787mm×1092mm　1/16
印张：14
字数：330 千字
定价：68.00 元